"十四五"普通高等教育本科系列教材

GONGCHENG CELIANG

工程测量

第三版

主　编　陆付民　李利

编　写　万瑞义　徐懋卿　陶光贵　易庆林

　　　　曾怀恩　吴定洪　涂鹏飞　涂　弋

　　　　夏永忠　吴　剑　明　涛　伍　岳

U0300250

中国电力出版社
CHINA ELECTRIC POWER PRESS

内 容 提 要

本书为"十四五"普通高等教育本科系列教材。

本书共分十八章。主要内容包括概述、水准测量、角度测量、距离测量与直线定向、测量误差的基本知识、小区域控制测量、地形图的基本知识、大比例尺地形图的测绘、地形图的应用、测设的基本工作、工业与民用建筑中的施工测量、大坝施工测量、输电线路设计测量、输电线路施工测量、变形观测、3S 及北斗导航技术简介、地质勘探工程测量和隧道工程测量。

本书可作为土木工程、水利水电工程、输电线路工程、建筑学、城市规划、地质工程、环境工程、工程管理等专业工程测量课程的本科教材,也可作为高职高专相关专业教材,同时可供工程技术人员参考。

图书在版编目(CIP)数据

工程测量/陆付民,李利主编. —3 版. —北京:中国电力出版社,2022.7(2024.1 重印)
ISBN 978-7-5198-6786-7

Ⅰ.①工… Ⅱ.①陆…②李… Ⅲ.①工程测量 Ⅳ.①TB22

中国版本图书馆 CIP 数据核字(2022)第 083840 号

出版发行:中国电力出版社
地 址:北京市东城区北京站西街 19 号(邮政编码 100005)
网 址:http://www.cepp.sgcc.com.cn
责任编辑:罗晓莉(010 - 63412547)
责任校对:黄 蓓 王海南
装帧设计:王红柳
责任印制:吴 迪

印 刷:三河市航远印刷有限公司
版 次:2009 年 4 月第一版 2022 年 7 月第三版
印 次:2024 年 1 月北京第十五次印刷
开 本:787 毫米×1092 毫米 16 开本
印 张:16
字 数:397 千字
定 价:45.00 元

前　言

　　为了适应测绘技术的不断发展，同时增强本书的实用性和通用性，本书在第二版基础上进行了大篇幅的修改。删除了部分陈旧的且工程实践中很少用到的内容，包括钢尺量距、小三角测量。增加了一些目前生产实践中经常用到的新技术和新方法，包括 CASS 数字测图方法、CASS 数字地形图的应用、天宝 R8 RTK 测量方法、北斗导航技术。此外，还增加了地下工程施工中经常用到的隧道工程测量，并对相关章节的内容进行了必要的更新。本书言简意赅，层次分明。

　　本书第一、二、六、八章第五节、第九章第七节、第十、十五、十六、十七、十八章由陆付民编写，第四、五章由李利编写，第三、七章由万瑞义编写，第十三、十四章由徐懋卿、陆付民编写，其余章节由陶光贵、易庆林、曾怀恩、吴定洪、涂鹏飞、涂弋、夏永忠、吴剑、明涛、伍岳编写，各章节最后由陆付民修改定稿。

　　本书在编写过程中，吸收了参考文献中有益的思想和内容，在此，本书的全体编写人员对这些参考文献的作者表示诚挚的谢意！

　　希望使用本教材的师生和其他读者能够提出宝贵的建议和意见，以便及时修订，使本书的质量得到进一步的提高。

编　者

2022 年 1 月

第二版前言

为加强教材建设，确保教材质量，中国电力教育协会组织制订了"十三五"普通高等教育本科规划教材。该规划强调适应不同层次、不同类型院校，满足学科发展和人才培养的需求，坚持专业基础课教材与教学急需的专业教材并重、新编与修订相结合。本书为修订教材。

为了适应测绘技术的不断发展，本书对第一版的相关章节进行了修改，并增加了第十七章的内容，以便增强该书的实用性和通用性。本书在介绍传统测绘技术的基础上，力求反应新的测绘技术在工程中的基本应用，便于开阔学生的眼界。本书言简意赅，层次分明，具有较强的通用性。

本书第一、二、六、十、十五、十六、十七章由陆付民编写，第四、五章由李利编写，第三、七章由万瑞义编写，第十三、十四章由徐懋卿、陆付民编写，其余章节由陶光贵、易庆林、曾怀恩、明涛、吴剑、伍岳、吴定洪、夏永忠、涂鹏飞编写，各章节最后由陆付民修改定稿。

本书在编写过程中，吸收了参考文献中有益的思想和内容，在此，本书的全体编写人员对这些参考文献的作者表示诚挚的谢意！

希望使用本书的师生和其他读者能够提出宝贵的建议和意见，以便及时修订，使本书的质量得到进一步的提高。

编　者

2015 年 10 月

第一版前言

为贯彻落实教育部《关于进一步加强高等学校本科教学工作的若干意见》和《教育部关于以就业为导向深化高等职业教育改革的若干意见》的精神，加强教材建设，确保教材质量，中国电力教育协会组织制订了普通高等教育"十一五"教材规划。该规划强调适应不同层次、不同类型院校，满足学科发展和人才培养的需求，坚持专业基础课教材与教学急需的专业教材并重、新编与修订相结合。本书为新编教材。

本书在介绍传统测绘技术的基础上，力求反映新的测绘技术在工程中的基本应用，便于开阔学生的眼界。本书言简意赅、层次分明，具有较强的通用性。

本书由陆付民、李利主编。书中第一、二、六、十、十五、十六章由陆付民编写，第四、五章由李利编写，第三、七章由万瑞义编写，第十三、十四章由徐懋卿、陆付民编写，其余章节由陶光贵、易庆林、吴定洪、夏永忠、涂鹏飞编写，各章节最后由陆付民修改定稿。高德慈教授担任本书的主审。

本书在编写过程中，吸收了参考文献中有益的思想和内容，在此，本书的全体编写人员对这些参考文献的作者表示诚挚的谢意！

希望使用本书的师生和其他读者能够提出宝贵的建议和意见，以便及时进行修订，使本书的质量得到进一步的提高。

编　者

2008 年 9 月

目　　录

第一章 概　　述

第一节　测量学的任务及其在工程建设中的作用

测量学是研究地球的形状和大小以及确定地面点点位的科学，它的内容包括测定和测设两个部分。测定是指使用一定的测量仪器和工具，通过测量和计算，确定点的位置；或者以一些点的位置为基础，将这些点周围的地物和地貌用一定的符号按照一定的比例缩绘成地形图，供规划设计、经济建设、国防建设和科学研究使用。测设是指使用一定的测量仪器和工具将图纸上设计好的建筑物的位置标定到地面上，作为施工的依据。

按照研究范围和对象的不同，测量学分为以下三个主要分支学科。

大地测量学——研究地球的形状和大小，确定地球外部重力场，在大面积范围内建立高精度国家控制网，为地形测量和各种工程测量提供起算数据。按照测量手段的不同，大地测量学又分为常规大地测量学、卫星大地测量学及物理大地测量学。

摄影测量与遥感学——通过对摄影相片或遥感图像进行处理、量测，确定物体的形状、大小和位置并制成地形图。按获取影像的方式及遥感距离的不同，摄影测量与遥感学又分为地面摄影测量学、航空摄影测量学和航天遥感测量学。

工程测量学——研究工程建设在设计、施工和管理各阶段中从事测量工作的理论、技术和方法。工程测量是测绘科学在国民经济和国防建设中的直接应用。按工程建设的程序分，工程测量分为规划设计阶段的测量、施工阶段的测量和竣工后运营管理阶段的测量。规划设计阶段的测量主要是测绘地形图，供规划和设计使用。施工阶段的测量主要是按照设计要求在实地准确地标定建筑物各部分的平面位置和高程，作为施工与安装的依据。竣工后运营管理阶段的测量，包括竣工测量以及为监视建筑物的安全状况所进行的变形观测。按工程测量所服务的对象分，工程测量分为建筑工程测量、水利工程测量、输电线路工程测量、公路工程测量、桥梁与隧道工程测量等。

在建筑工程中，施工之前，要进行土石方测量，以确定开挖的土石方量。场地平整后，需要测量人员将建筑物外廓轴线的交点标定到地面上作为施工的依据。施工过程中，需要进行建筑物的轴线投测和高程放样。对于高层建筑物及基础较差的建筑物，为了监视建筑物的安全，在施工过程及运营过程中，还要进行变形监测。

在水电工程中，修建水力发电厂时，需要测绘各种比例尺的地形图，当大坝坝顶的高程设计好以后，就可以根据相关比例尺的地形图，确定水库的淹没范围，并计算水库的库容。为了确定搬迁范围，需要测量人员将水库淹没线标定到实地。大坝施工前，需要测量人员将大坝的坝轴线及开挖边界标定到地面上作为施工的依据，大坝施工过程中，还要进行相关的施工放样，大坝竣工后，为了监视大坝的安全，还要进行大坝变形监测。

在输电线路工程中，需要在 1∶5 万的地形图上标定出线路的路径，然后在实地初步选择线路路径。为了便于线路设计，需要测量人员进行平断面测量，并绘制平断面图。在杆塔施工过程中，需要进行杆塔定位测量及杆塔基础分坑测量。输电线路工程完工后，为了保证导线对地的距离满足要求，还需要进行导线弧垂观测。

此外，公路工程、桥梁与隧道工程、农林、地质、国防建设等领域都离不开测量工作。为此，人们往往将测量工作者称为工程建设的尖兵。

第二节　测量学发展概况

测量学是人们在了解自然、利用自然和改造自然的过程中发展起来的。公元前 27 世纪建设的埃及金字塔，其形状非常规则，这说明当时就有了测量的工具和方法。公元前 14 世纪，在幼发拉底河与尼罗河流域曾进行过土地边界的划分测量。

在我国，4000 多年前，夏禹治水曾利用简单的工具进行测量；战国时期，发明的指南针，至今仍被广泛应用；20 世纪 70 年代出土的长沙马王堆三号墓，在墓的陪葬品中发现了公元前 168 年古长沙国的地图，图上标注有山脉、河流、居民地、道路等要素。唐代南宫说于公元 724 年在河南境内丈量了 300km 的子午线弧长，开辟了世界子午线弧长丈量的先河。宋代沈括使用水平尺、罗盘仪进行了地形测量；元代的郭守敬拟定了全国纬度测量计划，并实测了 27 个点的纬度，同时测绘了黄河流域的地形图。清代康熙年间进行了全国范围的测绘工作。

中华人民共和国成立以后，我国的测绘事业有了很大的发展。建立和统一了全国的坐标系统和高程系统，建立了国家大地控制网、国家水准网、GPS 基准站，建立了我国的北斗卫星导航系统，完成了国家基本图的测绘工作。在仪器制造方面，我们国家能够自主生产光学经纬仪、光学水准仪、光电测距仪、全站仪、激光水准仪、激光准直仪等仪器，为国家经济建设发挥了重要作用。

目前，电脑型全站仪配合丰富的软件，逐渐向全能型和智能化方向发展。带电动机驱动和程序控制的全站仪结合激光、通信及 CCD 技术，可实现测量的全自动化，具有这种功能的全站仪称为测量机器人。测量机器人可自动寻找并精确照准目标，在 1s 内完成任一目标点的观测，测量机器人可广泛用于变形监测和施工测量。GPS 测量系统已逐渐成为一种通用的测量仪器，尤其是动态 GPS 测量系统，在地形测量和施工放样中得到广泛应用。将 GPS 接收机与全站仪或测量机器人连接在一起，称为超全站仪或超测量机器人，它将 GPS 的实时动态定位技术与全站仪灵活的三维极坐标测量技术完美结合起来，可实现无控制网的各种工程测量，大大减轻了测量人员的劳动强度，提高了测量工作的效率。此外，三维激光扫描技术及无人机摄影技术在地形测量和变形测量方面得到广泛应用。

第三节　地面点位的确定

一、地球的形状和大小

测量工作一般是在地球表面上进行的，而地球的自然表面很不规则，有高山、峡谷、丘陵、平原、盆地和海洋。虽然陆地上最高的珠穆朗玛峰高出海水面 8848.86m（2020 年测得的数据），海洋的最深处，位于太平洋西部的马里亚纳海沟，低于海水面 11022m，两者相差不足 20km，这与地球的平均半径 6371km 相比显得微不足道。由于地球上海洋面积占整个地球表面积的 71%，因此人们往往将海水面所包围的形体近似看作地球的形体。

设想有一个静止的海水面，由这个静止的海水面所包围并向陆地和岛屿延伸形成的封闭曲面称为水准面，与水准面相切的平面称为水平面。水准面是一个处处与重力方向相垂直的连续曲面，由于地球内部质量分布不均匀，使得地球重力方向产生不规则的变化，因此，水准面是一个不规则的曲面。由于潮汐的影响，海水面有时上涨有时下落，因此水准面就有无数个。人们往往在海滨设立验潮站，进行长期的水位观测，求出平均高度的海水面，称为平均海水面。与平均海水面相吻合的水准面称为大地水准面，大地水准面是水准面的特例，因此，大地水准面也是一个不规则的曲面。大地水准面是测量工作的基准面。

由于大地水准面是一个不规则的曲面，因此无法用数学式子加以描述，如果把地面点直接投影到大地水准面上将无法进行测量数据的计算及处理。为此，人们选择一个与大地水准面非常接近而且非常规则的曲面作为测量计算的基准面，这个基准面称为旋转椭球面，它是由椭圆 NWSE 绕其短轴 NS 旋转而形成的封闭曲面。旋转椭球面的形状和大小取决于长半径 a、短半径 b，或长半径 a、扁率 $\alpha\left(\alpha=\dfrac{a-b}{a}\right)$。

a，b 或 α 称为旋转椭球面的元素，目前我国采用 1975 年第 16 届国际大地测量与地球物理协会联合推荐的数值作为我们国家的旋转椭球面元素，取值为

$$a = 6378140\text{m}, \alpha = 1 : 298.257$$

旋转椭球面所包围的形体称为旋转椭球体，简称椭球体。

为了便于测量计算，一般在地面上选择一点作为大地原点，并确定它在旋转椭球面上的位置。图 1-1 所示为大地水准面与椭球体，P 为大地原点，令 P 点的铅垂线与旋转椭球面 P_0 点的法线重合，使过 P_0 点的旋转椭球面与大地水准面相切，并使整个国家范围内的旋转椭球面与大地水准面尽量接近，并且使旋转椭球面的短轴与地球的自转轴平行。于是，旋转椭球面与大地水准面的相对位置便确定下来了，这就是旋转椭球面的定位。我国于 1954 年将大地原点设在北京，与该大地原点所对应的坐标系称为 1954 年北京坐标系。后来根据大量的观测数据分析，发现

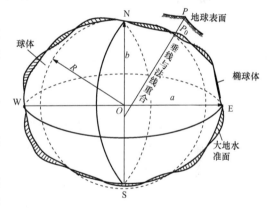

图 1-1 大地水准面与椭球体

1954 年北京坐标系与我国的实际情况相差较大，于是，在 1980 年将大地原点设在陕西省泾阳县永乐镇，与该大地原点所对应的坐标系称为 1980 年国家大地坐标系。

由于旋转椭球面的扁率很小，在小区域的普通测量中，可以将地球或旋转椭球面看作球面，其平均半径 R 取值为 6371km。测区面积比较小时，可以将球面看作水平面。

二、地面上点位的表示方法

地面上一点的位置一般用该点在某一投影面上的位置及该点到大地水准面的铅垂距离来表示。地面点在投影面上的位置称为坐标，地面点到大地水准面的铅垂距离称为高程。

（一）坐标

1. 地理坐标

以经度和纬度表示地面点在投影面上的位置，称为地理坐标，如图 1-2 所示，N 和 S 分别为地球的北极和南极，NS 为地球的自转轴，设地面上某一点在球面上的投影为 M，过 M 点和地球自转轴所构成的平面称为 M 点的子午面，子午面与球面的交线称为子午线，子

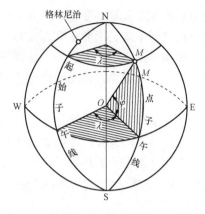

图1-2　地理坐标

午线也称经线。过英国格林尼治天文台的子午面称为起始子午面，起始子午面与球面的交线称为起始子午线。过地心 O 且垂直于 NS 的平面称为赤道面，赤道面与球面的交线称为赤道。过 M 点的子午面与起始子午面之间的夹角 λ，称为 M 点的经度；从起始子午面起，向东从 $0°\sim180°$ 称为东经，向西从 $0°\sim180°$ 称为西经。过 M 点的铅垂线与赤道面的夹角 φ 称为 M 点的纬度；从赤道面起，向北从 $0°\sim90°$ 称为北纬，向南从 $0°\sim90°$ 称为南纬。经度和纬度一般用天文观测的方法确定。

2. 平面直角坐标

（1）独立平面直角坐标。独立平面直角坐标也称假定平面直角坐标。当测区面积比较小时，可以将该范围内的球面看作水平面，将地面点沿铅垂线投影到水平面上。测量中采用的平面直角坐标如图 1-3 所示，规定南北方向为纵轴，并记为 x 轴，x 轴向北为正，向南为负；以东西方向为横轴，并记为 y 轴，y 轴向东为正，向西为负。地面上某点 P 的位置用 x_p，y_p 表示。平面直角坐标中的象限按顺时针方向编号。平面直角坐标与数学上的坐标是不同的。数学上的坐标规定：横轴为 x 轴，x 轴向右为正，向左为负；纵轴为 y 轴，y 轴向上为正，向下为负；数学上的坐标象限按逆时针方向编号。之所以测量中采用的平面直角坐标与数学上的坐标不同，是因为测量中直线的方向是以纵轴的北端起，沿顺时针方向度量的，通过这样的规定，就可以方便地将数学上的有关公式原封不动地运用到测量中来。对于独立平面直角坐标，一般将坐标原点选在测区的西南角，这样就可以保证测区内各点的坐标均为正值。

（2）高斯平面直角坐标。当测区面积比较大时，就不能将该范围内的球面看作水平面，也就是要顾及地球曲率的影响，如果将球面上的图形直接展开成平面，必然会产生破裂和变形。为了解决这个问题，就必须研究地图的投影。地图投影的方法比较多，最常用的投影有高斯投影、圆锥投影、中心投影。由于我们国家位于中纬度地区，因此，我们国家采用高斯投影比较合适。

1）高斯投影的概念。如图 1-4（a）所示，设想有一个横圆柱面，将这个横圆柱面套到地球圆球上，并使横圆柱面的轴心线通过地球圆球的中心，使地球的某一条子午线（称为中央子午线）与横圆柱面相切，将地球圆球中央子午线两侧的图形按照一定的投影关系投影到横圆柱面上，然后将横圆柱面沿过地球北极和南极的母线 TT′ 及 KK′ 切开，并将横圆柱面展开成平面，就得到投影面上的图形，这种投影称为高斯投影。高斯投影具有如下性质：

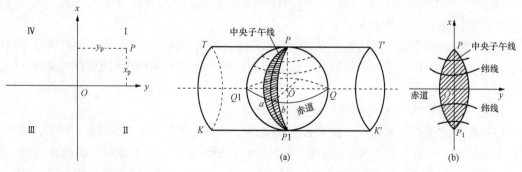

图1-3　平面直角坐标　　　　图1-4　高斯投影的概念
（a）高斯投影前；（b）高斯投影后

a. 如图 1-4（b）所示，中央子午线的投影为一条直线，且投影前后长度不变，其余经线的投影为凹向中央子午线投影的对称曲线。

b. 赤道的投影也是一条直线，其余纬线的投影为凸向赤道投影的对称曲线。

c. 中央子午线的投影和赤道的投影相互垂直，其他经线和纬线的投影仍保持相互垂直的关系，也就是投影前后角度没有变形。因此，高斯投影属于保角投影。

2）高斯平面直角坐标的建立。高斯投影在投影前后，角度没有变形，投影以后，除中央子午线的长度没有变形外，其余的都有不同程度的变形，而且离中央子午线越远，其变形就越大，为了限制这种变形，往往采用分带投影的方法。

分带投影的方法有两种，即 6°投影带（或简称 6°带）和 3°投影带（或简称 3°带）。

图 1-5 所示的 6°带是从起始子午线（也称首子午线）起，自西向东每隔经度差 6°将地球分为一带，这样将地球均匀分为 60 带，每一带的带号用数字 1～60 表示。每一带中央子午线的经度可计算为

$$\lambda_0 = 6°N - 3° \tag{1-1}$$

式中：N 为 6°带的带号。

由于中央子午线的投影和赤道的投影相互垂直，为此，将中央子午线的投影作为纵轴 x，将赤道的投影作为横轴 y，以中央子午线投影和赤道投影的交点作为坐标原点，这样就组成了高斯平面直角坐标，如图 1-6（a）所示。由于我国位于北半球，因此 x 坐标恒为正值，而 y 坐标则有正有负，为了避免 y 坐标出现负值，因此将纵轴 x 向西平移 500km，这样就可以保证每一投影带中各点的坐标都为正值，如图 1-6（b）所示。为了区别某一个点位于哪一个投影带内，所以在平移后的 y 坐标前面加上相应的带号。

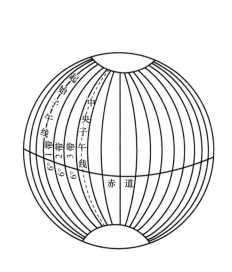

图 1-5　6°带

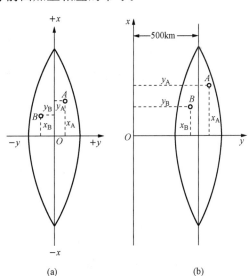

图 1-6　高斯平面直角坐标
(a) 纵轴平移前；(b) 纵轴平移后

在图 1-6（a）中，设 $y_A = 37685\text{m}$，$y_B = -34250\text{m}$，则将纵轴 x 向西平移 500km 后，$y_A = 500000 + 37685 = 537685\text{m}$，$y_B = 500000 - 34250 = 465750\text{m}$，如图 1-6（b）所示。假设 A 点及 B 点位于第 22 个投影带内，考虑到投影带的带号，则 A 点和 B 点的横坐标分别

为：$y_A = 22537685m$，$y_B = 22465750m$。

在高斯投影中，离中央子午线愈远，则投影长度的变形愈大，当测绘大比例尺地形图时，6°带就不能满足相应的精度要求，此时应采用3°带。

3°带是从东经1°30′的子午线开始，自西向东每隔经度差3°将地球分为一带，这样将地球均匀分为120带，每一带的带号用数字1～120表示。每一带中央子午线的经度可计算为

$$\lambda_0' = 3°N' \tag{1-2}$$

式中：N'为3°带的带号。

（二）高程

1. 绝对高程

地面点到大地水准面的铅垂距离称为绝对高程，绝对高程也称海拔。图1-7所示为高程及高差，图中的H_A和H_C即为A点和C点的绝对高程。

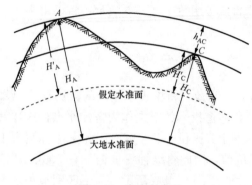

图 1-7 高程及高差

解放初期，我国采用青岛验潮站1950—1956年观测成果推算的黄海平均海水面作为高程的零点，由此建立的高程系统称为"1956年黄海高程系"。由于"1956年黄海高程系"所采用的验潮资料过短，准确性较差，后来采用青岛验潮站1950—1979年观测成果推算的黄海平均海水面作为高程的零点，称为"1985年国家高程基准"，该高程系统于1987年开始启用。

2. 相对高程

地面点到任一水准面（也称为假定水准面）的铅垂距离称为相对高程，相对高程也称假定高程，图1-7中的H_A'及H_C'分别为相对于任一水准面的相对高程。

测量工作中，一般采用绝对高程，如果测区附近没有国家高程控制点时，可以使用相对高程。

3. 高差

地面两点的高程差称为高差。高差与所选取的水准面的位置无关，图1-7中的h_{AC}即为A、C两点的高差，且$h_{AC} = H_C - H_A = H_C' - H_A'$。

第四节 用水平面代替大地水准面的限度

如前所述，当测区面积比较小时，可以将该范围内的球面看作水平面，这样就可以使测量计算和绘图工作大为简化。那么，究竟在多大的范围内可以将球面看作水平面，这就是本节要讨论的问题。

一、对距离的影响

如图1-8所示，A、B、C为地面点，它们在大地水准面上的投影分别为a、b、c，过a点的切平面为水平面，A、B、C在水平面上的投影分别为a、b'、c'，设A、B两点在大地水准面上投影的距离为D，在水平面上投影的距离为D'，两者之差即为用水平面代替大地水准面所引起的距离差异。

为了便于公式推导，现将大地水准面看作半径为 R 的球面，则有

$$\Delta D = D' - D = R(\tan\theta - \theta) \qquad (1\text{-}3)$$

而 $\tan\theta = \theta + \frac{1}{3}\theta^3 + \frac{2}{15}\theta^5 + \cdots$，由于 θ 值很小，只取前两项代入式（1-3），则有

$$\Delta D = R\left(\theta + \frac{1}{3}\theta^3 - \theta\right)$$

而 $\theta = \dfrac{D}{R}$，则

$$\Delta D = \frac{D^3}{3R^2} \qquad (1\text{-}4)$$

$$\frac{\Delta D}{D} = \frac{D^2}{3R^2} \qquad (1\text{-}5)$$

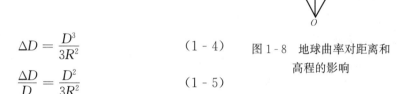

图 1-8　地球曲率对距离和高程的影响

将地球的平均半径 $R = 6371\text{km}$ 代入式（1-4）及式（1-5），取不同的距离 D，便得到表 1-1 中所列数值。

表 1-1　　　　　　　　用水平面代替大地水准面对距离的影响

D（km）	ΔD（cm）	$\Delta D/D$	D（km）	ΔD（cm）	$\Delta D/D$
1	0.08	1/12500 万	50	102.6	1/4.9 万
10	0.8	1/120 万	100	821.2	1/1.2 万
20	6.6	1/30 万			

由表 1-1 可以看出，当 $D = 10\text{km}$ 时，用水平面代替大地水准面所引起的距离相对误差为 1/120 万，对于精密量距，这样的误差也是允许的，因此，在 10km 的范围内进行距离测量时，可以将大地水准面作为水平面看待。对于精度要求较低的测量工程，其范围可以适当放宽。

二、对高程的影响

如图 1-8 所示，地面点 B 的高程为 Bb，用水平面代替大地水准面后，B 点的高程变为 Bb'，两者之差 Δh 即为用水平面代替大地水准面所引起的高程误差。由图 1-8 知，$\angle b'ab = \frac{1}{2}\theta$，由于 θ 值很小，取 θ 的单位为 rad（弧度），则

$$\Delta h = \frac{D\theta}{2} \qquad (1\text{-}6)$$

而 $\theta = \dfrac{D}{R}$，则有

$$\Delta h = \frac{D^2}{2R} \qquad (1\text{-}7)$$

将不同的距离 D 代入式（1-7），便得到表 1-2 所列数值。

表 1-2　　　　　　　　用水平面代替大地水准面对高程的影响

D（km）	0.2	0.5	1	2	3	4	5
Δh（cm）	0.31	2	8	31	71	125	196

由表1-2可以看出，用水平面代替大地水准面对高程的影响是相当大的，当距离为0.2km时，其误差就达到0.31cm，即使对于一般的水准测量，这样的误差也是不允许的。因此，进行高程测量时，即使距离很短，也不能用水平面代替大地水准面，也就是说必须考虑地球曲率的影响。

第五节　测　量　工　作　概　述

地球表面的形态复杂多样，但可以将它们分为两大类，即地物和地貌。地面上固定不动的物体称为地物，如房屋、道路、桥梁等。地面的高低起伏状态称为地貌，如山脊、山谷、鞍部等。地物和地貌总称为地形。

地形测量的实质是测量碎部点（地物和地貌的特征点）的平面位置和高程，然后将这些碎部点标注到图纸上，形成与实地相似的几何图形。如果从某一碎部点开始，逐点设站实测，测量误差必将随着碎部点数量的增多而逐渐积累，最后将达到不能容许的程度。为了保证测量精度满足工程要求，测量工作应遵循"先控制后碎部"，"从整体到局部"的原则。

所谓"先控制后碎部"是指进行地形测量时，先在测区选择具有一定控制意义的点，称为控制点，如图1-9中的A、B、C、D、E、F点，然后将这些点连成一定的几何图形（图1-9中为闭合多边形），用精密方法测定这些点的平面位置和高程，再以这些点为基础，将周围碎部点的平面位置和高程测绘到图纸上，再将相关的碎部点连成一定的几何图形，形成与实地地形相似的几何图形，并根据碎部点的高程勾绘出地貌特征，生成地形图。

所谓"从整体到局部"是指进行施工放样时，与地形测量类似，先在施工区布设施工控制网，求出施工控制网点的平面坐标和高程，再以这些点为基础，测设建筑物、构筑物的平面位置和高程。

要确定控制点的平面坐标和高程及进行地形测量和施工放样时，往往需要进行水平角、距离和高差的测量，因此水平角测量、距离测量、高差测量称为测量的基本工作，而水平角、距离、高差为确定地面点相对位置的三个基本几何要素。

(a)

图 1-9　地形测量的原则（一）

(a) 实地地形

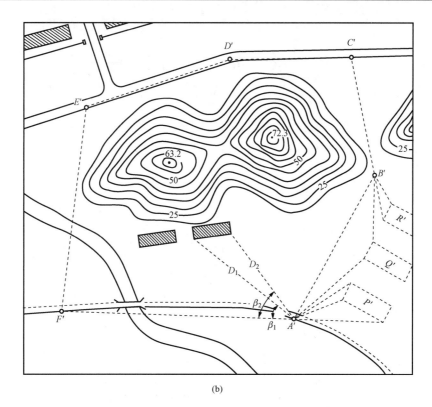

(b)

图 1-9 地形测量的原则（二）

（b）实地地形对应的地形图

习 题

1-1 测量学的任务是什么？测量学在工程建设中有什么作用？

1-2 什么是水准面、大地水准面？水准面有什么特点？在测量工作中，大地水准面有什么作用？

1-3 什么是绝对高程、相对高程、高差？高差与水准面的位置有无关系？

1-4 测量中采用的平面直角坐标与数学上的坐标有什么区别？

1-5 高斯平面直角坐标是怎样建立的？

1-6 地面上某点的经度为东经 $116°28'$，试计算它在 6°带和 3°带中的带号，并计算出相应 6°带和 3°带中中央子午线的经度。

1-7 用水平面代替大地水准面对距离和高程有什么影响？

1-8 测量工作的原则是什么？

1-9 确定地面点相对位置的三个基本几何要素是什么？

1-10 测量的基本工作有哪些？

第二章　水　准　测　量

测定地面点高程的工作称为高程测量。高程测量的方法包括水准测量、三角高程测量及 GPS 测量等方法。其中水准测量是高程测量中最为常见且精度较高的一种方法。

第一节　水　准　测　量　原　理

水准测量是利用仪器提供的水平视线测定地面上两点之间的高差，推求某点高程的方法。如图 2-1 所示，设 A 点的高程为 H_A，现在要确定 B 点的高程，此时我们可以在 A 点和 B 点之间安置一台能够提供水平视线的仪器——水准仪，然后在 A 点和 B 点安置带有刻划的尺子——水准尺，假设 A 点水准尺上的读数为 a，B 点水准尺上的读数为 b，则 A、B 两点间的高差为

$$h_{AB} = a - b \qquad (2-1)$$

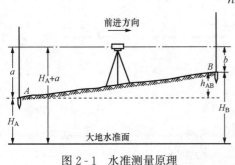

图 2-1　水准测量原理

由于水准测量是由 A 点朝 B 点方向进行的，因此 A 点称为后视点，B 点称为前视点，后视点 A 上的水准尺称为后视尺，前视点 B 上的水准尺称为前视尺，后视尺上的读数 a 称为后视读数，前视尺上的读数 b 称为前视读数，因此，两点间的高差等于后视读数减前视读数。如果后视读数大于前视读数，则高差为正值，反之，高差为负值。

由于 A 点的高程为 H_A，则 B 点的高程为

$$H_B = H_A + h_{AB} = H_A + a - b \qquad (2-2)$$

由于水平视线的高程 $H_i = H_A + a$，则

$$H_B = H_i - b \qquad (2-3)$$

式（2-3）在横断面测量及土石方测量中用得比较多。

第二节　水准测量的仪器和工具

水准测量的仪器为水准仪，水准测量的工具为水准尺和尺垫。

水准仪按精度分为 DS05、DS1、DS3、DS10 型几个等级；按制造材料分为光学水准仪和电子水准仪。各种光学水准仪的构造及使用方法大同小异，其中 DS3 型水准仪在一般的工程测量中用得比较多，本节主要介绍微倾式 DS3 水准仪的构造和使用方法。

一、微倾式 DS3 型水准仪的构造

微倾式 DS3 型水准仪由望远镜、水准器及基座三大部分组成，其基本构造如图 2-2 所示。

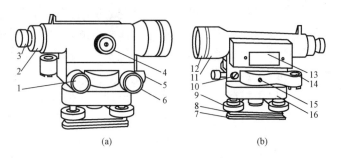

图 2-2　水准仪的基本构造

1—微倾螺旋；2—分划板护罩；3—目镜；4—物镜对光螺旋；5—制动螺旋；6—微动螺旋；
7—底板；8—三角压板；9—脚螺旋；10—弹簧帽；11—望远镜；12—物镜；13—管水准器；
14—圆水准器；15—连接小螺丝；16—轴座

（一）望远镜

望远镜的作用是用于瞄准远方的目标。如图 2-3（a）所示，它由物镜、目镜、对光透镜、十字丝分划板等部分组成。其中，十字丝分划板上刻有十字丝和视距丝，如图 2-3（b）所示。物镜光心与十字丝分划板中十字丝中心的连线称为视准轴，也称为视线。如图 2-3（a）所示，远方的目标经过物镜及对光透镜的作用在十字丝分划板上形成倒立的实像，由于目标距望远镜的距离有远有近，此时可以转动对光螺旋，让对光透镜在望远镜镜筒内前后移动，使目标在十字丝分划板上形成倒立的实像，倒立的实像经过目镜的作用，最后形成倒立的虚像。倒立的虚像对人眼张成的角度与目标对人眼张成的角度之比称为望远镜的放大率，DS3 型水准仪望远镜的放大率为 28～30。

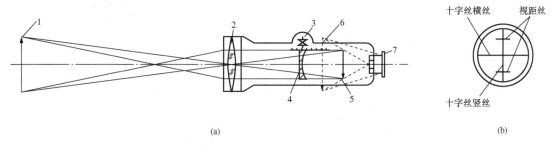

图 2-3　望远镜的构造及成像原理

（a）望远镜的成像原理；（b）十字丝分划板
1—目标；2—物镜；3—对光螺旋；4—对光透镜；5—倒立的实像；
6—放大的虚像；7—目镜

（二）水准器

水准器的作用是用于指示水准仪的视线是否水平或水准仪的竖轴是否竖直。水准器分为管水准器和圆水准器。

管水准器也称为水准管，如图 2-4 所示，它是一个封闭的玻璃管，玻璃管的内壁在纵向磨成圆弧形，圆弧的半径一般为 7～20m。玻璃管内盛有酒精和乙醚的混合液，并留有一个气泡。水准管圆弧上刻有间隔为 2mm 的分划线，水准管圆弧中每 2mm 弧长所对的圆心角称为水准管的分划值，水准管的分划值一般用 τ 表示。τ 值越小，则水准管的灵敏度就越高，对于 DS3 型水准仪，其 τ 值一般为 20″/2mm。圆弧的中点称为水准管零点。过水准管零点的切线称为水准管轴。当气泡的中心与水准管零点重合时，称为气泡居中。当气泡居中时，水准管轴就处于水平位置。如果视准轴与水准管轴平行，则当水准管的气泡居中时，视准轴就处于水平位置。

为了提高水准管气泡的居中精度，对于微倾式水准仪，一般在水准管的上方安装一组符合棱镜，如图 2-5（a）所示。通过符合棱镜的折光作用，使气泡两端的像成像在望远镜旁的符合气泡观察窗中。具有这种棱镜装置的水准器称为符合水准器（也称符合水准管）。若气泡两端的半像错开，则表示气泡不居中，如图 2-5（b）所示。若气泡两端的半像吻合，则表示气泡居中，如图 2-5（c）所示。若气泡不居中，可转动微倾螺旋，使气泡两端的半像吻合。

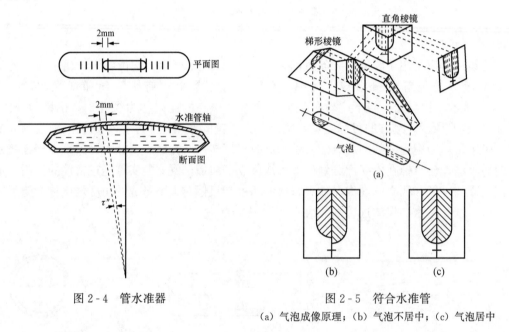

图 2-4　管水准器

图 2-5　符合水准管
（a）气泡成像原理；（b）气泡不居中；（c）气泡居中

圆水准器是由内表面磨成球面的玻璃圆盒制成的，如图 2-6 所示，球面中央刻有一个小圆圈，里面盛有酒精和乙醚的混合液，并留有一个气泡。小圆圈的中心称为圆水准器零点，圆水准器零点与球心的连线称为圆水准轴（$L'L'$）。当气泡的中心与圆水准器零点重合时，称为圆水准器气泡居中。当圆水准器气泡居中以后，圆水准轴就处于铅垂位置。如果竖轴与圆水准轴平行，则当圆水准器气泡居中以后，竖轴就处于铅垂位置。由于圆水准器的分划值一般为 8′/2mm，所以圆水准器的灵敏度较低，它主要用于仪器的粗略整平。

（三）基座

基座用于支承仪器的上部，它由轴座、脚螺旋、底板和三角压板等部件组成。水准仪通过基座与三脚架

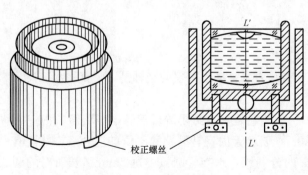

图 2-6　圆水准器

相连。

二、水准尺和尺垫

与 DS3 型水准仪配套的水准尺是由优质木材、铝合金或玻璃钢制成的，长度为 3～5m，尺上每隔 1cm 或 0.5cm 涂有黑白或红白相间的油漆，每分米有一个数字注记。水准尺按尺形分，分为直尺、折尺和塔尺。水准尺按尺面分，分为单面尺和双面尺，单面尺只有一面有刻划，而双面尺两面都有刻划。其中：一面涂有黑白相间的油漆，称为黑面；另一面涂有红白相间的油漆，称为红面。黑面底部的起始读数为 0，而红面底部的起始读数为 4.687m 或 4.787m，这两个数字也称为尺常数，水准测量时，水准尺是配对使用的，如果一根尺的尺常数是 4.687m，则另一根尺的尺常数是 4.787m，这样可以避免观测时因印象而产生读数错误。

尺垫主要用于传递高程，如图 2-7 所示，它是用钢板或铸铁制成的，一般为三角形，中央有一突起的半球体，下方有三个脚尖。使用时把三个尖脚踩入土中，并把水准尺立在半球体的圆顶上。尺垫可防止水准尺下沉。

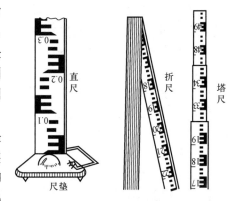

图 2-7　水准尺和尺垫

第三节　水准仪的使用

一、安置水准仪

首先打开三脚架，并使三脚架的高度适中，将架头安置到大致水平的位置，然后把水准仪用中心连接螺旋连接到三脚架上。在山坡上进行水准测量时，应使三脚架的两脚在坡下，一脚在坡上。

二、粗略整平仪器

仪器的粗略整平是用脚螺旋使圆水准器的气泡居中，从而使仪器的竖轴处于铅垂位置。当水准仪安置好以后，如图 2-8（a）所示，假设气泡位于 1 点，这表明脚螺旋 A 侧偏高，

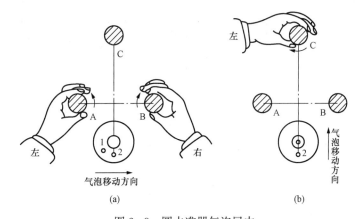

图 2-8　圆水准器气泡居中

（a）转动脚螺旋 A 和 B；（b）转动脚螺旋 C

此时可用双手按箭头所指的方向旋转脚螺旋 A 和 B，即降低脚螺旋 A，升高脚螺旋 B，直到气泡移到 2 点。再旋转脚螺旋 C，如图 2-8（b）所示，使气泡从 2 点移到圆水准器的中心位置，这样就粗略整平了仪器。这里需要指出的是气泡移动的方向始终与左手大拇指移动的方向一致，即气泡始终朝高处移动，且顺时针方向转动脚螺旋使该脚螺旋端升高。

三、瞄准目标

用望远镜瞄准目标前，应调节目镜调焦螺旋，使十字丝清晰，然后利用望远镜的准星和缺口从外部瞄准水准尺。当目镜里能够看到水准尺的影像时，将制动螺旋拧紧，再旋转对光螺旋，使水准尺的影像清晰，最后转动微动螺旋，使十字丝竖丝瞄准水准尺的中央。

四、消除视差

视差现象如图 2-9 所示，当人眼在目镜旁上下微微晃动时，如果尺像与十字丝有相对移动的现象，称为视差。产生视差的原因是尺像没有落在十字丝平面上。由于视差的存在必然会影响到读数的准确性，因此，读数之前必须消除视差。消除视差的方法是仔细调节目镜调焦螺旋和对光螺旋，使十字丝和尺像清晰，直到眼睛在目镜旁上下微微晃动，不再出现尺像和十字丝有相对移动的现象为止。

五、精确整平仪器

由于圆水准器的灵敏度较低，所以用圆水准器只能使水准仪粗略整平。因此，每次读数前，还必须转动微倾螺旋，使符合水准管气泡居中，从而保证视线精确水平。当望远镜由一个方向转到另一个方向时，水准管气泡一般不再居中。所以望远镜每次改变方向后，也就是每次读数前，都要转动微倾螺旋，使其符合水准管气泡居中。

六、读数

符合水准管气泡居中后，然后用十字丝中间的长横丝读取水准尺的读数。从水准尺上可以直接读出米、分米和厘米数，并估读出毫米数。由于望远镜一般为倒像，所以从望远镜内读数时应由上往下读，图 2-10 中长横丝的读数为 1.948m。

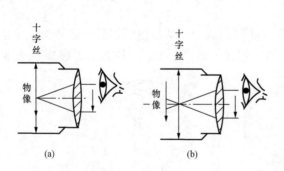

图 2-9　视差现象

（a）没有视差现象；（b）有视差现象

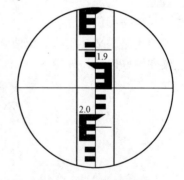

图 2-10　水准尺的读数

第四节　水准测量的外业观测

一、水准测量的实施

当两点之间距离较远或高差较大，则安置一次仪器将无法测出两点之间的高差，此时，我们可以在两点之间选择一些临时性的过渡点，测出相邻点之间的高差，最后求出两点之间的高差。水准测量的实施如图 2 - 11 所示，图中 A 为高程已知的点，B 为待求高程的点。首先在 A 点竖立水准尺，在 A 点、B 点之间适当的位置选择第一个转点 TP_1（在转点上一般要放置尺垫），将水准尺安置在 TP_1 点，在 A 点、TP_1 点间安置水准仪（为了提高水准测量的精度，水准仪到两点间的距离应尽量相等），将水准仪粗略整平后，先瞄准 A 点的水准尺，再转动微倾螺旋使符合水准管气泡居中，读取 A 点的后视读数 $a_1 = 1.652$m，然后瞄准 TP_1 点的水准尺，转动微倾螺旋使符合水准管气泡居中，读取 TP_1 点的前视读数 $b_1 = 0.550$m。把读数记入观测手簿，如表 2 - 1 所示，并计算 A 点、TP_1 点之间的高差 $h_1 = 1.102$m。再在 TP_1 点、B 点之间适当的位置选择第二个转点 TP_2，TP_1 点的水准尺不动，仅把尺面转向前进方向，将 A 点的水准尺移到 TP_2 点，在 TP_1 点、TP_2 点间安置水准仪，将水准仪粗略整平后，先瞄准 TP_1 点的水准尺，再转动微倾螺旋使符合水准管气泡居中，读取 TP_1 点的后视读数 $a_2 = 1.548$m，然后瞄准 TP_2 点的水准尺，转动微倾螺旋使符合水准管气泡居中，读取 TP_2 点的前视读数 $b_2 = 1.242$m。把读数记入观测手簿，并计算 TP_1 点、TP_2 点之间的高差 $h_2 = 0.306$m。如此继续，直至测到 B 点。转点 $TP_1 \sim TP_3$ 属于临时性的过渡点，其作用是传递高程。

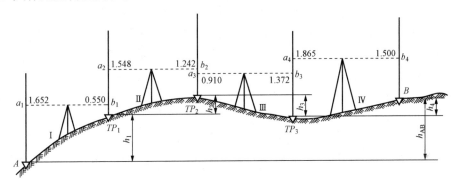

图 2 - 11　水准测量的实施

表 2 - 1　　　　　　　　　　　水 准 测 量 观 测 手 簿

测　站	测　点	后视读数 （m）	前视读数 （m）	高差（m）		高程（m）	备　注
				＋	－		
I	A	1.652		1.102		58.662	A 点的高程为
	TP_1		0.550				58.662m
II	TP_1	1.548		0.306			
	TP_2		1.242				
III	TP_2	0.910			0.462		$H_B = H_A + h_{AB}$
	TP_3		1.372				$= 59.973$m
IV	TP_3	1.865		0.365		59.973	
	B		1.500				
计算检核	$\sum a = 5.975$；$\sum b = 4.664$；$\sum h = +1.311$ $\sum a - \sum b = 5.975 - 4.664 = 1.311$；$H_B - H_A = +1.311$						

显然，每安置一次仪器，便可测出一个高差，即

$$h_1 = a_1 - b_1$$
$$h_2 = a_2 - b_2$$
$$h_3 = a_3 - b_3$$
$$h_4 = a_4 - b_4$$

将上述各式相加，得

$$h_{AB} = \sum h = \sum a - \sum b \qquad (2\text{-}4)$$

则 B 点的高程为

$$H_B = H_A + h_{AB} \qquad (2\text{-}5)$$

二、水准测量的检核

（一）计算检核

由式（2-4）知，各站观测高差之和等于各站后视读数之和减去各站前视读数之和，以此作为计算检核的条件。若两者不相等，则证明计算有错误。计算检核只能检查计算有没有错误，不能检查观测和记录有没有错误。

（二）测站检核

为了避免因一个测站的错误而导致整个测段的结果产生错误，可在每个测站上对观测结果进行检核。测站检核的方法有两种，即改变仪器高度法和双面尺法。

1. 改变仪器高度法

在每个测站上，测出两点间的高差后，改变水准仪的高度，再测两点间的高差。对于普通水准测量，当两次测得的高差之差小于 5mm 时，则认为观测成果合格，此时取两次高差的平均值作为该测站的高差，否则应重新观测。

2. 双面尺法

在水准仪高度不变的情况下，利用两根水准尺的黑面和红面读数，测出相应的黑面高差和红面高差。对于普通水准测量，若黑面高差与红面高差之差小于 5mm 时，则认为观测成果合格，此时取黑面高差与红面高差的平均值作为该测站的高差，否则应重新观测。用双面尺进行水准测量的方法在三、四等水准测量中用得比较多。

（三）路线检核

测站检核只能检核本测站的测量成果是否满足要求，但不能检核整个路线的测量成果是否满足要求。例如水准仪搬站后，如果转点的位置发生了变化，这时测站检核虽然能够通过，但观测高差却是错误的，此时，我们可以采用路线检核的方法加以检核。水准路线分为闭合水准路线、附合水准路线和支水准路线。

1. 闭合水准路线

如图 2-12 所示，从某一水准点（高程已知的点）BM_1 出发，沿线进行水准测量，测出相邻点之间的高差，最后又回到原来水准点上，这种水准路线称为闭合水准路线。

从理论上讲，闭合水准路线的高差之和应等于零，但由于观测高差有误差，就使得观测高差之和不等于零，其值称为闭合水准路线的高差闭合差，即

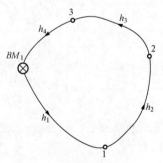

图 2-12 闭合水准路线

$$f_h = \sum h \qquad (2\text{-}6)$$

高差闭合差 f_h 的大小反映了观测成果的质量，f_h 越小，则观测成果的质量越好，f_h 应小于相应的允许值 $f_{h允}$。对于普通水准测量，$f_{h允}$ 取值为：

平地
$$f_{h允} = \pm 40\sqrt{L} \quad \text{mm} \tag{2-7}$$

山地
$$f_{h允} = \pm 10\sqrt{n} \quad \text{mm} \tag{2-8}$$

式中：L 为水准路线的长度，km；n 为测站总数。

如果 f_h 超过相应的允许值 $f_{h允}$，则需重新观测。

2. 附合水准路线

如图 2-13 所示，从某一水准点 BM_1 出发，沿线进行水准测量，测出相邻点之间的高差，最后附合到另一水准点 BM_2 上，这种水准路线称为附合水准路线。

从理论上讲，附合水准路线的高差之和应等于两水准点之间的高程差，但由于观测高差有误差，就使得观测高差之和不等于两水准点之间的高程差，两者之差称为附合水准路线的高差闭合差，即

$$f_h = \sum h - (H_{BM_2} - H_{BM_1}) \tag{2-9}$$

附合水准路线高差闭合差的允许值 $f_{h允}$ 取值同闭合水准路线。

3. 支水准路线

如图 2-14 所示，从某一水准点 BM_1 出发，沿线进行水准测量，测出相邻点之间的高差，它既不闭合到原来水准点上，又不附合到另一水准点上，这种水准路线称为支水准路线。

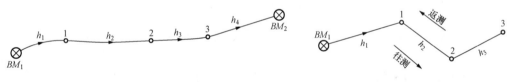

图 2-13　附合水准路线　　　　　　图 2-14　支水准路线

由于支水准路线没有相应的检核条件，因此，为了避免错误的发生，应进行往返观测。如果支水准路线进行了往返观测，则支水准路线的高差闭合差为

$$f_h = \sum h_{往} + \sum h_{返} \tag{2-10}$$

支水准路线高差闭合差的允许值 $f_{h允}$ 取值同闭合水准路线，但水准路线的长度或总测站数以单程计。

第五节　水准测量的内业计算

水准测量经过路线检核后，如果高差闭合差小于相应的允许值，则认为观测成果符合要求，此时应将高差闭合差进行合理分配，求出相关点的高程。

如图 2-13 所示，已知 BM_1 点的高程 H_{BM_1} 为 39.833m，BM_2 点的高程 H_{BM_2} 为 48.646m，各测段的测站数及观测高差列入表 2-2 中。其计算步骤如下。

1. 高差闭合差的计算

$$f_h = \sum h - (H_{BM_2} - H_{BM_1}) = 8.847 - (48.646 - 39.833) = 0.034\text{m} = 34\text{mm}$$

$f_{h允} = \pm 10\sqrt{n} = \pm 10\sqrt{20} = 44.7\text{mm}$，$f_h < f_{h允}$，说明观测成果符合要求。

表 2 - 2   水准路线高程的计算

点号	测站数	高差（m）		改正后的高差（m）	高程（m）	备注
		观测值	改正数			
1	2	3	4	5	6	
BM_1					39.833	
1	8	8.364	−0.014	8.350	48.183	BM_1 及 BM_2 为高程已知的水准点
2	3	−1.433	−0.005	−1.438	46.745	
3	4	−2.745	−0.007	−2.752	43.993	
BM_2	5	4.661	−0.008	4.653	48.646	
总和	20	8.847	−0.034	8.813		

2. 高差闭合差的调整

对于同一水准路线，路线越长或测站数越多，则水准测量时，产生误差的机会就越多，此时可以将高差闭合差按与距离或测站数成比例反符号分配到各个观测高差中去，则得到相应的高差改正数

$$v_i = -\frac{f_h}{\sum L}L_i（按与距离成比例反符号分配高差闭合差）\qquad(2-11)$$

或

$$v_i = -\frac{f_h}{\sum n}n_i（按与测站数成比例反符号分配高差闭合差）\qquad(2-12)$$

式中：$\sum L$ 为水准路线的总长度；L_i 为第 i 测段水准路线的长度；$\sum n$ 为测站总数；n_i 为第 i 测段的测站数。

式（2-11）一般适用于平原地区，式（2-12）一般适用于山区。

由式（2-12）知，BM_1 至 1 号点之间的高差改正数为

$$v_1 = -\frac{f_h}{\sum n}n_1 = -\frac{0.034}{20}\times 8 = -0.014\text{m}$$

高差改正数填入表 2-2 的第 4 栏中。很显然，$\sum v_i = -f_h$，若 $\sum v_i \neq -f_h$，则证明计算有错误。

3. 改正后高差的计算

改正后的高差等于观测高差加相应的高差改正数，即表 2-2 的第 3 栏与第 4 栏的数相加，如 BM_1 至 1 号点之间改正后的高差为 $8.364-0.014=8.350$m，改正后的高差填入第 5 栏中，很显然，改正后的高差之和应等于 BM_2 点与 BM_1 点高程之差。

4. 高程的计算

由 BM_1 点的高程及改正后的高差即可计算各点的高程，如 1 号点的高程为 $39.833+8.350=48.183$m，相应的高程填入表 2-2 的第 6 栏中，由 3 号点的高程也可以推算 BM_2 点的高程，推算出的 BM_2 点的高程应等于 BM_2 点的已知高程。

由于闭合水准路线是附合水准路线当两个水准点重合时的特例，因此，闭合水准路线高程的计算方法与附合水准路线高程的计算方法相同。对于往返观测的支水准路线，由往返观测的高差计算平均高差，再计算各点的高程。

第六节　微倾式水准仪的检验与校正

一、水准仪的几何轴线及其应满足的条件

水准仪的相关轴线如图 2-15 所示。水准仪的几何轴线有圆水准轴 $L'L'$、竖轴 VV、水准管轴 LL、视准轴 CC，为了保证水准测量成果的质量，进行水准测量时，水准仪的几何轴线应该满足如下条件：

(1) 圆水准轴 $L'L'$ 应平行于仪器的竖轴 VV。

(2) 十字丝的横丝应垂直于仪器的竖轴 VV。

(3) 水准管轴 LL 应平行于视准轴 CC。

水准仪在出厂前，仪器生产厂家对水准仪进行了检验和校正，能够保证水准仪的几何轴线满足上述三个条件，由于水准仪在长期使用和运输过程中往往会发生震动和碰撞，使得各轴线之间的相互位置关系发生了变化，若不及时检验和校正，将会影响到观测成果的质量。为此，在水准测量之前，应对水准仪进行仔细的检验和校正，使水准测量的成果满足相关的精度要求。

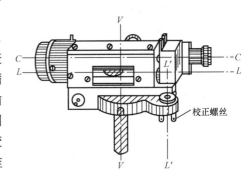

图 2-15　水准仪的相关轴线

二、水准仪的检验与校正

水准仪的检验校正包括以下三方面的内容。

（一）圆水准轴平行于仪器竖轴的检验校正

圆水准器是用来粗略整平仪器的，当圆水准器气泡居中以后，圆水准轴就处于铅垂位置。如果圆水准轴不平行于仪器的竖轴，则当圆水准器气泡居中时，仪器的竖轴就不处于铅垂位置，如果圆水准轴与仪器的竖轴间的角度较大，往往导致管水准器的气泡无法居中。为此，应作好此项的检验校正工作。

1. 检验方法

如图 2-16 （a）所示，转动脚螺旋，使圆水准器气泡居中，此时，圆水准轴 $L'L'$ 处于铅垂位置。如果仪器的竖轴 VV 与圆水准轴 $L'L'$ 不平行，且它们之间的夹角为 δ，则仪器的

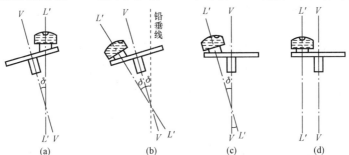

图 2-16　圆水准轴平行于仪器竖轴的检验

(a) 竖轴倾斜；(b) 望远镜转动 180°后；(c) 竖轴处于铅垂位置；

(d) 圆水准轴和竖轴处于铅垂位置

竖轴 VV 与铅垂位置之间的夹角为 δ。如图 2-16（b）所示，当望远镜转动 $180°$ 以后，则圆水准轴 $L'L'$ 与铅垂位置之间的夹角为 2δ，此时，圆水准器气泡不再居中，气泡偏移的弧长所对的圆心角为 2δ，这说明圆水准轴 $L'L'$ 不平行于仪器的竖轴 VV，需要进行校正。

2. 校正方法

首先转动脚螺旋，使圆水准器气泡朝居中方向移动偏离量的一半，则竖轴 VV 处于铅垂位置，如图 2-16（c）所示。再用螺钉旋具松开圆水准器下面的固定螺钉，如图 2-17 所示，然后用校正针分别拨动圆水准器下面的三个校正螺钉，使圆水准器气泡居中，再用螺钉旋具拧紧圆水准器下面的固定螺钉，此时，仪器的竖轴 VV 与圆水准轴 $L'L'$ 都处于铅垂位置，如图 2-16（d）所示。

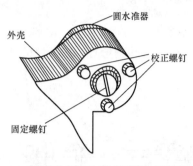

图 2-17　圆水准器的校正

（二）十字丝横钉垂直于仪器竖轴的检验校正

1. 检验方法

先将仪器整平，用横丝的一端对准某一固定点 A，如图 2-18（a）所示，拧紧制动螺旋，然后转动微动螺旋，使望远镜左右转动，检查 A 点是否在横丝上移动。若 A 点偏离了横丝，如图 2-18（b）所示，则需要进行校正。

2. 校正方法

如图 2-19 所示，卸下目镜护盖，松开十字丝分划板座上的四个固定螺钉，转动十字丝分划板座，使横丝处于水平状态，如图 2-18（c）所示，再拧紧四个固定螺钉，盖上目镜护盖。

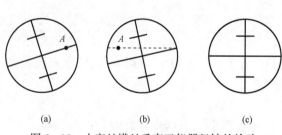

(a)　　　　　　(b)　　　　　　(c)

图 2-18　十字丝横丝垂直于仪器竖轴的检验

（a）十字丝横丝的一端对准 A 点；（b）A 点偏离了横丝；

（c）横丝处于水平状态

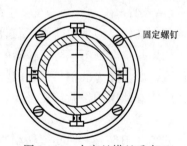

图 2-19　十字丝横丝垂直于
仪器竖轴的校正

（三）水准管轴平行于视准轴的检验校正

1. 检验方法

如图 2-20 所示，在平坦地面上选择相距 $40\sim60\text{m}$ 的 A、B 两点，在 A、B 两点打入木桩或设置尺垫，将水准仪安置在距 A、B 两点等距离处，即 $D_1=D_2$，在水准管气泡居中的情况下，读取 A、B 水准尺上的读数 a_1、b_1，则观测高差 $h_1=a_1-b_1$，假设视准轴与水准管

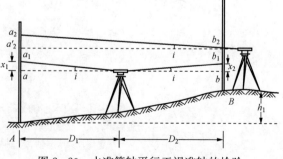

图 2-20　水准管轴平行于视准轴的检验

轴不平行，且它们之间的夹角为 i，则当水准管气泡居中后，水准管轴就处于水平状态，此时，视准轴与水平线的夹角为 i。而正确高差 $h = a - b = (a_1 - x_1) - (b_1 - x_2)$，由于水准仪距 A、B 两点的距离相等，则由于视准轴倾斜引起的误差 x_1 与 x_2 相等，因此 $h_1 = h$，即 h_1 为正确高差。然后将水准仪搬至距 B 点 3m 左右的地方，在水准管气泡居中的情况下，读取 A、B 水准尺上的读数 a_2、b_2，则第二次观测高差 $h_2 = a_2 - b_2$。若 $h_1 = h_2$，则说明水准管轴平行于视准轴；若 $h_1 \neq h_2$，则说明水准管轴不平行于视准轴；若 h_1 与 h_2 的差值大于 3mm，就需要进行校正。

2. 校正方法

由于仪器距 B 点很近，因此，i 角对 B 点水准尺的读数影响很小，可以认为 b_2 是正确读数。由于水准仪距 A 点较远，因此，i 角对 A 点水准尺的读数影响较大，此时，由正确高差 h_1 和 b 可以计算出 A 点水准尺上视线水平时的正确读数 a_2'，由图 2-20 知，$a_2' = h_1 + b_2$。

用望远镜仍然瞄准 A 点的水准尺，转动微倾螺旋，使 A 点水准尺上的读数为 a_2'，此时视准轴处于水平位置，而水准管气泡不居中，用校正针拨动水准管上下两个校正螺丝，如图 2-21 所示，使水准管气泡居中，这样，水准管轴就平行于视准轴。

校正完毕后，应在 B 点附近重新安置仪器，观测 A、B 两点的高差 h_3，若 h_3 与正确高差之差小于 3mm，即可结束校正工作。

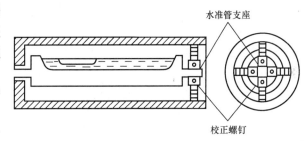

图 2-21　水准管轴平行于视准轴的校正

第七节　水准测量的误差分析

水准测量中，由于仪器、人、外界条件等各种因素的影响，使得观测成果中带有相应的误差。为了保证观测成果的质量，需要分析产生误差的原因，并采取相应的措施，消除或减小误差对水准测量的影响。水准测量的误差主要是由仪器误差、观测误差及外界条件等方面的因素引起的。

一、仪器误差

（一）视准轴与水准管轴不平行的残余误差

仪器虽然经过校正，但仍会存在视准轴与水准管轴不平行的残余误差的影响。水准测量时，如果仪器距两根水准尺的距离相等，这种误差就能消除。

（二）调焦引起的误差

由于仪器制造不够完善，当转动对光螺旋进行物镜调焦时，对光透镜光心移动的轨迹与望远镜的光轴往往不重合，从而产生对光误差。如果仪器距两根水准尺的距离相等，则当读完后视读数后，读前视读数时，就不必进行物镜调焦，这样可以避免这项误差的发生。

（三）水准尺的误差

水准尺的误差包括分划误差和水准尺底部的零点误差。使用前应对水准尺的分划进行检验，必要时应加相应的改正数。至于零点误差，在一个测段中，可以采用偶数站观测法予以消除；另外，采用一根水准尺进行水准测量也可以避免零点误差的发生。

二、观测误差

（一）水准管气泡居中误差

水准管气泡的居中误差主要取决于水准管的分划值 τ''。对于符合水准管，气泡的居中误差为 $0.075\tau''$，则由居中误差引起的读数误差为

$$m_\tau = \pm \frac{0.075\tau''}{\rho}D \qquad (2-13)$$

式中：$\rho = 206265''$；D 为水准仪到水准尺的水平距离。

（二）读数误差

对于 DS3 型水准仪，水准尺上的毫米数是估读的，估读误差与人眼的分辨率、望远镜的放大率 V 以及水准仪到水准尺的水平距离 D 有关，读数误差通常计算为

$$m_v = \pm \frac{60''D}{V\rho} \qquad (2-14)$$

（三）水准尺倾斜误差

如果水准尺没有扶直，则水准尺前后倾斜时，都将使读数增大。这种误差随水准尺倾斜

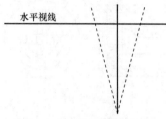

水平视线

图 2-22　水准尺倾斜误差

角度和读数的增大而增大。例如当水准尺倾斜 3°时，若水准尺上的读数为 1.5m，将产生 2mm 的误差。为了使水准尺能扶直，水准尺上最好装有水准器。若没有水准器，可采用摇尺法减小水准尺倾斜误差对读数的影响，读数时将水准尺的上端沿视线方向前后摆动，当视线水平时，观测到的最小读数就是水准尺扶直时的读数，如图 2-22 所示。

三、外界条件的影响

（一）仪器下沉的误差

在读取后视读数后到读取前视读数之前，若仪器下沉了 Δ，则前视读数减少了 Δ，从而使观测高差增大 Δ，如图 2-23 所示。在松软的地面上进行水准测量，每一测站都可能产生这种误差。当采用双面尺或改变仪器高度法进行水准测量时，若第二次观测先读前视读数，然后读后视读数，则第二次观测高差偏小，取两次高差的平均值可以削弱仪器下沉对观测高差的影响。此外，采用往返观测取平均值的方法也能削弱仪器下沉对观测高差的影响。

（二）尺垫下沉的误差

当仪器从一个测站迁到下一个测站时，若尺垫下沉了 Δ，将使下一测站的后视读数增大 Δ，从而使观测高差也增大 Δ，如图 2-24 所示。显然，采用往返观测取平均值的方法能够削弱尺垫下沉对观测高差的影响。

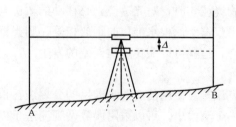

图 2-23　仪器下沉的误差

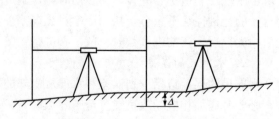

图 2-24　尺垫下沉的误差

当然，在进行水准测量时，应尽量选择坚实的地点安置仪器并将脚架踩紧；另外，设置转点时，应将尺垫踩紧，防止仪器和尺垫下沉对观测高差的影响。

（三）地球曲率和大气折光的影响

从理论上讲，只有当水准仪的视线与水准面平行时，测出的高差才是正确高差，但水准仪是利用水平视线观测高差的，因此读数中含有由地球曲率引起的误差 c（如图 2-25 所示），c 可以参照式（1-7）写出

$$c = \frac{D^2}{2R} \qquad (2-15)$$

式中：D 为仪器到水准尺的距离；R 为地球的平均半径。

进行水准测量时，由于水平视线经过密度不同的空气层将产生折射，因此水准仪的视线往往不是水平视线，而是一条曲线。根据经验，曲线的曲率半径约为地球平均半径的 7 倍，因此大气折光对读数的影响为

$$r = \frac{D^2}{14R} \qquad (2-16)$$

地球曲率和大气折光对读数的综合影响 f 的计算式为

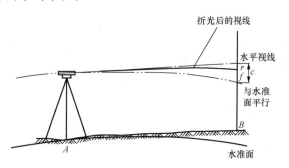

图 2-25　地球曲率和大气折光的影响

$$f = c - r = 0.43 \frac{D^2}{R} \qquad (2-17)$$

当水准仪到两根水准尺的距离相等时，地球曲率对观测高差的影响可以自动消除。由于近地面的大气折光及其变化十分复杂，即使水准仪到两根水准尺的距离相等，大气折光对两边读数的影响也不可能相同，因此，大气折光误差一般不能完全消除。视线离地面越高，则大气折光的影响就越小，因此，水准仪的视线应离开地面有一定的距离。

（四）温度的影响

温度的变化往往引起大气折光的变化，另外，当阳光照射水准管时，水准管及水准管内液体的温度将升高，导致气泡朝温度高的地方移动，从而影响视线的水平。为了防止仪器在日光下曝晒，水准测量时，应给仪器打伞。无风的阴天往往是最理想的观测天气。

第八节　自动安平水准仪

用微倾式水准仪进行水准测量时，每次读数之前，都要转动微倾螺旋，使水准管气泡居中，这样，在一个测站上进行观测，花费的时间往往较多。为了提高工作效率，人们研制了自动安平水准仪。用自动安平水准仪进行水准测量时，只要将圆水准器气泡居中，就能读取视线水平时的读数，从而大大提高了观测速度。

一、自动安平原理

如图 2-26 所示，当望远镜的视准轴倾斜了一个小角 α 时，由水准尺上的 a_0 点及物镜光心 O 所形成的水平视线不再通过十字丝中心 Z，而在离 Z 为 l 的 A 点处，显然

$$l = f\alpha \qquad (2-18)$$

式中：f 为物镜的等效焦距；α 为视准轴倾斜的小角。

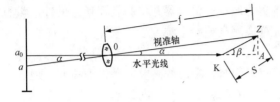

图 2-26 自动安平原理

若在距十字丝分划板 S 处安装一个补偿器 K，使水平视线偏转 β 角，让 a_0 成像在十字丝中心 Z，则

$$l = S\beta \qquad (2-19)$$

由式（2-18）及式（2-19）得

$$f\alpha = S\beta \qquad (2-20)$$

因此，只要式（2-20）条件得到满足，虽然视准轴有微小的倾斜，但 a_0 仍然成像在十字丝中心 Z 处，即水准仪能够自动获取视线水平时的读数，从而达到自动补偿的目的。

二、DSZ3 型自动安平水准仪

图 2-27 所示为 DSZ3 型自动安平水准仪。图 2-28 所示为 DSZ3 型自动安平水准仪的补偿器示意图，该仪器的补偿器安置在对光透镜与十字丝分划板之间，补偿器由屋脊棱镜、两块直角棱镜及空气阻尼器等部件组成。屋脊棱镜固定在望远镜镜筒上，用交叉的金属丝将两块直角棱镜悬挂于屋脊棱镜上。当视线水平时，水准尺上的 a_0 通过补偿器成像在十字丝分划板的中心 Z，此时读数为视线水平时的读数。

当望远镜倾斜了微小 α 角时，两块直角棱镜将在重力的作用下，相对于望远镜的倾斜方向做反向偏转，因此仍能读出视线水平时的读数。

DSZ3 型自动安平水准仪的使用非常简单，只要转动脚螺旋，使圆水准器气泡居中，瞄准水准尺即可读取水准尺上的读数。为了检查补偿器是否起作用，可稍微转动一下脚螺旋，观察水准尺上的读数有无变化，若水准尺上的读数没有变化，则证明补偿器起作用，仪器能够正常使用，否则，应对补偿器进行修理。

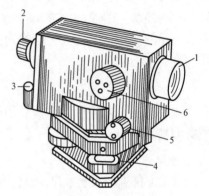

图 2-27 DSZ3 型自动安平水准仪
1—物镜；2—目镜；3—圆水准器；
4—脚螺旋；5—微动螺旋；
6—对光螺旋

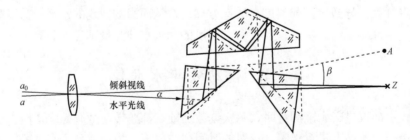

图 2-28 DSZ3 型自动安平水准仪的补偿器

第九节 精密水准仪与电子水准仪

一、精密水准仪

精密水准仪的种类很多，目前常用的精密水准仪有 DS05 型和 DS1 型两种，精密水准仪主要用于国家一、二等水准测量及建筑物的沉降观测。

精密水准仪的构造与 DS3 型水准仪的构造基本相同,也是由望远镜、水准器、基座三部分组成。其不同点在于:精密水准仪的水准管分划值较小,一般为 10″/2mm;望远镜的放大率较大,一般为 40 倍;望远镜的亮度好,仪器结构稳定,受温度的影响较小。为了提高读数精度,精密水准仪采用测微器读取微小的读数。

图 2-29 为国产 DS1 型水准仪。该仪器的测微器如图 2-30 所示,由平行玻璃板 P,传动杆、测微轮、测微分划尺等部件组成。平行玻璃板安装在望远镜物镜前面,可以绕与视准轴垂直的旋转轴 A 旋转。平行玻璃板通过传动杆与测微尺相连。测微尺上均匀刻有 100 个分划,这 100 个分划与水准尺上一个分划(5mm)对应,因此,在测微尺上能直接读到 0.05mm。

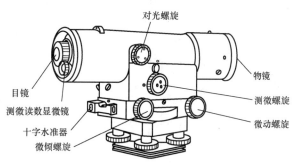

图 2-29 DS1 型水准仪

当平行玻璃板与视线正交时,视线将不受平行玻璃板的影响而直接对准水准尺的 B 点,此时测微尺上的读数为 0,而视线在水准尺上的读数为 148cm+a。当转动测微轮时,测微轮将带动传动杆使平行玻璃板绕旋转轴 A 旋转一个小角,此时,视线将不与平行玻璃板正交,而受到平行玻璃板折射的影响,使得视线上下平移,当视线下移对准水准尺上 148cm 分划时,从测微尺上即可读出 a 的数值。

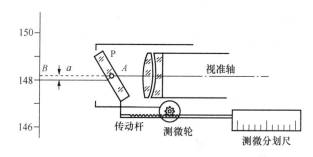

图 2-30 测微器

与 DS1 型水准仪配套的水准尺为精密水准尺,如图 2-31 所示。精密水准尺长 3m,它是由一根线膨胀系数极小的铟瓦合金带安装在木质尺槽内制成的。铟瓦合金带上刻有左右两排分划,每排的最小分划值均为 10mm,由于左右两排分划互相错开 5mm,因此,左右分划的实际间隔为 5mm,铟瓦合金带的右边从 0~5 注记米数,左边注记分米数,分米的具体分划由长三角标记指明,水准尺上的注记数字比实际值大一倍,即将 5mm 注记成 10mm。因此,用这种水准仪及水准尺进行水准测量时,应将观测高差除以 2,才是实际高差。

DS1 型水准仪的使用方法与微倾式 DS3 型水准仪的使用方法基本相同,不同之处在于用测微器测出不足一个分划的数值,即将仪器精确整平后,十字丝的横丝往往不恰好对准水准尺上的某一分划,此时应转动测微轮,使视线上下移动,直至十字丝一侧的楔形丝夹住水准尺上的某一分划,读取该分划的读数,再读取测微尺上的读数。DS1 型水准仪的读数如图 2-32 所示,楔形丝在水准尺上的读数为 197cm,而测微尺上的读数为 1.5mm,因此,整个读数为 1970+1.5=1971.50mm。而实际读数为整个读数的一半,即 985.75mm。

二、电子水准仪

电子水准仪也称数字水准仪。1987 年,瑞士徕卡公司推出了世界上第一台电子水准仪 NA2000。NA2000 首次采用数字图像技术处理标尺影像,并以 CCD 阵列传感器取代测量员的肉眼对标尺进行读数，这种 CCD 阵列传感器可以识别标尺上的条码分划，并用相关技术处理信号模型，自动显示与记录标尺读数和视距，从而实现水准测量读数及记录的自动化。

图 2-31　精密水准尺

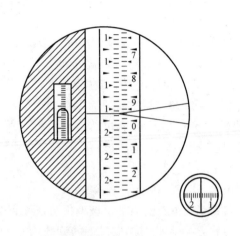

图 2-32　DS1 型水准仪的读数

　　蔡司、拓普康、索佳等测量公司也先后推出了各自的电子水准仪，到目前为止，电子水准仪的测量精度已经达到甚至超过了国家一、二等水准测量的精度要求。

　　电子水准仪主要由光学机械部分、自动安平补偿装置和电子设备组成。电子设备主要包括调焦编码器、光电传感器（CCD 阵列传感器）、读数电子元件、单片微处理机、外部接口（包括外部电源和外部存储记录）、显示器件、键盘、影像数据处理软件。标尺采用条形码标尺。由于各生产厂家生产电子水准仪时，采用不同的专利技术，标尺各不相同，因此读数原理也各不相同。目前，采用电子水准仪进行水准测量时，照准标尺及调焦仍需人工操作。

习　　题

　　2-1　何谓视准轴、水准管轴、水准管分划值？

　　2-2　何谓视差？产生视差的原因是什么？如何消除视差？

　　2-3　什么叫转点？转点的作用是什么？是否所有立尺点都要安放尺垫？

　　2-4　简述在一个测站进行一般水准测量的方法。

　　2-5　设 A 为后视点，B 为前视点，A 点的高程为 20.160m，当后视读数为 1.124m，前视读数为 1.728m，问 A、B 两点的高差是多少？B 点比 A 点高还是低？B 点的高程是多少？并绘图说明。

　　2-6　在某点安置水准仪，在 A、B、C 三点放置水准尺进行水准测量，若 A、B、C 三点水准尺上的读数分别为 1.274m，0.445m，1.814m，则高差 h_{AB}，h_{BC}，h_{CA} 各为多少？

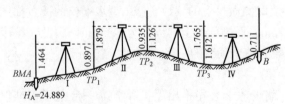

图 2-33　题 2-7 图（单位为 m）

　　2-7　将图 2-33 的数据填入表 2-3

中，并计算各点间的高差及 B 点的高程。

表 2-3　　　　　　　　　　　　题 2-7 表

测站	测点	后视读数 (m)	前视读数 (m)	高差（m）		高程
				+	−	
Ⅰ	BMA					
	TP$_1$					
Ⅱ	TP$_1$					
	TP$_2$					
Ⅲ	TP$_2$					
	TP$_3$					
Ⅳ	TP$_3$					
	B					
计算校核		$\sum a=$	$\sum b=$	$\sum h=$	$\sum a-\sum b=$	

2-8　水准测量时，若前后视距相等，可消除或减少哪些误差的影响？

2-9　水准仪有哪些几何轴线？几何轴线之间应满足什么条件？什么是主要条件？主要条件若不满足，在观测中用什么方法可消除其影响？

2-10　调整表 2-4 闭合水准路线观测成果，并求出各点的高程。

表 2-4　　　　　　　　　　　　题 2-10 表

测段编号	点名	测站数	实测高差 (m)	改正数 (m)	改正后的 高差（m）	高程 (m)	备注
1	A	10	+1.224			70.248	
2	1	8	−1.424				
3	2	8	+1.781				A 为国家 水准点
4	3	11	−1.714				
5	4	12	+0.108				
	A					70.248	
∑							

2-11　检校水准仪时，安置仪器于 A、B 两点的中间位置，测得 A 点水准尺上的读数 $a_1=1.321$m，B 点水准尺上的读数 $b_1=1.117$m，仪器搬至 B 点附近又测得 B 点水准尺上的读数 $b_2=1.466$m，A 点水准尺上的读数 $a_2=1.695$m。该仪器水准管轴是否平行于视准轴？若不平行，视准轴是向上倾斜还是向下倾斜？应如何校正？

2-12　精密水准仪与电子水准仪有哪些特点？

第三章 角 度 测 量

角度测量是测量工作的基本内容之一，角度测量包括水平角测量和竖直角测量。水平角测量用于确定地面点的平面位置，竖直角测量用于确定地面两点间的高差或将倾斜距离化算成水平距离。

第一节　水平角的测量原理

一、水平角的概念

水平角是指地面上一点到两个目标点的方向线垂直投影到水平面上的夹角，或者是过两条方向线的竖直面所夹的二面角。如图 3-1 所示，A、B、C 为地面上三点，过 AB、AC 方向的竖直面在水平面 p 上的交线 ab，ac 所夹的角 β 就是 AB 方向和 AC 方向之间的水平角。

二、水平角的测量原理

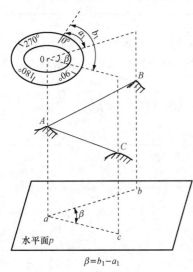

根据水平角的概念，若在过 A 点的铅垂线上水平地安置一个带有刻划的圆盘（称为水平度盘），度盘中心在 0 点并将水平度盘置水平，过 AB 方向、AC 方向分别作一竖直面，竖直面与水平度盘的交线在水平度盘上分别截得读数 a_1 和 b_1，此两读数之差即为该水平角的角值，一般水平度盘按顺时针方向注记读数，则

$$\beta = b_1 - a_1 \tag{3-1}$$

水平角的角值范围为 $0°\sim360°$，若 $b_1 < a_1$，则 $b_1 - a_1$ 应加 $360°$。

$$\beta = b_1 - a_1$$

图 3-1　水平角测量原理

第二节　DJ6 型光学经纬仪

经纬仪是角度测量的主要仪器，它能进行水平角和竖直角测量，也能进行距离测量和高程测量。经纬仪按测角精度不同分成 DJ07、DJ1、DJ2、DJ6 型等几种。"D" 和 "J" 为 "大地测量" 和 "经纬仪" 的汉语拼音第一个字母。后面的数字代表该仪器的测量精度。如 DJ6 型表示一测回方向观测值中误差不超过 $\pm6''$。经纬仪按制造材料分为游标经纬仪、光学经纬仪和电子经纬仪。

一、DJ6 型光学经纬仪的构造

不同类型的经纬仪，测角精度尽管不同，但它们都是由基座、照准部、水平度盘三部分组成。DJ6 型光学经纬仪适用于各种比例尺的地形图测绘和相应精度的工程施工放样。图 3-2 是典型的 DJ6 型光学经纬仪的外形图。

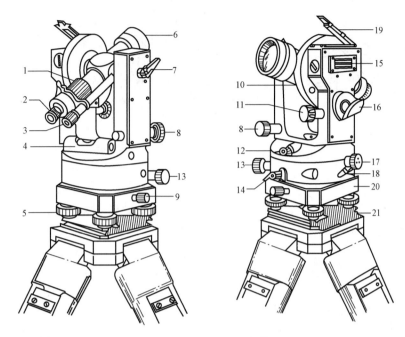

图 3-2 DJ6 型光学经纬仪外形图

1—对光螺旋；2—目镜；3—读数显微镜；4—照准部水准管；5—脚螺旋；6—望远镜物镜；7—望远镜
制动螺旋；8—望远镜微动螺旋；9—中心锁紧螺旋；10—竖直度盘；11—竖盘指标水准管微动螺旋；
12—光学对点器目镜；13—水平微动螺旋；14—水平制动螺旋；15—竖盘指标水准管；16—反光镜；
17—度盘变换手轮；18—保险手柄；19—竖盘指标水准管反光镜；20—基座；21—托板

（一）照准部

照准部是指经纬仪上部可以转动的部分，主要包括望远镜、水准管、照准部旋转轴（竖轴）、横轴、读数显微镜、竖直度盘、水平制动和微动螺旋、望远镜制动和微动螺旋、反光镜等。经纬仪望远镜和水准器的构造及作用同水准仪；竖轴及横轴为照准部及望远镜的旋转轴；读数显微镜用于读取水平度盘和竖直度盘的读数；水平制动和微动螺旋、望远镜制动和微动螺旋用于控制照准部的左右转动及望远镜的上下转动；反光镜用于照亮水平度盘和竖直度盘。

（二）水平度盘

光学经纬仪的水平度盘由光学玻璃制成。度盘全圆周均匀刻有 $0°\sim360°$ 的分划，最小分划为 $1°$ 或 $30'$。水平度盘按顺时针方向注记。在水平角测量过程中，水平度盘固定不动。为了改变水平度盘的位置，仪器设有水平度盘转动装置。这种装置有两种结构：

一种是采用水平度盘位置变换手轮，简称为度盘变换手轮，见图 3-2 的 17。使用时拨下保险手柄 18，将手轮 17 推压进去，转动手轮，此时水平度盘随着转动，待转到所需位置时，将手松开，手轮退出，再拨上保险手柄 18。

另一种结构是复测装置。水平度盘与照准部的关系依靠复测装置控制，如图 3-3 中的6，当复测装置的扳手拨下时，水平度盘与照准部连在一起并随照准部的转动而一起转动，水平度盘的读数始终不变；当复测装置的扳手拨上时，水平度盘与照准部脱离关系，照准部转动时，水平度盘不动，水平度盘的读数随照准部的转动而发生变化。具有复测装置的经纬仪称为复测经纬仪。

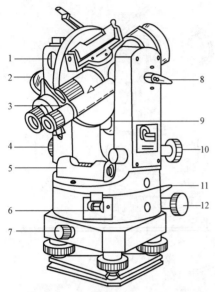

图 3-3　DJ6-1 型光学经纬仪外形图

1—竖盘指标水准管；2—反光镜；3—读数显微镜；
4—测微轮；5—照准部水准管；6—复测装置；
7—中心锁紧螺旋；8—望远镜制动螺旋；
9—竖盘指标水准管微动螺旋；10—望远
镜微动螺旋；11—水平制动螺旋；
12—水平微动螺旋

（三）基座

基座用于支承整个仪器，仪器通过中心螺旋与仪器的三脚架固连在一起。基座上有三个脚螺旋，用于整平仪器。中心螺旋下有一挂钩，用于悬挂垂球。当垂球尖对准地面测点，水平度盘水平时，水平度盘中心就位于测点的铅垂线上。

二、DJ6 型光学经纬仪读数装置与读数方法

光学经纬仪的水平度盘和竖直度盘的分划线是通过一系列的棱镜和透镜成像在望远镜目镜边的读数显微镜内。由于度盘尺寸有限，最小分划间隔难以直接刻划到分或秒。为了实现精密测角，要借助光学测微技术。不同的测微技术其读数方法也不同，DJ6 型光学经纬仪常用分微尺测微器和单平板玻璃测微器。

（一）分微尺测微器及其读数方法

分微尺读数如图 3-4 所示，在读数显微镜内可以同时看到水平度盘的分划和分微尺的分划及竖直度盘的分划和分微尺的分划。由于水平度盘及竖直度盘的分划间隔是 1°，在读数显微镜内分微尺的长度刚好等于度盘一格的宽度。分微尺有 60 个小格（60 个小分划），一小格代表 1′，可以估读到 0.1′。读数时，先读出位于分微尺内度盘分划线的读数，再读度盘分划线在分微尺上所指的读数。图 3-4 中水平度盘的读数是 196°55′00″，竖直度盘的读数是 89°06′00″。

（二）单平板玻璃测微器及其读数方法

单平板玻璃测微器读数如图 3-5 所示，在读数显微镜内从上到下可以同时看到测微尺、竖直度盘、水平度盘的影像，由于水平度盘及竖直度盘的最小分划为 30′，小于 30′的读数借助于测微尺读出，水平度盘及竖直度盘的 30′对应于测微尺的 30 大格，因此，测微尺的 1 大格为 1′，而测微尺的 1 大格又分为 3 小格，因此，测微尺的 1 小格为 20″，可估读到 5″。读数时，转动如图 3-3 所示的测微轮 4，使度盘的某一分划线位于度盘双指标线的中央位置，读取位于度盘双指标线中央位置的某一度盘分划线的读数，再读取测微尺中单指标线所指的读数。图 3-5（a）中水平度盘的读数为 222°37′30″；图 3-5（b）中竖直度盘的读数为 87°19′40″。

三、经纬仪的使用

进行角度测量时，应将经纬仪安置在测站点（角顶点）上，然后再进行观测。经纬仪的使用包括对中、整平、瞄准、读数四个步骤。

（一）对中

对中的目的是使仪器的旋转轴（竖轴）位于测站点的铅垂线上。对中的方法有垂球对中法和光学对点器（也称光学对中器）

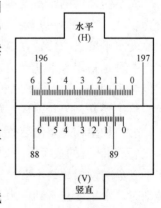

图 3-4　分微尺读数

对中法。垂球对中的精度一般在 3mm 之内，而光学对点器的对中精度可达到 1mm。

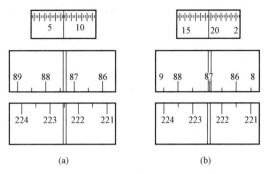

图 3-5　单平板玻璃测微器读数
(a) 水平度盘读数；(b) 竖直度盘读数

用垂球对中时，先在测站点安放三脚架，使其高度适中，架头大致水平，架腿与地面约成 75°的角度。在连接螺旋（中心螺旋）的下方悬挂垂球，移动脚架，使垂球尖基本对准测站点，并使脚架稳固地架在地面上。然后装上经纬仪，旋上连接螺旋（不要拧紧），双手扶基座在架头上平移经纬仪，使垂球尖精确对准测站点，最后将连接螺旋拧紧。

光学对点器由一组折射棱镜组成。使用时，先转动光学对点器的目镜调焦螺旋，使分划板刻划圈清晰，再推进或拉出光学对点器的目镜管，使测站点标志清晰。若照准部水准管气泡居中，即可旋松连接螺旋，手扶基座平移经纬仪，使光学对点器刻划圈对准测站点标志。如果刻划圈偏离测站点标志太远，可旋转基座上的脚螺旋使其对中，此时水准管气泡不再居中，可根据气泡偏移方向，调整相应三脚架的架腿，使水准管气泡居中。对中工作应与整平工作穿插进行，直到既对中又整平为止。

（二）整平

整平的目的是使仪器的竖轴处于铅垂位置，水平度盘处于水平位置。操作步骤为：首先转动照准部，使水准管与任意两个脚螺旋连线平行，双手相向转动这两个脚螺旋，使气泡居中，见图 3-6（a）。再将照准部旋转 90°，转动第三个脚螺旋，使气泡居中，见图 3-6（b）。按上述方法反复操作，直到仪器旋转至任意位置气泡均居中为止。其中气泡移动的方向与左手大拇指移动的方向一致。

（三）瞄准

瞄准方法同水准仪操作，只是测量水平角时应使十字丝纵丝（竖丝）平分或夹准目标，并尽量瞄准目标的底部。经纬仪的瞄准见图 3-7。

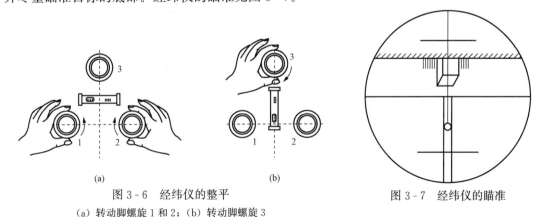

图 3-6　经纬仪的整平
(a) 转动脚螺旋 1 和 2；(b) 转动脚螺旋 3

图 3-7　经纬仪的瞄准

（四）读数

读数时，调节反光镜，使读数窗明亮，再旋转显微镜调焦螺旋，使度盘刻划清晰，然后读数。

第三节　DJ2 型光学经纬仪

DJ2 型光学经纬仪是一种较精密的测角仪器，主要用于国家和城市三、四等三角测量、精密导线测量。

一、DJ2 型光学经纬仪的构造和读数方法

图 3-8 所示为苏州第一光学仪器厂生产的 DJ2 型光学经纬仪。其基本构造与 DJ6 型光学经纬仪大致相同，均由照准部、水平度盘、基座三部分组成。两者主要不同在读数设备上，DJ2 型经纬仪增设了换像手轮，用它可以变换读数显微镜中水平度盘与竖直度盘的影像。当换像手轮上的指示线旋至水平位置时，读数显微镜看到的是水平度盘分划线的影像；当换像手轮上的指示线旋至竖直位置时，读数显微镜看到的是竖直度盘分划线的影像。DJ2 型光学经纬仪采用对径符合法读数，从而消除了照准部水平度盘偏心误差的影响，提高了相应的观测精度。

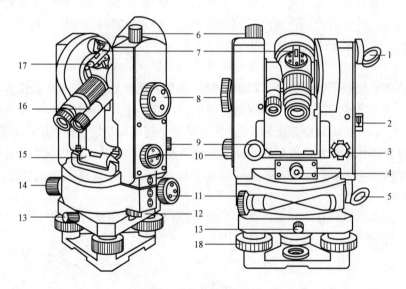

图 3-8　DJ2 型光学经纬仪

1—竖盘反光镜；2—竖盘指标水准管观察镜；3—竖盘指标水准管微动螺旋；
4—光学对中器目镜；5—水平度盘反光镜；6—望远镜制动螺旋；7—光学
瞄准器；8—测微轮；9—望远镜微动螺旋；10—换像手轮；11—水平
微动螺旋；12—水平度盘变换手轮；13—中心锁紧螺旋；14—水平
制动螺旋；15—照准部水准管；16—读数显微镜；
17—望远镜反光扳手轮；18—脚螺旋

符合读数装置是让外界光线通过光楔、棱镜、透镜的作用，将度盘直径两端分划线的影像和测微尺的影像同时呈现到读数显微镜的读数窗内，大读数窗为度盘读数窗，小读数窗为测微尺读数窗。度盘读数窗中处于度盘对径位置的分划线被一横线分为上、下方，上方为正像，下方为倒像。DJ2 型光学经纬仪读数如图 3-9 所示。度盘分划值为 $20'$。测微尺读数窗中间有测微尺读数指标线，测微尺左侧注记为分，右侧注记数字为 10 倍的秒数，每小格代

表 $1''$，可估读到 $0.1''$。

读数前，先转动测微轮，使正倒像分划线精确符合，如图 3-9（b）所示，然后找出正像在左、倒像在右且度数相差 $180°$ 的一对整度分划线，按正像读取度数，并将这对整度分划线之间的格数乘以度盘分划值的一半，即读得整 $10'$ 数。小于 $10'$ 的分、秒数在小读数窗中用指标线在测微尺上读取。三者相加即为一个观测方向的读数。如图 3-9（b）的读数为：

度盘的度数：$62°$；

度盘的整 $10'$ 数：$（2×10'）＝20'$；

测微尺的分、秒数：$8'51.0''$；

全部读数：$62°28'51.0''$。

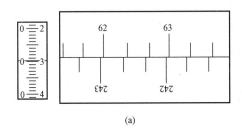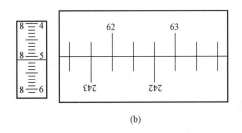

(a)   (b)

图 3-9　DJ2 型光学经纬仪读数

（a）正、倒像分划线未符合；（b）正、倒像分划线精确符合

为了方便读数，DJ2 型光学经纬仪目前大都采用数字化读数装置，如图 3-10 所示。上部读数窗中数字为度数，该读数窗下方突出的小方框中所注数字为整 $10'$ 数，中间为正、倒像分划线符合窗，下方为测微尺读数窗。

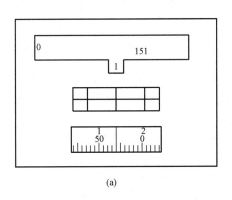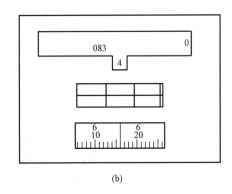

(a)   (b)

图 3-10　DJ2 型光学经纬仪数字化读数装置

（a）读数示例 1；（b）读数示例 2

读数前先转动测微轮，使正倒像分划线符合，然后在上部读数窗中读出度数，在小方框中读 10 倍的 $'$（分）数，在测微尺读数窗中读出小于 $10'$ 的分、秒数。图 3-10（a）的全部读数为 $151°11'54.0''$，图 3-10（b）的全部读数为 $83°46'16.0''$。

二、DJ2 型光学经纬仪的使用

DJ2 型光学经纬仪的使用与 DJ6 型光学经纬仪的使用相同。

第四节　水平角测量方法

常用的水平角测量方法有两种，即测回法和方向观测法。

一、测回法

测回法用于测量两个方向之间的水平角，如图 3-11 所示。测回法的观测步骤为：

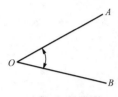

图 3-11　测回法

（1）在测站点 O 上安置经纬仪，对中、整平。将经纬仪安置成盘左位置（竖盘在望远镜的左侧，也称正镜）。转动照准部，利用望远镜准星初步瞄准 A 目标，调节目镜和望远镜调焦螺旋，使十字丝和目标成像清晰，消除视差，拧紧水平制动螺旋和望远镜制动螺旋。再转动水平微动螺旋和望远镜微动螺旋，用竖丝精确瞄准目标。读数 a_L 记入观测手簿，见表 3-1。

表 3-1　　　　　　　　　　　测 回 法 观 测 手 簿

测　站	竖盘位置	目标	度盘读数 (°　′　″)	半测回角值 (°　′　″)	一测回角值 (°　′　″)	各测回平均角值 (°　′　″)	备　注
第一测回 0	左	A	0　12　12	71　56　36			
		B	72　08　48		71　56　33		
	右	A	180　12　00	71　56　30		71　56　36	
		B	252　08　30				
第二测回 0	左	A	90　08　42	71　56　42			
		B	162　05　24		71　56　39		
	右	A	270　08　30	71　56　36			
		B	342　05　06				

（2）松开水平制动螺旋和望远镜制动螺旋，沿顺时针方向转动照准部，同上操作，瞄准 B 目标，读数 b_L，记入观测手簿，得到盘左测得的水平角 $\beta_L = b_L - a_L$，此观测过程称为上半测回观测。

（3）松开水平制动螺旋和望远镜制动螺旋，倒转望远镜成盘右位置（竖盘在望远镜右侧，也称倒镜）。先瞄准 B 目标，读数 b_R，再瞄准 A 目标，读数 a_R，分别记入观测手簿，同样得到盘右测得的水平角 $\beta_R = b_R - a_R$，此观测过程称为下半测回观测。

上、下半测回合称为一测回。最后计算一测回水平角 β 为

$$\beta = \frac{\beta_L + \beta_R}{2} \tag{3-2}$$

测回法用盘左、盘右观测（即正、倒镜观测），可以消除仪器某些系统误差对水平角观测的影响，并可校核观测结果以及提高观测精度。用测回法观测水平角时：对于 DJ6 型经纬仪，盘左、盘右观测的水平角之差不得超过 $\pm 36''$；对于 DJ2 型经纬仪，盘左、盘右观测的水平角之差不得超过 $\pm 18''$。若超过此值应重新观测。

当测角精度要求较高时，可以观测多个测回，取其平均值作为水平角测量的最后结果。为了减少水平度盘刻划不均匀误差的影响，各测回间应根据测回数 n，按 $\dfrac{180°}{n}$ 的角度间隔变换水平度盘的位置。如果观测三个测回，则第 1、2、3 测回盘左瞄准 A 目标时，水平度盘的读数应分别设置成略大于 $0°$、$60°$ 和 $120°$。对于 DJ6 型经纬仪，各测回间一测回角值相差应小于 $\pm24''$；对于 DJ2 型经纬仪，各测回间一测回角值相差应小于 $\pm12''$。

二、方向观测法

当一个测站上需测量的方向数多于两个时，应采用方向观测法进行观测。当方向数多于三个时，每半个测回都从一个选定的起始方向（称为零方向）开始，在依次观测所需的各个目标之后，再观测起始方向，称为归零。方向观测法也称为全圆方向法或全圆测回法，现以图 3-12 为例加以说明。

（1）首先安置经纬仪于 0 点，对中、整平。用盘左的位置，瞄准某一目标 A 作为起始方向，将水平度盘的读数设置成略大于 $0°$，读取水平度盘读数，记入表 3-2 中。

（2）顺时针方向依次瞄准 B、C、D 各点，分别读数、记录。为了校核，应再次瞄准目标 A 读数。A 方向两次读数差称为半测回归零差。对于 DJ6 型经纬仪，半测回归零差不应超过 $\pm18''$；对于 DJ2 型经纬仪，半测回归零差不应超过 $\pm12''$。否则，说明观测过程中水平度盘的位置有变动，应重新观测。

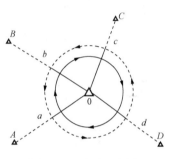

图 3-12 方向观测法

上述观测过程称为上半测回观测。

表 3-2　　　　　　　　　　　全 圆 测 回 法 记 录

测回数	测站	目标	水平度盘读数 盘 左 (L) (° ′ ″)	盘 右 (R) (° ′ ″)	2c (″)	平均方向值 (° ′ ″)	归零后方向值 (° ′ ″)	各测回归零后平均方向值 (° ′ ″)	水平角值 (° ′ ″)	备注
1	0	A	0 02 00	180 02 18	−18	(0 02 15) 0 02 09	0 00 00	0 00 00	37 41 58	
		B	37 44 12	217 44 12	0	37 44 12	37 41 57	37 41 58		
		C	110 29 06	290 28 54	+12	110 29 00	110 26 45	110 26 48	72 44 50	
		D	150 15 06	330 14 54	+12	150 15 00	150 12 45	150 12 48	39 46 00	
		A	0 02 18	180 02 24	−6	0 02 21			209 47 12	
2	0	A	90 03 30	270 03 42	−12	(90 03 30) 90 03 36	0 00 00			
		B	127 45 36	307 45 24	+12	127 45 30	37 42 00			
		C	200 30 24	20 30 18	+6	200 30 21	110 26 51			
		D	240 16 24	60 16 18	+6	240 16 21	150 12 51			
		A	90 03 18	270 03 30	−12	90 03 24				

（3）倒转望远镜成盘右位置，逆时针方向依次瞄准 A、D、C、B，最后回到 A 点，该操作过程称为下半测回观测。如果要提高观测精度，须观测多个测回。同样，各测回间应按 $\dfrac{180°}{n}$ 的角度间隔变换水平度盘的起始位置。

（4）方向观测法的成果计算。

1）首先对同一方向盘左、盘右值求差，该值称为两倍照准误差 $2c$，即

$$2c = 盘左读数 - (盘右读数 \pm 180°) \tag{3-3}$$

式（3-3）中：若盘右读数比盘左读数大，则取"－"；反之，则取"＋"。通常，由同一台仪器测得的各等高目标的 $2c$ 值应为常数，因此 $2c$ 变化值（互差）的大小可作为衡量观测质量的标准之一。对于 DJ2 型经纬仪，当竖直角小于 3°时，$2c$ 变化值不应超过 $\pm18''$。对于 DJ6 型经纬仪，$2c$ 变化值没有限差规定。

2）计算各方向的平均值，即

$$各方向的平均值 = \frac{1}{2}[盘左读数 + (盘右读数 \pm 180°)] \tag{3-4}$$

式（3-4）中"±"号的取法同式（3-3）。由于归零，则起始方向有两个平均值。将这两个平均值再取平均，所得结果作为起始方向的平均值，即表 3-2 中括号内的值。

3）计算归零后的方向值。将各方向的平均值减去括号内的起始方向的平均值，即得各方向归零后的方向值。同一方向各测回归零后方向值的互差，对于 DJ6 型经纬仪不应大于 $24''$，对于 DJ2 型经纬仪不应大于 $12''$。

4）计算各测回归零后方向值的平均值。

5）计算各目标间的水平角。

第五节　竖直角测量方法

一、竖直角

竖直角是同一竖直面内倾斜视线与水平线间的夹角，其角值范围为 $-90°\sim90°$，竖直角用 α 表示，如图 3-13 所示。倾斜视线在水平线之上的竖直角为仰角，符号为正；倾斜视线在水平线之下的竖直角为俯角，符号为负。

为了测出竖直角的大小，在经纬仪横轴一端安置一竖直度盘，望远镜照准目标后的方向线和水平方向线在竖直度盘上的读数之差即为竖直角。与测量水平角不同的是这两个方向中有一个是水平方向，当望远镜视线水平时，竖盘读数是一个固定值（90°或270°）。所以在测量竖直角时，只要瞄准目标读取竖盘读数，便可计算出竖直角。

二、竖直度盘

DJ6 型光学经纬仪竖盘装置包括竖直度盘、竖盘指标水准管和竖盘指标水准管微动螺旋。

竖盘固定在望远镜横轴的一端，随着望远镜一起在竖直面内转动，而竖盘读数指标则固定不动，因此可读取望远镜瞄准不同位

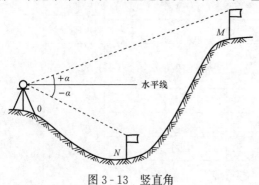

图 3-13　竖直角

置的竖盘读数，计算相应的竖直角。

竖盘的刻划与水平度盘基本相同，但注记形式有多种，一般为 0°～360° 顺时针方向 [见图 3-14（a）] 注记和逆时针方向 [见图 3-14（b）] 注记。对应于不同的竖盘注记形式，计算竖直角的公式也不相同，但其基本原理是相同的。

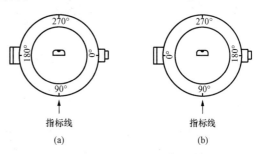

竖盘的读数指标有两种形式：一种是读数指标与指标水准管连成一体的微动式指标。指标水准管的轴线与指标线之间的夹角为 90°，当指标水准管气泡居中时，指标线位于铅垂位置。因此在测量竖直角时，每次读数之前，都必须转动指标水准管微动螺旋，使指标水准管气泡居中。另一种是竖盘读数指标装有自动补偿装置，能使指标总是处于铅垂位置，即自动归零，此种仪器瞄准目标即可直接读取竖盘读数。

图 3-14　竖盘注记
（a）顺时针方向；（b）逆时针方向

三、竖直角的计算公式

对于顺时针方向竖盘注记的竖直角的计算，如图 3-15 所示。

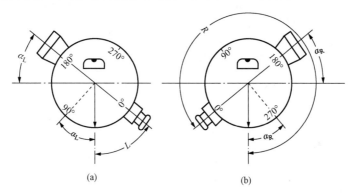

图 3-15　顺时针方向竖盘注记的竖直角的计算
（a）盘左位置；（b）盘右位置

盘左位置的竖直角

$$\alpha_L = 90° - L \tag{3-5}$$

盘右位置的竖直角

$$\alpha_R = R - 270° \tag{3-6}$$

一测回竖直角

$$\alpha = \frac{\alpha_L + \alpha_R}{2}$$
$$= \frac{1}{2}(R - L - 180°) \tag{3-7}$$

对于逆时针方向竖盘注记的竖直角的计算，如图 3-16 所示。

盘左位置的竖直角

$$\alpha_L = L - 90° \tag{3-8}$$

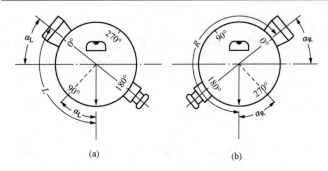

图 3 - 16　逆时针方向竖盘注记的竖直角的计算

(a) 盘左位置；(b) 盘右位置

盘右位置的竖直角

$$\alpha_{R} = 270^\circ - R \qquad (3 - 9)$$

一测回竖直角

$$\alpha = \frac{\alpha_{L} + \alpha_{R}}{2}$$

$$= \frac{1}{2}(L - R + 180^\circ) \quad (3 - 10)$$

四、竖直角的观测和计算

（1）如图 3 - 13 所示，仪器安置在测站点 0 上，对中、整平。用盘左位置瞄准 M 点的目标，使十字丝的横丝精确切准目标的顶端，转动竖盘指标水准管微动螺旋，使竖盘指标水准管气泡居中，读取竖盘读数 L，记入表 3 - 3 中。

（2）用盘右位置再瞄准 M 点的目标，使十字丝的横丝精确切准目标的顶端，转动竖盘指标水准管微动螺旋，使竖盘指标水准管气泡居中，读取竖盘读数 R，记入表 3 - 3 中。

（3）计算竖直角 α。首先判断竖盘的注记形式，然后按相应的竖直角计算公式计算盘左和盘右的竖直角，再计算一测回竖直角，记入表 3 - 3 中。N 点竖直角的观测方法与 M 点相同。表 3 - 3 中指标差的计算方法见第六节的相关公式。

表 3 - 3　　　　　　　　　　　　竖直角观测手簿

测站	目标	竖盘位置	竖盘读数 (° ′ ″)			半测回竖直角 (° ′ ″)			指标差 (″)	一测回竖直角 (° ′ ″)			备注
0	M	左	76	45	12	+13	14	48	−6	+13	14	42	竖盘按顺时针方向注记
		右	283	14	36	+13	14	36					
	N	左	122	03	36	−32	03	36	+12	−32	03	24	
		右	237	56	48	−32	03	12					

第六节　经纬仪的检验与校正

从测角原理可知，经纬仪有以下四个主要轴线，如图 3 - 17 所示，即水准管轴（LL），竖轴（VV），视准轴（CC），横轴（HH）。此外望远镜还有十字丝。这些轴线应满足以下条件：

（1）水准管轴垂直于竖轴（$LL \perp VV$）；

（2）视准轴垂直于横轴（$CC \perp HH$）；

（3）横轴垂直于竖轴（$HH \perp VV$）；

（4）十字丝竖丝垂直于横轴。

由于仪器长期在野外使用，其轴线关系可能被破坏，从而产生测量误差。因此，测量规范要求，正式作业前应对经纬仪进行检验校正。使之满足要求。DJ6 型经纬仪应进行如下检验与校正。

一、照准部水准管轴垂直于竖轴的检验与校正

检验校正的目的是使仪器满足照准部水准管轴垂直于仪器的竖轴，即保证仪器整平后，竖轴铅直，水平度盘水平。

（一）检验方法

将仪器大致整平，转动照准部，使水准管平行于任一对脚螺旋。

调节这一对脚螺旋，使水准管气泡居中。将照准部旋转180°，此时，若气泡仍然居中，则说明满足条件。若气泡偏离量超过一格，应进行校正。

（二）校正方法

照准部水准管轴检校如图 3-18 所示。若水准管轴与竖轴不垂直，它们之间偏离的夹角为 α。当水准管气泡居中时，水准管轴处于水平位置，竖轴倾斜，竖轴与铅垂线的夹角为 α，如图 3-18（a）所示。当照准部旋转180°，如图 3-18（b）所

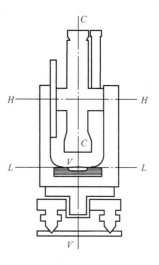

图 3-17 经纬仪主要轴线

示，基座和竖轴位置不变，但气泡不居中，水准管轴与水平面的夹角为 2α，这个夹角将反映在气泡中心偏离的格值上。校正时，可用校正针调整水准管校正螺丝，使气泡退回偏移量的一半，如图 3-18（c）所示，再调整脚螺旋，使水准管气泡居中，如图 3-18（d）所示。这时，水准管轴水平，竖轴处于竖直位置。这项工作要反复进行，直到满足要求为止。

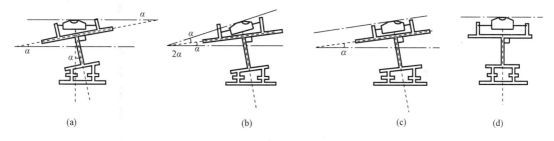

(a)   (b)   (c)   (d)

图 3-18 照准部水准管轴检校

（a）竖轴倾斜；（b）照准部转动180°后；（c）水准管轴与竖轴垂直；（d）竖轴处于铅垂位置

二、十字丝竖丝垂直于横轴的检验与校正

其检验与校正的目的是使十字丝竖丝垂直于横轴，以便精确瞄准目标。

（一）检验方法

十字丝竖丝检校如图 3-19 所示。用十字丝中点精确瞄准一个清晰目标点 P，然后锁紧水平制动螺旋和望远镜制动螺旋。慢慢转动望远镜微动螺旋，使望远镜上下转动，如果 P 点沿竖丝上下移动，则满足条件，否则需校正。

（二）校正方法

其校正方法同水准仪。

三、视准轴垂直于横轴的检验与校正

其检验与校正的目的是当横轴水平时，望远镜绕横轴旋转时，其视准面应是与横轴

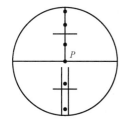
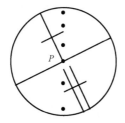

图 3-19 十字丝竖丝检校

正交的铅垂面。若视准轴与横轴不垂直，当望远镜绕横轴旋转时，视准轴将扫出一个圆锥面。

（一）检验方法

此项检验常用四分之一法。视准轴检校如图 3 - 20 所示。在平坦地区选择距离 60～100m 的 A、B 两点。在其中 0 点安置经纬仪。A 点设置标志，B 点横放一根刻有毫米分划的直尺。尺与 0B 垂直，并使 A 点的标志、B 点的直尺与仪器的高度大致相同。盘左位置瞄准 A 点，固定照准部，纵转望远镜，在 B 尺上定出 B_1 点。然后用盘右位置瞄准 A 点，再纵转望远镜，在 B 尺上定出 B_2 点。若 B_1 点和 B_2 点重合，表示视准轴垂直于横轴，否则，条件不满足，此时，$\angle B_1 0 B_2 = 4c$，即为 4 倍的照准误差，由此算得

$$c = \frac{\overline{B_1 B_2}}{4D}\rho \tag{3 - 11}$$

式中：D 为 0 点到 B 尺之间的水平距离；ρ 以秒计，其值为 $206265''$。

对于 DJ6 型经纬仪，当 $c > 60''$ 时，必须校正。

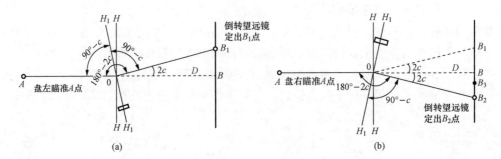

图 3 - 20　视准轴检校
（a）盘左；（b）盘右

（二）校正方法

在盘右位置，保持 B 尺不动，在 B 尺上定出 B_3 点，使

$$\overline{B_2 B_3} = \frac{1}{4}\overline{B_1 B_2}$$

$0B_3$ 便与横轴垂直。用校正针拨动十字丝分划板校正螺旋（左、右），如图 3 - 21 所示，一松一紧，平移十字丝分划板，直到十字丝交点与 B_3 点重合。

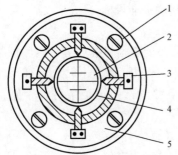

图 3 - 21　十字丝分划板校正螺丝
1—压环螺钉；2—十字丝分划板；
3—十字丝校正螺钉；4—分划
板座；5—压环

四、横轴垂直于竖轴的检验与校正

其检验与校正的目的是保证当竖轴竖直时，横轴处于水平状态；否则，当望远镜绕横轴转动时，视准轴所扫射的将不是铅垂面，而是一个倾斜面。

（一）检验方法

检验时，在距墙 30m 处安置经纬仪，用盘左瞄准墙上一个明显高点 P，如图 3 - 22 所示，要求仰角应大于 $30°$。固定照准部，将望远镜大致放平。在墙上标出十字丝中点所对位置 P_1。再用盘右瞄准 P 点，同法在墙上标出 P_2 点。若 P_1 与 P_2 重合，表示横轴垂直于竖轴。若 P_1 与 P_2 不重

合，则条件不满足，对水平角的影响为 i 角，i 角可计算为

$$i = \frac{\overline{P_1P_2}}{2} \cdot \frac{\rho}{D}\cot\alpha \qquad (3-12)$$

式（3-12）中，ρ 以秒计。对于 DJ6 型经纬仪，若 $i > 20''$，则需校正。

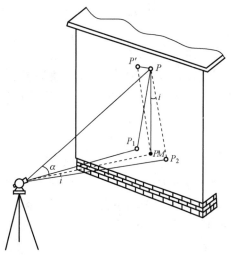

（二）校正方法

用望远镜瞄准 P_1、P_2 直线的中点 PM，固定照准部，然后抬高望远镜，使十字丝交点移到高处 P' 点。由于 i 角的影响，此时十字丝瞄准的点 P' 与 P 不重合。校正时应打开支架护盖，放松支架内的校正螺钉，使横轴一端升高或降低，直到十字丝交点对准 P 点。由于经纬仪横轴密封在支架内，该项校正应由专业维修人员进行。

图 3-22　横轴检校

五、竖盘指标差及其检验校正

检验校正的目的是使望远镜视线水平、竖盘指标水准管气泡居中时，竖盘指标所指的读数盘左为 $90°$，盘右为 $270°$。

（一）检验方法

经纬仪由于长期使用及运输，会使望远镜视线水平、竖盘指标水准管气泡居中时，竖盘指标所指的读数盘左不是 $90°$，盘右不是 $270°$，而是与 $90°$（盘左）或 $270°$（盘右）有一个差值 δ，此差值 δ 称为竖盘指标差，其检校如图 3-23 所示。此时，进行竖直角测量时，盘左时，正确的竖直角为

$$\alpha = (90° - L) + \delta \qquad (3-13)$$

盘右时，正确的竖直角为

$$\alpha = (R - 270°) - \delta \qquad (3-14)$$

将式（3-5）、式（3-6）代入式（3-13）、式（3-14），得

$$\alpha = \alpha_L + \delta \qquad (3-15)$$

$$\alpha = \alpha_R - \delta \qquad (3-16)$$

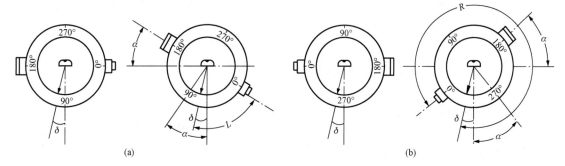

图 3-23　竖盘指标差的检校

（a）盘左位置；（b）盘右位置

将式（3-15）、式（3-16）两式相加除以 2，得

$$\alpha = \frac{\alpha_L + \alpha_R}{2} \qquad (3-17)$$

因此，竖盘指标差对竖直角的影响可以通过盘左盘右取平均值的方法予以消除，由式（3-15）及式（3-16）知，竖盘指标差 δ 可计算为

$$\delta = \frac{\alpha_R - \alpha_L}{2} \qquad (3-18)$$

竖盘指标差可用于检查观测质量。在同一测站上，观测不同目标时，DJ6 型经纬仪指标差变化范围为 25″；DJ2 型经纬仪指标差变化范围为 12″。此外，在精度要求不高或不便于纵转望远镜时，可先测定竖盘指标差 δ，在以后观测时，只用盘左的位置观测，求 α_L，再按式（3-15）求竖直角。

若竖盘指标差超出 ±1′，应进行校正。

（二）校正方法

校正时，用盘右的位置照准原目标。转动竖盘指标水准管微动螺旋，使竖盘读数为正确值（$R-\delta$）。此时竖盘指标水准管气泡不再居中，用校正针拨动竖盘指标水准管的校正螺钉，使竖盘指标水准管气泡居中。这项工作应反复进行，直至 δ 值在规定范围之内。

必须指出：这五项检验与校正的顺序不能颠倒，只有在前一项校正完成的基础上才能进行下一项的校正。

六、光学对点器的检验与校正

其检验与校正的目的是使光学对点器的视准轴与仪器的竖轴重合。

（一）检验方法

先架好仪器，整平后在仪器正下方地面上安置一块白色纸板。将光学对点器分划圈中心投影到纸板上，并绘制标志点 P，如图 3-24（a）所示，然后将照准部旋转 180°，如果 P 点仍在分划圈中心，表示条件满足，否则应进行校正。

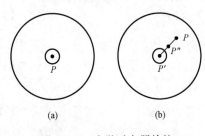

图 3-24　光学对点器检校
(a) 光学对点器分划圈中心对准 P 点；
(b) 光学对点器分划圈中心未对准 P 点

（二）校正方法

假设将照准部旋转 180°后，光学对点器分划圈中心对准的是 P' 点，此时，在白色纸板上画出 P 点与 P' 点之间连线的中点 P''。用校正针拨动光学对点器的校正螺钉，使分划圈中心从 P' 点移至 P'' 点，如图 3-24 (b) 所示。

第七节　角度测量的误差分析及注意事项

一、水平角测量的误差来源

角度测量的误差来源有仪器误差、观测误差和外界条件的影响。研究这些误差的目的是为了找出消除或减小这些误差的方法。

（一）仪器误差

仪器误差包括仪器校正后的残余误差及仪器加工不完善引起的误差。

1. 视准轴误差

视准轴误差是由于视准轴不垂直于横轴引起的。这项误差可采用盘左、盘右观测取平均值的方法加以消除。

2. 横轴误差

横轴误差是由于支承横轴的支架有误差，造成横轴与竖轴不垂直。这项误差可采用盘左、盘右观测取平均值的方法加以消除。

3. 竖轴倾斜误差

竖轴倾斜误差是由于水准管轴不垂直于竖轴以及水准管气泡不居中引起的。这时，竖轴偏离竖直方向一个小角度，从而引起横轴倾斜及度盘倾斜，造成测角误差。这项误差随望远镜瞄准不同方向而变化，不能采用盘左、盘右观测取平均值的方法加以消除。因此，测量前应严格检校仪器，使水准管轴垂直于竖轴，并且观测时仔细整平仪器，始终保持照准部水准管气泡居中，气泡偏离量不超过一格。

4. 度盘偏心误差

度盘偏心误差是由于度盘加工及安装不完善引起的。使照准部旋转中心 c_1 与水平度盘中心 c 不重合引起的误差，如图 3-25 所示。若 c 和 c_1 重合，盘左、盘右瞄准 A、B 目标时正确读数分别为 a_L、b_L、a_R、b_R。若 c 和 c_1 不重合，其读数为 a_L'、b_L'、a_R'、b_R'，与正确读数相差 x_a、x_b。盘左、盘右观测时，指标线在水平度盘上的读数具有对称性，而符号相反，因此，采用盘左、盘右观测取平均值的方法可以消除这项误差的影响。

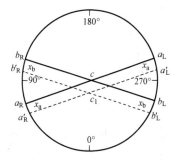

图 3-25　度盘偏心误差

5. 水平度盘刻划不均匀的误差

水平度盘刻划不均匀的误差是由于仪器加工不完善引起的。这项误差一般很小，在高精度水平角测量时，为了提高测角精度，可利用度盘变换手轮或复测扳手在各测回间变换水平度盘的位置减小这项误差的影响。

（二）观测误差

1. 仪器对中误差

在测角时，若经纬仪对中有误差，将使仪器中心与测站点不在同一铅垂线上，造成测角误差。如图 3-26 所示，0 为测站点，A、B 为目标点，$0'$ 为仪器中心在地面上的铅垂投影，$00'$ 为偏心距，用 e 表示。

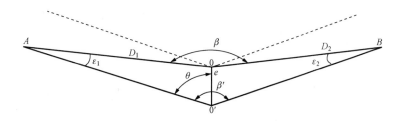

图 3-26　仪器对中误差

由对中误差引起的测角误差为 $\varepsilon = \varepsilon_1 + \varepsilon_2$，则有

$$\beta = \beta' + (\varepsilon_1 + \varepsilon_2) \tag{3-19}$$

$$\varepsilon_1 \approx \frac{\rho}{D_1} e \sin\theta, \; \varepsilon_2 \approx \frac{\rho}{D_2} e \sin(\beta' - \theta) \tag{3-20}$$

$$\varepsilon = \varepsilon_1 + \varepsilon_2 = \rho e \left[\frac{\sin\theta}{D_1} + \frac{\sin(\beta' - \theta)}{D_2} \right] \tag{3-21}$$

式中：ρ 以秒计。

　　从式（3-21）可见，由对中误差引起的测角误差 ε 与偏心距 e 成正比，ε_1 与边长 D_1 成反比，ε_2 与边长 D_2 成反比。当 $\beta' = 180°$、$\theta = 90°$ 时，ε 角值最大，此时，当 $e = 3\text{mm}$、$D_1 = D_2 = 60\text{m}$ 时，由对中误差引起的测角误差为

$$\varepsilon = \rho e \left(\frac{1}{D_1} + \frac{1}{D_2} \right) = 20.6'' $$

　　这项误差不能通过观测方法予以消除，所以观测水平角时，要仔细对中，当测站点距目标点较近时，更应严格对中。

　　2. 目标偏心误差

　　目标偏心是由于标杆倾斜引起的。如果标杆倾斜，又没有瞄准 A 点标杆底部时，则产生目标偏心误差。如图 3-27 所示，0 为测站点，A 为地面目标点，标杆的长度为 d，标杆的倾斜角为 α。目标偏心差为

$$e = d\sin\alpha \tag{3-22}$$

　　目标偏心对观测方向的影响为

$$\varepsilon = \frac{e}{D}\rho = \frac{d\sin\alpha}{D}\rho \tag{3-23}$$

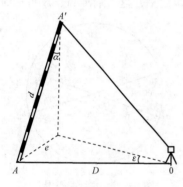

图 3-27　目标偏心误差

　　从式（3-23）可以看出，目标偏心误差对水平方向的影响与偏心距 e 成正比，与边长 D 成反比。为了减少这项误差，进行水平角观测时，标杆应竖直，并尽量瞄准标杆的底部。

　　3. 照准误差

　　人眼通过望远镜瞄准目标时，产生的瞄准误差称为照准误差。引起照准误差的因素比较多，如望远镜的放大率、人眼的分辨率、十字丝的粗细、标志的形状和大小、标志影像的亮度及颜色等，通常以人眼最小分辨视角（$60''$）和望远镜的放大率 v 来衡量仪器的照准精度，其计算式为

$$m_v = \pm \frac{60''}{v} \tag{3-24}$$

　　对于 DJ6 型经纬仪，$v = 28$，则 $m_v = \pm 2.2''$。

　　4. 读数误差

　　读数误差主要取决于仪器的读数设备。对于采用分微尺读数的 DJ6 型经纬仪，读数误差为 $6''$。

　　（三）外界条件的影响

　　角度观测是在一定的外界条件下进行的，外界条件对测角精度有直接的影响，如大风、日晒、土质情况对仪器稳定性的影响及对气泡居中的影响、大气热辐射、大气折光对瞄准目

标的影响等。所以，进行角度观测时，应尽量选择微风多云、空气清晰度好、大气湍流不严重的外界条件。

二、水平角测量的注意事项

其注意事项如下：

（1）仪器安置的高度应合适，脚架应踩实，中心螺旋应拧紧，观测时手不要扶脚架，转动照准部及使用各种螺旋时，用力要轻。

（2）若观测目标的高度相差较大时，应特别注意仪器的整平。

（3）对中要准确。测角精度要求越高或边长越短，则对中要求越严格。

（4）观测时应注意消除视差，尽量用十字丝的交点瞄准目标的底部。

第八节　电 子 经 纬 仪

随着电子技术的不断发展，20 世纪 80 年代出现了能自动显示、自动记录和自动传输数据的电子经纬仪。这种仪器的出现，标志着测角工作向自动化迈出了新的一步。

电子经纬仪与光学经纬仪相比，外形结构相似，但测角和读数系统有很大的区别。

一、电子经纬仪主要功能

瑞士 WILD 厂生产的 T2000 型电子经纬仪，如图 3 - 28 所示。该仪器的测角精度为 $\pm 0.5''$。其竖直角测量采用硅油液体补偿器，可实现竖盘指标自动归零。测量结果存储于仪器的内存，可通过数据传输线传输到计算机。

若在电子经纬仪中加入相应的测距系统，则构成电子速测仪，也称为全站仪。

二、电子经纬仪测角原理

目前电子经纬仪一般采用编码度盘测角系统、光栅度盘测角系统和动态测角系统测角，T2000 型电子经纬仪采用动态测角系统测角，其原理如图 3 - 29 所示。

该仪器的度盘为玻璃圆环，测角时，由微型电动机带动而旋转。度盘刻有 1024 个分划，每个分划间隔为 φ_0，由一对黑白条纹组成，白的透光，黑的不透光，如图 3 - 29 所示。

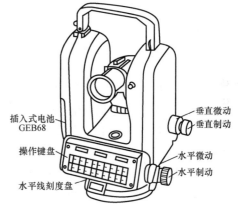

图 3 - 28 　T2000 型电子经纬仪

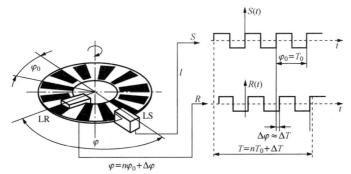

图 3 - 29 　动态测角系统测角原理

度盘上装有两个指示光阑：LS 为固定光阑，固定在仪器的基座上，相当于光学经纬仪的零分划线；LR 为活动光阑，位于度盘内侧，随照准部和度盘一起转动。φ 表示望远镜照准某一方向后 LR 与 LS 之间的角度，φ 等于 n 个整分划间隔 φ_0 加不足一个整分划间隔 $\Delta\varphi$，即

$$\varphi = n\varphi_0 + \Delta\varphi \tag{3-25}$$

它们分别由粗测和精测求得。

通过粗测，测定通过 LS 和 LR 给出的脉冲计数（nT_0）求得 φ_0 的个数 n。在度盘径向的外缘和内缘上设有两个标记 a 和 b，度盘旋转时，当标记 a 通过 LS 时计数器开始计取整分划间隔 φ_0 的个数，标记 b 通过 LR 时计数器停止计数，此时，计数器得到的数值即为 n。

通过精测，测量 $\Delta\varphi$。$\Delta\varphi$ 通过 LS 和 LR 产生的两个脉冲信号 S 和 R 的相位差 ΔT 求得。精测开始后：当某一分划通过 LS 时，精测计数开始，计取通过的计数脉冲个数，一个脉冲代表一定的角值，而另一分划继而通过 LR 时停止计数，通过计数器中所计的数值即可求出 $\Delta\varphi$。度盘一周有 1024 个分划间隔，每一分划间隔计数一次，求出一个 $\Delta\varphi$，如果度盘转动一周，则可测得 1024 个 $\Delta\varphi$，将所有分划间隔求出的 $\Delta\varphi$ 取平均值，可求得最后的 $\Delta\varphi$ 值。粗测、精测数据由微处理器进行衔接处理后即得相应的角值。

习　题

3-1　何谓水平角？在同一竖直面内瞄准不同高度的目标，在水平度盘上的读数是否一样？为什么？

3-2　何谓竖直角？在同一竖直面内瞄准不同高度的目标，在竖直度盘上的读数是否一样？为什么？

3-3　对中的目的是什么？如何使用光学对中器进行对中？

3-4　简述光学经纬仪的构造。

3-5　对于 DJ6 型光学经纬仪如何利用分微尺进行读数？

3-6　DJ2 型光学经纬仪和 DJ6 型光学经纬仪有何区别？

3-7　复测扳手和度盘变换手轮的作用有何不同？如瞄准目标时，使水平度盘读数为 $0°00'00''$，应如何操作？

3-8　整平的目的是什么？如何整平？

3-9　何谓测回法？观测水平角时，在什么情况下采用测回法？简述测回法观测水平角的操作步骤。

3-10　简述方向观测法观测水平角的操作步骤。

3-11　转动测微器时，望远镜中目标的影像是否也随度盘影像的移动而移动？为什么？

3-12　测量水平角时，为什么要用盘左和盘右两个位置观测？可消除哪些误差？为什么？

3-13　经纬仪有哪些轴线？它们之间的正确关系是什么？

3-14　进行经纬仪检验与校正时，为什么水准管在某一方向整平后，照准部绕竖轴旋转 $180°$ 后，气泡偏离中央的格数所对应的角，就是水准管轴不垂直于竖轴的偏角 α 的两倍？如何校正？

3-15　进行经纬仪检验与校正时，检验视准轴垂直于横轴时，为什么目标要与仪器大致同高？而检验横轴垂直于竖轴时，为什么目标要选得高一些？

3-16　简述经纬仪视准轴垂直于横轴的检验与校正方法。

3-17　电子经纬仪与光学经纬仪有何不同？电子经纬仪测角有哪几种度盘形式？

3-18　整理表3-4测回法观测水平角的记录。

表3-4　　　　　　　　　　　　题3-18表

测　站	目　标	竖盘位置	水平度盘读数 (° ′ ″)	半测回角值 (° ′ ″)	一测回角值 (° ′ ″)	备　　注
0	A	左	0　10　06			
	B		180　10　24			
	A	右	180　10　12			
	B		0　10　36			

3-19　整理表3-5观测竖直角的记录。

表3-5　　　　　　　　　　　　题3-19表

测站	目标	竖盘位置	竖直度盘读数 (° ′ ″)	半测回竖直角 (° ′ ″)	指标差 (″)	一测回竖直角 (° ′ ″)	备　　注
0	M	左	86　36　12				盘左时水平方向的竖盘读数为90°，且将望远镜逐渐上仰，竖盘读数减小
		右	273　23　36				
	N	左	103　10　06				
		右	256　50　00				

3-20　整理表3-6方向观测法观测水平角的记录。

表3-6　　　　　　　　　　　　题3-20表

测回数	测站	目标	水平度盘读数 盘左(L) (° ′ ″)	水平度盘读数 盘右(R) (° ′ ″)	2c (″)	平均方向值 (° ′ ″)	归零后方向值 (° ′ ″)	各测回归零后平均方向值 (° ′ ″)	水平角值 (° ′ ″)	备注
1	0	A	0　00　22	180　00　18						
		B	60　11　16	240　11　09						
		C	131　49　38	311　49　31						
		D	167　34　08	347　34　06						
		A	0　00　27	180　00　13						
2	0	A	90　02　30	270　02　26						
		B	150　13　26	330　13　18						
		C	221　51　42	41　51　36						
		D	257　36　30	77　36　21						
		A	90　02　36	270　02　25						

第四章　距离测量与直线定向

第一节　电磁波测距仪测距

钢尺量距是一项十分繁重的工作。在山区或沼泽地区使用钢尺量距更为困难，而视距测量精度又太低。为了提高测距速度和精度，20 世纪 40 年代末，人们研制生产了光电测距仪。60 年代初，随着激光技术的出现及电子技术和计算机技术的不断发展，各种类型的光电测距仪相继问世。90 年代出现了将测距仪和电子经纬仪组合成一体的全站仪，它可以同时进行角度、距离测量。测量结果经过计算得出水平距离、高差、坐标增量甚至坐标和高程，并能将这些计算结果自动显示在液晶屏上，配合电子记录手簿，可以自动记录、存储、输出测量结果，使测量工作大为简化，使用全站仪可进行野外数字化测图。测距仪和全站仪已在控制测量、大比例尺测图及各种工程测量中得到广泛使用。

一、电磁波测距仪的测距原理

电磁波测距是利用电磁波（微波、光波）作载波，在其上调制测距信号，测量两点间距离的方法。若电磁波在测线两端往返传播的时间为 t，则可求出两点间的距离

$$D = \frac{1}{2}ct \qquad (4-1)$$

式中：c 为电磁波在空气中的传播速度。

电磁波测距仪具有测量速度快、操作方便、受地形影响小、测量精度高等特点，已逐渐代替常规的量距方法。

电磁波测距仪按采用的载波不同，分为微波测距仪、激光测距仪和红外测距仪。

红外测距仪采用的是砷化镓发光二极管作为光源，其波长为 $6700 \sim 9300 Å$（$1 Å = 10^{-10}$ m）。由于砷化镓发光二极管耗电小、体积小、寿命长、抗震性能强，因此，目前工程上使用的测距仪基本上以红外测距仪为主。

测距仪测距原理有两种。

1. 脉冲法测距

用测距仪测定 A、B 两点间的距离 D，在待测距离一端安置测距仪，另一端安放反光镜，如图 4-1 所示。当测距仪发出光脉冲，经反光镜反射，回到测距仪。若能测定光脉冲在距离 D 上往返传播的时间 Δt，则测距计算式为

$$D = \frac{c_0}{2n_g}\Delta t \qquad (4-2)$$

式中：c_0 为光脉冲在真空中的传播速度；n_g 为光脉冲在大气中传输的折射率。

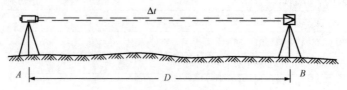

图 4-1　脉冲法测距

式（4-2）为脉冲法的测距公式。这种方法测定距离的精度取决于时间 Δt 的测量精度。如果要达到 $\pm 1\mathrm{cm}$ 的测距精度，时间测量的精度应达到 $6.7 \times 10^{-11}\mathrm{s}$，这对电子元件性能要求很高，难以达到。所以脉冲法测距一般用于激光雷达、微波雷达等精度要求较低的远距离测距，其测距精度为 $0.5 \sim 1\mathrm{m}$。

2. 相位法测距

在工程中使用的红外测距仪，一般采用相位法测距。这种方法是通过测量光波在往返传播过程中所发生的相位变化确定时间 Δt。

在砷化镓发光二极管上注入一定的恒定电流，它将发出红外光，其光强恒定不变，如图 4-2（a）所示。若改变注入电流的大小，砷化镓发光二极管发射的光强也随之变化。若对砷化镓发光二极管注入交变电流，使砷化镓发光二极管发射的光强随着注入电流的大小发生变化，见图 4-2（b），这种光称为调制光。

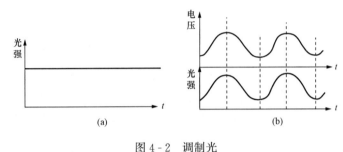

图 4-2　调制光

(a) 恒定光强；(b) 非恒定光强

测距仪在 A 点发射的调制光在待测距离上传播，经 B 点反光镜反射后又回到 A 点，被测距仪接收器接收，所经过的时间为 Δt。为了讨论方便，现将反光镜 B 反射后回到 A 点的光波沿测线方向展开，则调制光往返经过了 $2D$ 的路程，如图 4-3 所示。

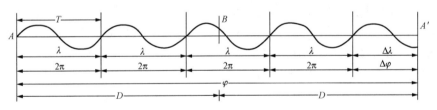

图 4-3　相位法测距

设调制光的角频率为 ω，则调制光在测线上往返传播时的相位变化 φ 为

$$\varphi = \omega \Delta t = 2\pi f \Delta t \tag{4-3}$$

$$\Delta t = \frac{\varphi}{2\pi f} \tag{4-4}$$

将 Δt 代入式（4-2），得

$$D = \frac{c_0}{2n_{\mathrm{g}} f} \frac{\varphi}{2\pi} \tag{4-5}$$

由图 4-3 可知，相位变化 φ 还可以用相位的整周数（2π）的个数 N 和不足一个整周数的 $\Delta\varphi$ 来表示，即

$$\varphi = N \times 2\pi + \Delta\varphi \tag{4-6}$$

将 φ 代入式（4-5），得相位法测距的基本公式为

$$D = \frac{c_0}{2n_{\mathrm{g}}f}\Big(N + \frac{\Delta\varphi}{2\pi}\Big) = \frac{\lambda}{2}\Big(N + \frac{\Delta\varphi}{2\pi}\Big) \qquad (4-7)$$

式中：λ 为调制光的波长，$\lambda = \dfrac{c_0}{n_{\mathrm{g}}f}$。

　　将该式与钢尺量距公式相比，有相像之处。$\dfrac{\lambda}{2}$ 相当于尺长，N 相当于整尺段数，$\dfrac{\Delta\varphi}{2\pi}$ 相当于不足一整尺段数，令其为 ΔN。因此我们常称 $\dfrac{\lambda}{2}$ 为"光尺"，令其为 L_{S}。L_{S} 可计算为

$$L_{\mathrm{S}} = \frac{\lambda}{2} = \frac{c_0}{2n_{\mathrm{g}}f} \qquad (4-8)$$

所以

$$D = L_{\mathrm{S}}(N + \Delta N) \qquad (4-9)$$

　　大气折射率 n_{g} 是载波波长、大气温度、大气压力、大气湿度的函数。

　　仪器在设计时，选定发射光源，确定发射光源波长 λ，然后确定一个标准温度 t 和标准气压 p，这样可以求得仪器在确定的标准温度和标准气压条件下的大气折射率 n_{g} 和调制频率 f。而用测距仪测距时的气温、气压、湿度与仪器设计时选用的标准温度、气压等不一致，会造成测距误差。所以在测距时还要测定测线的温度和气压，对所测距离进行气象改正。

　　测距仪的相位计只能分辨 $0\sim2\pi$ 之间的相位变化，即只能测出不足一个整周期的相位变化 $\Delta\varphi$，而不能测出整周数 N。例如，"光尺"为 10m，则只能测出小于 10m 的距离；"光尺"为 1000m，则只能测出小于 1000m 的距离。由于测距仪的测量精度一般为 $\dfrac{1}{1000}$，1km 的"光尺"测量精度只有米级。"光尺"越长精度越低，所以，为了兼顾测程和精度，目前测距仪常采用多个调制频率的光波（即多个"光尺"）进行测距，用长"光尺"（称为粗尺）测定距离的大数，用短"光尺"（称为精尺）精确测定距离的尾数。将两者衔接起来，就解决了长距离测距及距离的显示问题。

　　对于远程测距仪，一般采用多个"光尺"配合测距。

　　由于测距仪测出的是倾斜距离，因此测距仪应与经纬仪配套使用，通过经纬仪观测的竖直角，将测距仪测出的倾斜距离化算成水平距离。

　　测距仪一般安置在经纬仪的上面，反光镜下面为供经纬仪瞄准的觇牌。测距时，经纬仪照准觇牌的中心测竖直角，测距仪照准反光镜的中心测倾斜距离，由于经纬仪照准觇牌中心时的视线与测距仪照准反光镜中心时的视线互相平行，因此，经纬仪测量的竖直角就是测距仪测线的竖直角。根据竖直角，将倾斜距离化算成水平距离。

　　二、全站仪简介

　　全站仪也称电子速测仪，是一种可以同时进行角度测量和距离测量的电子仪器。只要在测站上安置仪器，就能完成该测站所有的测量工作。图 4-4 为拓普康 601 型全站仪的示意图。

　　起初，将电子经纬仪与测距仪组装在一起使用，称为积木式全站仪，也称为半站式全站仪。后来改进为将光电测距仪的光波发射、接收系统的光轴与电子经纬仪的视准轴组合为同

轴的整体式全站仪，并配置了中央处理器、存储器和输入、输出设备，能根据外业观测的数据，实时计算并显示所需要的测量成果。这些测量成果包括点与点之间的方位角、水平距离、高差以及点的平面坐标和高程。通过输入、输出设备，全站仪与计算机可以进行数据通信，可以方便地将全站仪的测量数据或成果传输到计算机，测量作业所需要的已知数据也可以从计算机传输到全站仪。这样，不仅使测量的外业工作高效化，而且可以实现整个测量作业的高度自动化。目前，全站仪已广泛应用于控制测量、碎部测量、施工放样、变形观测等领域。

全站仪主要由电源、测角、测距、中央处理器、存储器、输入、输出等部分组成。电源是可充电电池，为全站仪提供电能，包括十字丝和显示屏的照明。测角部分为电子经纬仪，可以测定水平角、竖直角。测距部分相当于光电测距仪，一般用红外光作为光源，测定测站至目标点间的倾斜距离。中央处理器接受指令，分配各种观测任务，并进行测量数据的运算和处理，如多测回取平均值、观测值的各项改正、坐标及高程的计算等。存储器用于存储测量数据或计算结果。输入、输出部分包括键盘、显示屏和接口。通过键盘可以输入操作指令及数据，包括设置相关参数；显示屏可以显示仪器当前的工作模式、工作状态、相应的观测数据或运算结果；接口使全站仪能与磁卡、计算机交互通信，传输数据。目前，全站仪正朝着高精度、智能化方向发展。有些智能化全站仪能自动跟踪目标、自动观测、自动记录读数，向测站无人化操作迈出了可喜的一步。

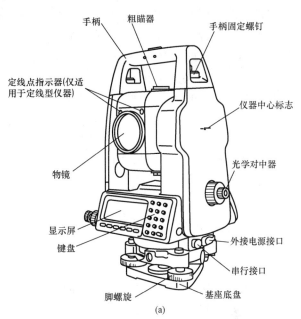

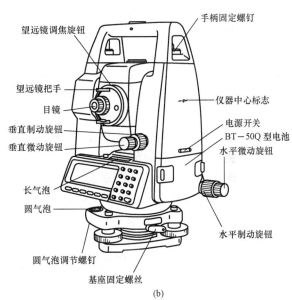

图 4-4 拓普康 601 型全站仪示意图
（a）正面图；（b）背面图

第二节 直 线 定 向

为了确定地面上两点之间的相对位置，除了需量测两点之间的水平距离外，还必须确定过两点的直线与标准方向间的水平角。确定直线与标准方向之间的水平角度称为直线定向。由于标准方向的种类不同，因此，直线定向的方法也就不同。

一、标准方向的种类

1. 真子午线方向

过地球南北极的平面与地球表面的交线称为真子午线。过地面某点的真子午线的切线方向，称为该点的真子午线方向。真子午线方向一般由天文观测方法或陀螺经纬仪测定。

2. 磁子午线方向

在地球磁场作用下，磁针自由静止时其轴线所指的方向，称为磁子午线方向。磁子午线方向一般由罗盘仪测定。

3. 坐标纵轴方向

在高斯平面直角坐标系中，坐标纵轴方向就是地面点所在投影带的中央子午线投影的方向，在假定平面直角坐标系中，则用假定的坐标纵轴方向作为坐标纵轴方向。

二、方位角

测量中通常用方位角表示直线的方向。从直线起点的标准方向的北端起，沿顺时针方向量至直线的水平角称为直线的方位角，方位角的取值范围为 $0°\sim360°$。以真子午线方向为标准方向的方位角称为真方位角，真方位角用 A 表示。以磁子午线方向为标准方向的方位角称为磁方位角，磁方位角用 A_m 表示。以坐标纵轴方向为标准方向的方位角称为坐标方位角，坐标方位角用 α 表示。测量工作中，用得比较多的方位角是坐标方位角。

三、三种方位角之间的关系

由于地球的磁北极与地球的北极不重合，因此，过地面某点的真子午线方向与磁子午线方向也不重合，两者之间的夹角称为磁偏角 δ。磁子午线方向北端位于真子午线方向北端以东称为东偏，东偏规定磁偏角 δ 为正值；磁子午线方向北端位于真子午线方向北端以西称为西偏，西偏规定磁偏角 δ 为负值。

由于中央子午线投影在高斯平面上是一条直线，且该直线为相应投影带的坐标纵轴方向，而其他子午线投影后为收敛于两极的曲线，因此过某点的真子午线方向与坐标纵轴方向也不重合，两者之间的夹角称为子午线收敛角 γ。坐标纵轴方向北端位于真子午线方向北端以东称为东偏，东偏规定子午线收敛角 γ 为正值；坐标纵轴方向北端位于真子午线方向北端以西称为西偏，西偏规定子午线收敛角 γ 为负值。

由图 4-5 知，三种方位角之间有如下关系

$$A = A_m + \delta \qquad\qquad (4-10)$$

$$A = \alpha + \gamma \qquad\qquad (4-11)$$

$$\alpha = A_m + \delta - \gamma \qquad\qquad (4-12)$$

四、坐标方位角的推算

在实际工作中，并不需要测量每条直线的坐标方位角，而是通过与已知坐标方位角的直线连测，推算出各条直线的坐标方位角。如图 4-6 所示，已知直线 12 的坐标方位角为 α_{12}，现观测了水平角 β_2 和 β_3，要求推算直线 23 和直线 34 的坐标方位角。

由图 4-6 知

$$\alpha_{23} = \alpha_{21} - \beta_2 = \alpha_{12} + 180° - \beta_2$$

$$\alpha_{34} = \alpha_{32} + \beta_3 = \alpha_{23} + 180° + \beta_3$$

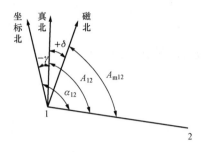

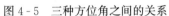

图 4-5　三种方位角之间的关系

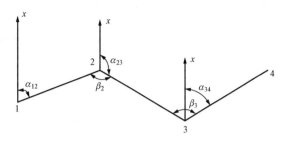

图 4-6　坐标方位角的推算

由于 β_2 在推算路线前进方向的右侧，称为右角；而 β_3 在推算路线前进方向的左侧，称为左角。由此可以归纳出推算坐标方位角的一般公式为

$$\alpha_{前} = \alpha_{后} + 180° + \beta_{左} = \alpha_{后} + 180° - \beta_{右} \tag{4-13}$$

式（4-13）中：如果 $\alpha_{前} > 360°$，应减去 360°；如果 $\alpha_{前} < 0°$，则应加 360°。

习　题

4-1　相位法测距和脉冲法测距有何不同？

4-2　全站仪有什么特点？

4-3　已知直线 AB 的坐标方位角为 $46°12'$，A 点的磁偏角为西偏 $31'$，A 点的子午线收敛角为东偏 $12'$，求直线 AB 的真方位角和磁方位角。

4-4　如图 4-7 所示，已知直线 12 边的坐标方位角 $\alpha_{12} = 50°11'$，求其他两条边的坐标方位角 α_{23}、α_{34}。

4-5　如图 4-8 所示，已观测了四边形的四个内角，已知直线 12 边的坐标方位角 $\alpha_{12} = 152°11'$。试求其余各条边的坐标方位角 α_{23}、α_{34}、α_{41}。

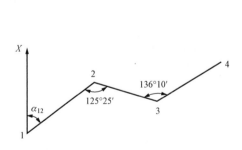

图 4-7　题 4-4 图

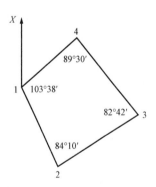

图 4-8　题 4-5 图

第五章 测量误差的基本知识

第一节 概　　述

自然界任何客观事物或现象都具有不确定性，加上科学技术发展水平的局限性，导致人们认识客观事物或现象的局限性，即人们对客观事物或现象的认识总会存在不同程度的偏差。对变量进行观测所反映出来的偏差，称为测量误差。

一、测量与观测值

测量是人们认识自然、认识客观事物的必要手段和重要途径。通过一定的仪器、工具和方法对某量进行量测，称为测量，测量获得的数据称为观测值。

二、观测值的分类

（一）等精度观测和不等精度观测

按测量时所处的观测条件，观测可分为等精度观测和不等精度观测。

构成测量工作的要素包括观测者、观测仪器和外界条件，通常将观测者、观测仪器和外界条件统称为观测条件。在相同的观测条件下，即同一个人使用相同的仪器、设备，使用相同的方法在相同的外界条件下进行观测，这种观测称为等精度观测，相应的观测值称为等精度观测值。否则，则称为不等精度观测，相应的观测值称为不等精度观测值。

（二）直接观测和间接观测

为确定某未知量而直接进行的观测，即被观测量就是所求未知量本身，称为直接观测，相应的观测值称为直接观测值。通过被观测量与未知量的函数关系来确定未知量的观测称为间接观测，相应的观测值称为间接观测值。例如，为了确定两点间的距离，用钢尺直接丈量的距离属于直接观测值；而用视距测量的方法求出的水平距离及高差则属于间接观测值，因为水平距离及高差是由其他观测量通过一定的计算公式计算得到的。

（三）独立观测和非独立观测

各观测量之间无任何依存关系，是相互独立的观测，称为独立观测，相应的观测值称为独立观测值。若各观测量之间存在一定的几何或物理约束关系，则称为非独立观测，相应的观测值称为非独立观测值。如对某一单个未知量进行重复观测，各次观测是独立的，属于独立观测，各观测值属于独立观测值。

三、测量误差及其来源

（一）测量误差的定义

测量中的被观测量，客观上存在一个反映该量真正大小的数值，该数值称为真值 X。对该量进行观测得到的值称为观测值 l。观测值与真值之差，称为真误差 Δ，即

$$\Delta = l - X \tag{5-1}$$

（二）测量误差的反映

测量中不可避免地存在着测量误差。例如，为求某段距离，往返丈量若干次；为求某角度，重复观测几测回。这些重复观测的观测值之间存在着差异。又如，为求某平面三角形的三个内角，只要对其中两个内角进行观测就可求出第三个内角。但为检验测量结果，对三个

内角均进行观测，这样三个内角之和往往与真值180°产生差异。第三个内角的观测是"多余观测"。这些"多余观测"导致的差异事实上就是测量误差，换句话说，测量误差通过"多余观测"产生的差异反映出来。

（三）测量误差的来源

产生测量误差的原因很多，其来源概括起来有以下三个方面。

1. 测量仪器

测量工作中要使用测量仪器。任何仪器只具有一定的精密度，使得观测值的精密度受到限制。例如，使用只刻有厘米分划的普通水准尺进行水准测量时，就难以保证估读的毫米值完全准确。同时，仪器因装配、搬运、磕碰等原因存在自身的误差，如水准仪的视准轴不平行于水准管轴，会使观测高差产生误差。

2. 观测者

由于观测者的视觉、听觉等感官的鉴别能力有一定的局限性，所以在仪器的安置、使用中都会产生误差，如整平误差、照准误差、读数误差等。同时，观测者的工作态度、技术水平和观测时的身体状况也对观测结果的质量产生一定的影响。

3. 外界条件

测量工作都是在一定的外界条件下进行的，受到温度、风力、大气折光等因素的影响，这些因素的差异和变化都会直接对观测结果产生影响，必然给观测结果带来误差。

测量工作由于受到上述三方面因素的影响，观测结果总会产生这样或那样的观测误差，即在测量工作中观测误差是不可避免的。测量外业工作的职责就是要在一定的观测条件下，确保观测成果具有较高的质量，将观测误差减少或控制在允许的范围内。

第二节　测量误差的种类

测量误差按性质分分为粗差、系统误差和偶然误差三类。

一、粗差

粗差也称错误，是由于观测者使用仪器不正确或疏忽大意引起的错误，或因外界条件发生意外的变化引起的差错。粗差的存在使观测结果显著偏离真值。因此，一旦发现含有粗差的观测值，应将其从观测成果中剔除掉。一般地讲，只要严格遵守测量规范，工作仔细谨慎，并对观测结果作必要的检核，粗差是可以发现或避免的。

二、系统误差

在相同的观测条件下，对某量进行一系列观测，如果误差的大小和符号固定不变，或按一定的规律变化，这种误差称为系统误差。

由于系统误差具有累积性，因此，应采取适当的措施消除或减弱系统误差对观测结果的影响。消除或减弱系统误差的方法通常有以下三种。

（一）对观测结果加改正数

如用测距仪（全站仪）进行距离测量时对距离加气象改正可以消除温度及气压等因素对测距的影响。

（二）采用一定的观测方法

如进行水准测量时，采用前后视距相等的观测方法，可以消除由于视准轴不平行于水准管轴及地球曲率对观测高差的影响。

（三）检校仪器

检校仪器是指将仪器存在的系统误差降低到最低限度或限制在允许的范围内，以便削弱其对观测结果的影响。如经纬仪照准部水准管轴不垂直于竖轴的误差对水平角的影响，可通过仔细检校仪器的方法来减弱其对水平角观测的影响。

三、偶然误差

在相同的观测条件下对某量进行一系列观测，如果误差在大小和符号上没有一定的规律性，即大小不等、符号不同（但对于大量的观测误差，它们符合一定的统计规律），这种误差称为偶然误差，偶然误差也称为随机误差。如读数误差及瞄准误差就属于偶然误差。偶然误差是客观存在的，可以采用高精度的仪器观测或采用"多余观测"进行数据处理的方法减小偶然误差对观测结果的影响。

在观测过程中，系统误差和偶然误差往往同时存在。当观测值中有显著的系统误差时，偶然误差就处于次要地位，观测误差呈现出系统的性质；反之，观测误差呈现出偶然的性质。因此，对一组剔除了粗差的观测值，首先应寻找、判断和排除系统误差，或将其控制在允许的范围内，然后根据偶然误差的特性对该组观测值进行数学处理，求出最接近未知量真值的估值，称为最或是值；同时，评定观测结果质量的优劣，即评定精度。这项工作在测量上称为测量平差，简称平差。

第三节　偶然误差的特性及其概率密度函数

对于单个的偶然误差，观测前无法预料其大小和符号，但在相同的观测条件下对某量进行多次观测，所出现的大量的偶然误差却具有一定的规律性，这种规律性可以根据概率原理，用统计学的方法来分析研究。

例如，在相同的观测条件下，对某一三角形的三个内角重复观测了 358 次，由于观测值含有误差，故每次观测得到的三个内角之和往往不等于 180°，则可计算三角形内角和的真误差 Δ_i（也称为三角形的角度闭合差）

$$\Delta_i = a_i + b_i + c_i - 180°$$

式中：a_i，b_i，c_i 为三角形三个内角的各次观测值（$i=1, 2, \cdots, 358$）。

现取误差区间（也称组距或间隔）dΔ 为 0.2″，将误差按数值大小及符号进行排列，统计出各区间的误差个数 k 及相对个数 k/n（$n=358$），见表 5 - 1。

从表 5 - 1 的统计数字，可以总结出在相同的观测条件下进行独立观测而产生的一组偶然误差，具有以下四个统计特性：

（1）在一定的观测条件下，偶然误差的绝对值不会超过一定的限值，即偶然误差是有界的。

（2）绝对值小的误差比绝对值大的误差出现的机会多。

（3）绝对值相等的正、负误差出现的机会相等。

（4）在相同的观测条件下，对同一量进行重复观测，偶然误差的算术平均值随着观测次数的无限增加而趋近于零，即

$$\lim_{n \to \infty} \frac{\Delta_1 + \Delta_2 + \Delta_3 + \cdots + \Delta_n}{n} = \lim_{n \to \infty} \frac{[\Delta]}{n} = 0 \qquad (5 - 2)$$

式中：[ ] 表示求和。

表 5 - 1　　　　　　　　　　　　　　　　误 差 分 布 统 计 表

误差区间	负 误 差		正 误 差	
(")	个数 k	相对个数 k/n	个数 k	相对个数 k/n
0.0～0.2	45	0.126	46	0.128
0.2～0.4	40	0.112	41	0.115
0.4～0.6	33	0.092	33	0.092
0.6～0.8	23	0.064	21	0.059
0.8～1.0	17	0.047	16	0.045
1.0～1.2	13	0.036	13	0.036
1.2～1.4	6	0.017	5	0.014
1.4～1.6	4	0.011	2	0.006
1.6 以上	0	0	0	0
总　和	181	0.505	177	0.495

上述第四个特性是由前面三个特性导出的，这个特性对深入研究偶然误差具有十分重要的意义。

表 5 - 1 中相对个数 k/n 称为频率。若以横坐标表示偶然误差的大小，纵坐标表示频率/组距，即 k/n 再除以 $\mathrm{d}\Delta$，则纵坐标代表 $k/0.2n$ 之值，可绘出误差统计直方图，如图 5 - 1 所示。

显然，图中所有矩形面积的总和等于 1，而每个矩形的面积（如图 5 - 1 中斜线所示的面积）等于 k/n，即为偶然误差出现在该区间内的频率。如偶然误差出现在 $+0.4''\sim+0.6''$ 区间内的频率为 0.092。若使观测次数 $n\rightarrow\infty$，并将区间 $\mathrm{d}\Delta$ 分得无限小，即 $\mathrm{d}\Delta\rightarrow0$，此时各区间内的频率趋于稳定而成为概率，直方图顶端连线将变成一个光滑的对称曲线，如图 5 - 2 所示，该曲线称为高斯偶然误差分布曲线，在概率论中，称为误差正态分布曲线，其函数式为

$$y = f(\Delta) = \frac{1}{\sqrt{2\pi}\sigma}\mathrm{e}^{-\frac{\Delta^2}{2\sigma^2}} \tag{5 - 3}$$

其中

$$\sigma^2 = \lim_{n\rightarrow\infty}\frac{[\Delta]^2}{n} \tag{5 - 4}$$

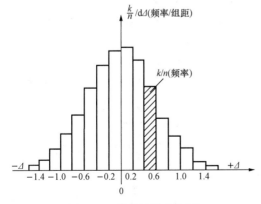

图 5 - 1　误差统计直方图

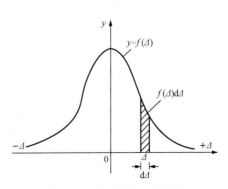

图 5 - 2　误差正态分布曲线

σ 是观测误差的标准差（均方根差）。从式（5-3）可以看出，$f(\Delta)$ 是偶函数，即绝对值相等的正误差与负误差数目基本相等，所以曲线对称于纵轴。这就是偶然误差的第三个特性。Δ 愈小，$f(\Delta)$ 愈大。当 $\Delta=0$ 时，$f(\Delta)$ 有最大值；反之，Δ 愈大，$f(\Delta)$ 愈小。当 $\Delta\rightarrow\pm\infty$ 时，$f(\Delta)\rightarrow0$。所以，横轴是曲线的渐近线。由于 $f(\Delta)$ 随着 Δ 的增大而较快地减小，所以当 Δ 到达某值，而 $f(\Delta)$ 已较小，实际上可以看作零，这样的 Δ 可作为误差的限值。这就是偶然误差的第一个和第二个特性。

从图 5-3 可以看出，误差曲线在纵轴两边各有一个拐点（转向点）。如果将 $f(\Delta)$ 求二阶导数并使其等于零，可以求得曲线拐点的横坐标 $\Delta_{拐}=\pm\sigma$。

从图 5-4 可以看出，σ 愈小，曲线愈陡峭，即误差分布愈密集；σ 愈大，曲线愈平缓，即误差分布愈离散。由此可见，参数 σ 描述了误差分布的密集或离散的程度。

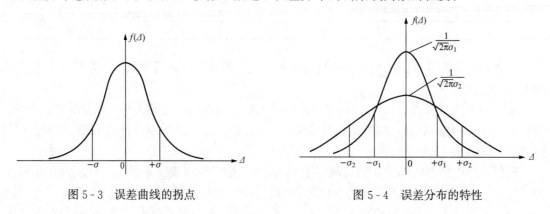

图 5-3　误差曲线的拐点　　　　　　　　图 5-4　误差分布的特性

第四节　衡量观测值精度的指标

在测量中，一般用精确度来评价观测成果的优劣。精确度是准确度与精密度的总称。准确度主要取决于系统误差的大小；精密度主要取决于偶然误差的分布。对基本排除系统误差而以偶然误差为主的一组观测值，一般用精密度来评价该组观测值质量的优劣。精密度简称精度。

在相同的观测条件下，对某量所进行的一组观测，对应着同一种误差分布，这一组中的每一个观测值，都具有相同的精度。为了衡量观测值精度的高低，可以采用误差分布统计表或绘制误差统计直方图，但这样做比较麻烦，为了方便起见，可以采用数字指标法作为衡量观测值精度的标准。

一、中误差

前面已经介绍，在一定的观测条件下进行一组观测，它对应着一定的误差分布。如果该组误差值总体偏小，即误差分布比较密集，则表示该组观测质量较好，这时标准差 σ 的值也较小；反之，如果该组误差值总体偏大，即误差分布比较离散，则表示该组观测质量较差，这时标准差 σ 的值也较大。因此，一组观测误差所对应的标准差值的大小，反映了该组观测结果的精度。

由式（5-4）可知，求 σ 值要求观测个数 $n\rightarrow\infty$，这在实际工作中是不可能实现的。在测量工作中观测个数总是有限的，为了评定精度，一般采用的计算式为

$$m = \pm \sqrt{\frac{[\Delta^2]}{n}} \qquad (5-5)$$

式中：m 称为观测值的中误差；方括号 ［　］表示求和；Δ 为一组等精度观测值的真误差。

从式（5-4）和式（5-5）可以看出，标准差 σ 与中误差 m 的不同，在于观测个数 n 上；标准差描述了一组同精度观测值在 $n \to \infty$ 时误差分布的密集或离散的程度，即理论上的观测精度指标，而中误差则是一组同精度观测值在 n 为有限个数时求得的观测精度指标。所以，中误差实际上是标准差的近似值（估值），随着 n 的增大，m 将趋近于 σ。

必须注意，在相同的观测条件下进行的一组观测，得出的每一个观测值都称为等精度观测值，等精度观测值具有相同的中误差，这是因为中误差是标准差的估值。

在计算 m 值时，应注意有效数字的取法，在数值前冠以"±"号，并注意其单位。

例如对某个三角形用两种不同的精度分别进行了 10 次观测，求得每次观测所得的三角形内角和的真误差如下。

第一组：$+3''$，$-2''$，$-4''$，$+2''$，$0''$，$-4''$，$+3''$，$+2''$，$-3''$，$-1''$；

第二组：$0''$，$-1''$，$-7''$，$+2''$，$+1''$，$+1''$，$-8''$，$0''$，$+3''$，$-1''$。

这两组观测值的中误差（用三角形内角和的真误差求出的中误差，也称为三角形内角和的中误差）为

$$m_1 = \sqrt{\frac{3^2 + (-2)^2 + (-4)^2 + 2^2 + 0^2 + (-4)^2 + 3^2 + 2^2 + (-3)^2 + (-1)^2}{10}} = \pm 2.7''$$

$$m_2 = \sqrt{\frac{0^2 + (-1)^2 + (-7)^2 + 2^2 + 1^2 + 1^2 + (-8)^2 + 0^2 + 3^2 + (-1)^2}{10}} = \pm 3.6''$$

比较 m_1 和 m_2 的值可知，第一组的观测精度较第二组的观测精度高。

二、相对误差

中误差和真误差都是绝对误差，在衡量观测值精度的时候，有时绝对误差不能很好地体现观测结果的精度。例如，观测 5000m 和 1000m 的两段距离的中误差都是 ±0.5m。从中误差的角度看，它们的精度是相同的，但这两段距离单位长度的精度却是不相同的。为了更好地体现类似的误差，在测量中经常采用相对误差来描述观测结果的精度。所谓相对误差 K 就是观测值的中误差 m 的绝对值与相应观测值 D 的比值，常用分子为 1 的分数表示，即

$$K = \frac{|m|}{D} = \frac{1}{\dfrac{D}{|m|}} \qquad (5-6)$$

K 越小表示精度越高。必须指出的是，用经纬仪测角时，不能用相对误差来衡量测角的精度，因为测角误差与角度大小无关。

三、极限误差

由偶然误差的第一个特性可知，在一定的观测条件下，偶然误差的绝对值不会超过一定的限值。这个限值就是极限误差。

由图 5-3 可以看出，在区间（$-\sigma$，$+\sigma$）内偶然误差出现的概率为

$$P(-\sigma < \Delta < \sigma) = \frac{1}{\sqrt{2\pi}\sigma} \int_{-\sigma}^{\sigma} e^{-\frac{\Delta^2}{2\sigma^2}} d\Delta \approx 0.683$$

同理可得：在区间（-2σ，$+2\sigma$）及区间（-3σ，$+3\sigma$）内偶然误差出现的概率分别为

$$P(-2\sigma < \Delta < 2\sigma) = \frac{1}{\sqrt{2\pi}\sigma} \int_{-2\sigma}^{2\sigma} e^{-\frac{\Delta^2}{2\sigma^2}} d\Delta \approx 0.955$$

$$P(-3\sigma < \Delta < 3\sigma) = \frac{1}{\sqrt{2\pi}\sigma} \int_{-3\sigma}^{3\sigma} e^{-\frac{\Delta^2}{2\sigma^2}} d\Delta \approx 0.997$$

从上面三个式子可以看出：绝对值大于一倍、二倍标准差的偶然误差出现的概率分别为 31.7%、4.5%；而绝对值大于三倍标准差的偶然误差出现的概率仅为 0.3%，这已是接近于零的小概率事件。由于中误差是标准差的估值，因此，绝对值大于三倍中误差的偶然误差出现的机会也很小，故通常以三倍中误差作为偶然误差的极限值，称为极限误差，即

$$\Delta_{极限} = 3m \qquad (5-7)$$

如果要求严格时，可以取二倍中误差作为偶然误差的极限值，即

$$\Delta_{极限} = 2m \qquad (5-8)$$

极限误差也称为容许误差，如果观测结果的误差超过极限误差，则需要重新观测。

第五节　误差传播定律

第四节阐述了用中误差作为衡量观测值精度的指标。但在实际测量工作中，有些量的大小往往不是直接观测得到的，而是通过观测其他量，并通过一定的函数关系间接计算得出的。描述观测值函数的中误差与观测值中误差之间关系的定律称为误差传播定律。

设 Z 为独立观测值 x_1，x_2，…，x_n 的函数，即

$$Z = f(x_1, x_2, \cdots, x_n)$$

设 Z 的中误差为 m_Z，各独立观测值 x_i 的中误差为 m_i，当各独立观测值 x_i 带有真误差 Δ_i 时，函数 Z 也随之带有真误差 Δ_Z，即有

$$Z + \Delta_Z = f(x_1 + \Delta_1, x_2 + \Delta_2, \cdots, x_n + \Delta_n)$$

用泰勒级数将上式展开仅取一次项得

$$Z + \Delta_Z = f(x_1, x_2, \cdots, x_n) + \frac{\partial f}{\partial x_1}\Delta_1 + \frac{\partial f}{\partial x_2}\Delta_2 + \cdots + \frac{\partial f}{\partial x_n}\Delta_n$$

即

$$\Delta_Z = \frac{\partial f}{\partial x_1}\Delta_1 + \frac{\partial f}{\partial x_2}\Delta_2 + \cdots + \frac{\partial f}{\partial x_n}\Delta_n$$

若对各独立观测值进行了 k 次观测，则其平方和的关系式为

$$\sum_{j=1}^{k} \Delta_{Z_j}^2 = \left(\frac{\partial f}{\partial x_1}\right)^2 \sum_{j=1}^{k} \Delta_{1j}^2 + \left(\frac{\partial f}{\partial x_2}\right)^2 \sum_{j=1}^{k} \Delta_{2j}^2 + \cdots + \left(\frac{\partial f}{\partial x_n}\right)^2 \sum_{j=1}^{k} \Delta_{nj}^2$$
$$+ 2\left(\frac{\partial f}{\partial x_1}\right)\left(\frac{\partial f}{\partial x_2}\right) \sum_{j=1}^{k} \Delta_{1j}\Delta_{2j} + 2\left(\frac{\partial f}{\partial x_1}\right)\left(\frac{\partial f}{\partial x_3}\right) \sum_{j=1}^{k} \Delta_{1j}\Delta_{3j} + \cdots$$

由于偶然误差的乘积仍然是偶然误差，将上式两边同时除以 k，由偶然误差的特性可知，当观测次数 $k \to \infty$ 时，则有

$$\frac{\sum_{j=1}^{k} \Delta_{1j}\Delta_{2j}}{k} \to 0, \quad \frac{\sum_{j=1}^{k} \Delta_{1j}\Delta_{3j}}{k} \to 0, \cdots$$

$$\frac{\sum_{j=1}^{k}\Delta_{Z_j}^2}{k}=m_Z^2,\ \frac{\sum_{j=1}^{k}\Delta_{ij}^2}{k}=m_i^2$$

而

则

$$m_Z^2=\left(\frac{\partial f}{\partial x_1}\right)^2 m_1^2+\left(\frac{\partial f}{\partial x_2}\right)^2 m_2^2+\cdots+\left(\frac{\partial f}{\partial x_n}\right)^2 m_n^2$$

或

$$m_Z=\pm\sqrt{\left(\frac{\partial f}{\partial x_1}\right)^2 m_1^2+\left(\frac{\partial f}{\partial x_2}\right)^2 m_2^2+\cdots+\left(\frac{\partial f}{\partial x_n}\right)^2 m_n^2} \tag{5-9}$$

式（5-9）即为计算观测值函数中误差的一般公式，由该公式不难导出下列简单函数式的中误差计算公式，见表 5-2。

表 5-2　　　　　　　　　　　　　简单函数式的中误差计算公式

函数名称	函 数 式	中误差计算公式
倍数函数	$Z=A_1 x_1$	$m_Z=A_1 m_1$
和或差函数	$Z=x_1\pm x_2$ $Z=x_1\pm x_2\pm\cdots\pm x_n$	$m_Z=\pm\sqrt{m_1^2+m_2^2}$ $m_Z=\pm\sqrt{m_1^2+m_2^2+\cdots+m_n^2}$
线性函数	$Z=A_1 x_1+A_2 x_2+\cdots+A_n x_n$	$m_Z=\pm\sqrt{A_1^2 m_1^2+A_2^2 m_2^2+\cdots+A_n^2 m_n^2}$

例 5-1　在 1∶1000 的地形图上量得 A、B 两点间的距离 $d=34.5$mm，中误差 $m_d=\pm0.3$mm，试求 A、B 两点间的实地水平距离 D 及其中误差 m_D。

解　$D=Md=1000\times34.5=34500$（mm）$=34.5$m，由表 5-2 知，$m_D=Mm_d=1000\times0.3=\pm300mm=\pm0.3$m。

水平距离的结果写成 $D=34.5$m±0.3m。

例 5-2　对一个三角形观测了其中 α、β 两个角，测角中误差分别为 $m_\alpha=\pm2''$，$m_\beta=\pm3''$，按公式 $\gamma=180°-\alpha-\beta$ 求得另一个角 γ。试求 γ 的中误差 m_γ。

解　因为常数 180° 的中误差为 0，由表 5-2 知

$$m_\gamma=\pm\sqrt{m_\alpha^2+m_\beta^2}=\pm\sqrt{2^2+3^2}=\pm3.6''$$

例 5-3　设有函数式 $\Delta y=D\sin\alpha$，已知 $D=225.85$m±0.06m，$\alpha=157°00'30''\pm20''$。试求 Δy 的中误差 $m_{\Delta y}$。

解　根据式（5-9），有

$$\frac{\partial\Delta y}{\partial D}=\sin\alpha,\ \frac{\partial\Delta y}{\partial\alpha}=D\cos\alpha$$

$$\begin{aligned}
m_{\Delta y}&=\pm\sqrt{\left(\frac{\partial\Delta y}{\partial D}\right)^2 m_D^2+\left(\frac{\partial\Delta y}{\partial\alpha}\right)^2 m_\alpha^2}\\
&=\pm\sqrt{\sin^2\alpha\, m_D^2+(D\cos\alpha)^2\left(\frac{m_\alpha}{\rho}\right)^2}\\
&=\sqrt{0.391^2\times0.06^2+225.85^2\times0.920^2\times\left(\frac{20}{206265}\right)^2}\\
&=\pm0.031(\text{m})
\end{aligned}$$

第六节　等精度直接观测值的最或是值

除了标准实体，自然界中任何单个未知量（如某一角度，某一长度等）的真值都是无法知道的，只有通过重复观测，才能对其真值做出可靠的估计。在测量实践中，重复观测的目的在于提高观测成果的精度，同时也有助于发现和消除粗差。

重复观测形成了多余观测，由于观测值含有误差，这就产生了观测值之间的矛盾，为了消除这种矛盾，就必须依据一定的数据处理准则采用适当的计算方法，对有矛盾的观测值加以必要而又合理的调整，给以适当的改正，从而求得观测量的最佳估值，同时对观测量进行质量评估，人们把这一数据处理过程称作"测量平差"。最佳估值也称为最或是值，最或是值一般接近于观测量的真值。

一、求最或是值

设对某量进行了 n 次等精度观测，其真值为 X，观测值为 l_1，l_2，$\cdots$，l_n，相应的真误差为 Δ_1，Δ_2，$\cdots$，Δ_n，则有

$$\Delta_1 = l_1 - X$$
$$\Delta_2 = l_2 - X$$
$$\vdots$$
$$\Delta_n = l_n - X$$

将上式相加再除以观测次数 n，得

$$\frac{[\Delta]}{n} = \frac{[l]}{n} - X = L - X$$

式中：L 为观测值的算术平均值。

由上式可得

$$L = \frac{[\Delta]}{n} + X$$

根据偶然误差的第四个特性，当 $n \to \infty$ 时，$\frac{[\Delta]}{n} \to 0$，于是 $L \to X$，即当观测次数 n 无限大时，算术平均值就趋近于观测量的真值。当观测次数有限时，可以认为算术平均值是根据已有的观测数据所能求得的最接近真值的近似值，称为最或是值或最或然值。

观测值与最或是值之差，称为最或是误差，用符号 v_i（$i=1$，2，$\cdots$，n）表示，即

$$v_i = l_i - L \tag{5-10}$$

二、评定精度

（一）观测值的中误差

由式（5-5）知，等精度观测值中误差的定义式为

$$m = \pm \sqrt{\frac{[\Delta^2]}{n}} = \pm \sqrt{\frac{[\Delta\Delta]}{n}}$$

其中

$$\Delta_i = l_i - X$$

由于观测量的真值 X 无法知道，因此，真误差 Δ_i 也无法知道，故无法用中误差的定义式求观测值的中误差。实际工作中，一般利用最或是误差 v_i 来计算观测值的中误差。其公式推导如下：

真误差　　　　　　　$\Delta_i = l_i - X \quad (i = 1, 2, \cdots, n)$

最或是误差　　　　$v_i = l_i - L \quad (i = 1, 2, \cdots, n)$

两式相减得

$$\Delta_i - v_i = L - X$$

令 $L - X = \delta$，则

$$\Delta_i = v_i + \delta \quad (i = 1, 2, \cdots, n)$$

对上式两边取平方和得

$$[\Delta\Delta] = [vv] + n\delta^2 + 2\delta[v]$$

而 $[v] = 0$，则

$$[\Delta\Delta] = [vv] + n\delta^2$$

又有

$$\delta^2 = (L - X)^2$$
$$= \left(\frac{[l]}{n} - X\right)^2$$
$$= \frac{1}{n^2}\left[(l_1 - X) + (l_2 - X) + \cdots + (l_n - X)\right]^2$$
$$= \frac{1}{n^2}(\Delta_1 + \Delta_2 + \cdots + \Delta_n)^2$$
$$= \frac{1}{n^2}(\Delta_1^2 + \Delta_2^2 + \cdots + \Delta_n^2 + 2\Delta_1\Delta_2 + 2\Delta_1\Delta_3 + \cdots)$$
$$= \frac{[\Delta^2]}{n^2} + \frac{2(\Delta_1\Delta_2 + \Delta_1\Delta_3 + \cdots)}{n^2}$$

根据偶然误差的特性，当 $n \to \infty$ 时，上式等号右边的第二项趋近于零，故

$$\delta^2 = \frac{[\Delta\Delta]}{n^2}$$

则

$$\frac{[\Delta\Delta]}{n} = \frac{[vv]}{n} + \frac{[\Delta\Delta]}{n^2}$$

即

$$m^2 = \frac{[vv]}{n} + \frac{m^2}{n}$$

得

$$m = \pm\sqrt{\frac{[vv]}{n-1}} \qquad\qquad (5\text{-}11)$$

式（5-11）为等精度观测时用最或是误差计算观测值中误差的公式，称为贝塞尔公式。

（二）最或是值的中误差

设对某量进行了 n 次等精度观测，其观测值为 l_i（$i = 1, 2, \cdots, n$），观测值的中误差为 m，最或是值为 L，有

$$L = \frac{[l]}{n} = \frac{1}{n}l_1 + \frac{1}{n}l_2 + \cdots + \frac{1}{n}l_n$$

根据误差传播定律，则最或是值 L 的中误差为

$$M = \pm \sqrt{\left(\frac{1}{n}\right)^2 m^2 + \left(\frac{1}{n}\right)^2 m^2 + \cdots + \left(\frac{1}{n}\right)^2 m^2}$$

则 $$M = \pm \frac{m}{\sqrt{n}} \qquad\qquad (5\text{-}12)$$

式（5-12）即为等精度观测时最或是值的中误差的计算公式。

例 5-4　设对某水平角进行了 5 次等精度观测，观测结果如表 5-3 所示。试求其观测值的中误差及最或是值的中误差。

表 5-3　　　　　　　　　　　　　　　例 5-4 表

观测值 l	v	vv	观测值 l	v	vv
35°18′28″	3	9	35°18′22″	−3	9
35°18′25″	0	0	35°18′24″	−1	1
35°18′26″	1	1	$L = \dfrac{[l]}{n} = 35°18′25″$	$[v]=0$	$[vv]=20$

解　观测值的中误差

$$m = \pm \sqrt{\frac{[vv]}{n-1}} = \pm \sqrt{\frac{20}{5-1}} = \pm 2.2''$$

最或是值的中误差为

$$M = \pm \frac{m}{\sqrt{n}} = \pm \frac{2.2}{\sqrt{5}} = \pm 1.0''$$

从式（5-12）可以看出：算术平均值的中误差与观测次数的平方根成反比。因此，增加观测次数可以提高算术平均值的精度。

第七节　不等精度直接观测平差

在对某量进行不等精度观测时，各观测结果的中误差不同。显然，不能将具有不同可靠程度的各观测结果简单地取算术平均值作为最或是值并评定精度。此时，需要选定某一个比值来比较各观测值的可靠程度，此比值称为权。

一、权的概念

权是权衡轻重的意思，它的应用比较广泛。在测量工作中，权是一个表示观测结果可靠程度大小的相对性数值，用 P 表示。

（一）权的定义

一定的观测条件，对应一定的误差分布，而一定的误差分布则对应一个确定的中误差。对于不等精度观测值而言，显然，中误差越小，则观测精度越高，观测结果就越可靠，因而应赋予较大的权，因此，可以用中误差来定义权。

假设一组不等精度观测值为 l_i，相应的中误差为 m_i（$i = 1, 2, \cdots, n$），选定任一大于零的常数 λ，定义权 P_i 为

$$P_i = \frac{\lambda}{m_i^2} \qquad\qquad (5\text{-}13)$$

称 P_i 为观测值 l_i 的权。对一组已知中误差的观测值而言，选定一个 λ 值，就有一组对应

的权。

由式（5-13）可以确定各观测值权之间的比例关系为

$$P_1 : P_2 : \cdots : P_n = \frac{\lambda}{m_1^2} : \frac{\lambda}{m_2^2} : \cdots : \frac{\lambda}{m_n^2} = \frac{1}{m_1^2} : \frac{1}{m_2^2} : \cdots : \frac{1}{m_n^2} \qquad (5-14)$$

（二）权的性质

由式（5-13）、式（5-14）可知，权具有如下性质：

（1）权和中误差都是用来衡量观测值精度的指标。中误差是绝对性数值，表示观测值的绝对精度；权是相对性数值，表示观测值的相对精度。

（2）权与中误差的平方成反比，中误差越小，权越大，表示观测值越可靠，精度越高。

（3）权始终取正号。

（4）由于权是一个相对性数值，对于单个观测值而言，权无意义。

（5）权的大小随 λ 的不同而不同，但权之间的比例关系不变。

（6）在同一个问题中只能选定一个 λ 值，不能同时选用几个不同的 λ 值，否则就破坏了权之间的比例关系。

二、测量中常用的确定权的方法

（一）等精度观测值算术平均值的权

对于等精度观测，设一次观测的中误差为 m，由式（5-12）知 n 次等精度观测值的算术平均值的中误差 $M = \pm \dfrac{m}{\sqrt{n}}$。现取 $\lambda = m^2$，则算术平均值的权为

$$P_{\mathrm{L}} = \frac{\lambda}{M^2} = \frac{m^2}{\dfrac{m^2}{n}} = n$$

由此可知，对于等精度观测，取一次观测值之权为 1，则 n 次观测的算术平均值的权为 n。故权与观测次数成正比。

在不等精度观测中引入权的概念，可以建立各观测值之间的精度比值，以便更合理地处理观测数据。例如，设一次观测值的中误差为 m，其权为 P_0，并设 $\lambda = m^2$，则

$$P_0 = \frac{m^2}{m^2} = 1$$

等于 1 的权称为单位权，而权等于 1 的中误差称为单位权中误差，单位权中误差一般用 μ 表示。对于中误差为 m_i 的观测值，其权 P_i 为

$$P_i = \frac{\mu^2}{m_i^2}$$

则相应中误差的另一种表达式为

$$m_i = \mu \sqrt{\frac{1}{P_i}}$$

（二）权在水准测量中的应用

设每一测站观测高差的精度相同，其中误差为 $m_{\text{站}}$，则不同测站数的水准路线观测高差的中误差为

$$m_i = m_{\text{站}} \sqrt{N_i} \, (i = 1, 2, \cdots, n)$$

式中：N_i 为各水准路线的测站数。

取 c 个测站的高差中误差为单位权中误差，即 $\mu = m_{站}\sqrt{c}$，则各水准路线的权为

$$P_i = \frac{\mu^2}{m_i^2} = \frac{c}{N_i} \qquad (5-15)$$

或

$$P_i = \frac{c}{L_i} \qquad (5-16)$$

式中：L_i 为各水准路线的长度。

式（5-15）及式（5-16）说明，当各测站观测高差为等精度观测时，各水准路线的权与测站数或路线的长度成反比。

（三）权在距离丈量工作中的应用

设单位长度（1km）的丈量中误差为 m，则长度为 s 的丈量中误差为 $m_i = m\sqrt{s}$。取长度为 c 的丈量中误差为单位权中误差，即 $\mu = m\sqrt{c}$，则得距离丈量的权为

$$P_i = \frac{\mu^2}{m_i^2} = \frac{c}{s} \qquad (5-17)$$

式（5-17）说明，距离丈量的权与长度成反比。

从上述几种定权公式中可以看出，在定权时，并不需要预先知道各观测值中误差的具体数值。在确定了观测方法后，权就可以预先确定。这一点说明可以事先对最后观测结果的精度进行估算，在实际工作中具有重要意义。

三、不等精度观测值的最或是值

设对某量进行了 n 次不等精度观测，观测值为 l_1，l_2，$\cdots$，l_n，其相应的权为 P_1，P_2，$\cdots$，P_n，测量上取加权平均值为该量的最或是值，即

$$L = \frac{P_1 l_1 + P_2 l_2 + \cdots + P_n l_n}{P_1 + P_2 + \cdots + P_n} = \frac{[Pl]}{[P]} \qquad (5-18)$$

最或是误差为

$$v_i = l_i - L$$

将等式两边乘以相应的权

$$P_i v_i = P_i l_i - P_i L$$

$$[Pv] = [Pl] - [P]L$$

即

$$[Pv] = 0 \qquad (5-19)$$

式（5-19）可以用作计算中的检核。

四、不等精度观测的精度评定

（一）最或是值的中误差

由式（5-18）知，不等精度观测值的最或是值为

$$L = \frac{[Pl]}{[P]} = \frac{P_1}{[P]}l_1 + \frac{P_2}{[P]}l_2 + \cdots + \frac{P_n}{[P]}l_n$$

按中误差的计算公式，最或是值 L 的中误差 M 计算式为

$$M^2 = \frac{1}{[P]^2}(P_1^2 m_1^2 + P_2^2 m_2^2 + \cdots + P_n^2 m_n^2) \qquad (5-20)$$

式中：m_1，m_2，$\cdots$，m_n 为相应观测值的中误差。

若令单位权中误差 μ 等于第一个观测值 l_1 的中误差，即 $\mu = m_1$，则各观测值的权为

$$P_i = \frac{\mu^2}{m_i^2} \qquad (5\text{-}21)$$

将式 (5-21) 代入式 (5-20)，得

$$M^2 = \frac{P_1}{[P]^2}\mu^2 + \frac{P_2}{[P]^2}\mu^2 + \cdots + \frac{P_n}{[P]^2}\mu^2 = \frac{\mu^2}{[P]}$$

则

$$M = \pm \frac{\mu}{\sqrt{[P]}} \qquad (5\text{-}22)$$

式 (5-22) 为不等精度观测值的最或是值中误差的计算公式。

(二) 单位权观测值的中误差

由式 (5-21) 知

$$\mu^2 = m_1^2 P_1$$
$$\mu^2 = m_2^2 P_2$$
$$\vdots$$
$$\mu^2 = m_n^2 P_n$$

相加得

$$n\mu^2 = m_1^2 P_1 + m_2^2 P_2 + \cdots + m_n^2 P_n = [Pmm]$$

则

$$\mu = \pm\sqrt{\frac{[Pmm]}{n}}$$

当 $n \to \infty$ 时，用真误差 Δ 代替中误差 m，则可将上式改写为

$$\mu = \pm\sqrt{\frac{[P\Delta\Delta]}{n}} \qquad (5\text{-}23)$$

式 (5-23) 为用真误差计算单位权观测值中误差的公式。类似于式 (5-11) 的推导，可以求得用最或是误差计算单位权中误差的公式为

$$\mu = \pm\sqrt{\frac{[Pvv]}{n-1}} \qquad (5\text{-}24)$$

将式 (5-24) 代入式 (5-22)，得

$$M = \pm\sqrt{\frac{[Pvv]}{(n-1)[P]}} \qquad (5\text{-}25)$$

式 (5-25) 即为用最或是误差计算不等精度观测值最或是值中误差的公式。

例 5-5　在水准测量中，从三个已知高程点 A、B、C 出发测得 E 点的三个高程观测值 H_i 及各水准路线的长度 L_i 列入表 5-4 中。求 E 点高程的最或是值 H_E 及其中误差 M_H。

解　取路线长度 L_i 的倒数乘以常数 C 为观测值的权，并令 $C=1$，计算如表 5-4 所示。

表 5-4　　　　　　　　　　　　　　　　**例 5-5 表**

测　段	高程观测值 H_i (m)	路线长度 L_i (km)	权 $P_i = 1/L_i$	最或是误差 v (mm)	Pv (mm)	Pv^2 (mm²)
$A \sim E$	42.347	4.0	0.25	17.0	4.2	71.4
$B \sim E$	42.320	2.0	0.50	−10.0	−5.0	50.0
$C \sim E$	42.332	2.5	0.40	2.0	0.8	1.6
			$[P] = 1.15$		$[Pv] = 0$	$[Pv^2] = 123.0$

根据式（5-18），E 点高程的最或是值为

$$H_E = \frac{0.25 \times 42.347 + 0.50 \times 42.320 + 0.40 \times 42.332}{0.25 + 0.50 + 0.40} = 42.330(\mathrm{m})$$

根据式（5-24），单位权中误差为

$$\mu = \pm \sqrt{\frac{[Pvv]}{n-1}} = \pm \sqrt{\frac{123.0}{3-1}} = \pm 7.8(\mathrm{mm})$$

根据式（5-22），最或是值的中误差为

$$M_H = \pm \frac{7.8}{\sqrt{1.15}} = \pm 7.3(\mathrm{mm})$$

习 题

5-1　观测结果中存在误差，是由什么原因引起的？

5-2　何谓系统误差？系统误差有何特点？怎样消除或削弱系统误差的影响？

5-3　何谓偶然误差？偶然误差有何特性？偶然误差能否消除？怎样削弱偶然误差的影响？

5-4　容许误差是如何定义的？它有什么作用？

5-5　何谓等精度观测？何谓不等精度观测？

5-6　用检定过的钢尺多次丈量长度为 88.9943m 的标准距离，结果为 88.991、88.996、88.994、88.993、88.995、88.997m。试求一次丈量距离的中误差。

5-7　测得一正方形的边长 $a = 45.11\mathrm{m} \pm 0.05\mathrm{m}$。试求正方形的面积及其中误差。

5-8　设对 n 边形的 n 个内角进行了等精度观测，其每个内角的测角中误差为 $\pm 6''$。试求 n 边形内角和的中误差。

5-9　用经纬仪测量水平角时，一测回水平角的中误差为 $\pm 15''$。欲使水平角测量的中误差达到 $\pm 5''$，问需要观测几个测回？

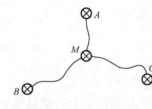

图 5-5　题 5-11图

5-10　对一段距离等精度测量了 6 次，观测结果为 78.535、78.548、78.520、78.529、78.550、78.537m，试计算距离的最或是值、最或是值的中误差及最或是值的相对中误差。

5-11　如图 5-5 所示，为了求得未知点 M 的高程，从 A、B、C 三个水准点向 M 点进行了同等级的水准测量，其结果列于表 5-5 中，试计算 M 点的高程及其中误差。

表 5-5　　　　　　　　　　　　　　　　　　题 5-11表

水准路线起点	水准路线起点的高程（m）	观测高差（m）	水准路线的长度（km）	权 P	待求点 M 的高程 H（m）	最或是误差 v（mm）	Pv（mm）	Pvv（mm²）
A	24.135	−0.148	5.3					
B	23.297	+0.706	4.2					
C	21.364	+2.640	2.7					

第六章 小区域控制测量

第一节 概 述

第一章已经指出，无论是进行地形测量还是施工放样，为了保证测量成果的精度，必须遵循"先控制后碎部"，"从整体到局部"的原则，也就是先在测区内建立测量控制网，然后以测量控制网为基础，进行地形测量和施工放样。

在测区内选择一些有控制意义的点，称为控制点，将相关的控制点连成一定的几何图形，称为控制网。控制网分为平面控制网和高程控制网。测定控制点平面位置（x、y）的工作，称为平面控制测量；而测定控制点高程（H）的工作，称为高程控制测量。

在全国范围内建立的控制网称为国家控制网。国家平面控制网分为四个等级，即一等网、二等网、三等网、四等网，图 6-1 所示为国家平面控制网的布设示意图。其中：一等网的精度最高，一等网布设成锁状；二等网以一等网为基础，布设成全面网；以一等网和二等网为基础，进一步加密成三等三角网和四等插点。建立国家平面控制网，主要采用三角测量的方法。国家平面控制网的主要技术要求见表 6-1。

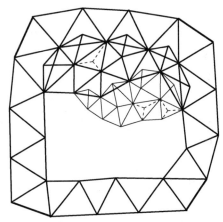

一等三角锁
二等三角网
三等三角网
三、四等插点

图 6-1 国家平面控制网布设示意图

由于国家高程控制网是用水准测量的方法布设的，因此，国家高程控制网也称为国家水准网，国家水准网也分为四个等级，即一等水准网、二等水准网、三等水准网、四等水准网，图 6-2 所示为国家水准网的布设示意图。一等水准网沿平缓的交通路线布设成周长约 1500km 的环形路线，一等水准网的精度最高，它是国家高程控制的骨干。二等水准网布设在一等水准环线内，形成周长为 $500 \sim 750km$ 的环线，它是国家高程控制网的全面基础。三等水准网及四等水准网为国家高程控制网的进一步加密，三、四等水准网直接为地形测量或工程建设提供基本高程数据。三等水准网及四等水准网一般布设成附合水准路线，且三等水准网的长度不超过 200km，四等水准网的长度不超过 80km。

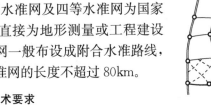

一等水准线路
二等水准线路
三等水准线路
四等水准线路

图 6-2 国家水准网布设示意图

表 6-1	国家平面控制网的主要技术要求			
等级	平均边长（km）	测角中误差（″）	三角形最大闭合差（″）	起始边相对中误差
一	20～25	±0.7	±2.5	1/350000
二	13	±1.0	±3.5	1/250000
三	8	±1.8	±7.0	1/150000
四	2～6	±2.5	±9.0	1/100000

在城市地区，为了满足大比例尺测图及城市建设的需要，应以国家平面控制网为基础，布设不同等级的城市平面控制网。城市平面控制网的主要技术要求见表 6-2～表 6-4。

表 6-2　　　　　　　　　　城市三角网及图根三角网的主要技术要求

等 级	平均边长 (km)	测角中误差 ($''$)	起始边相对中误差	最弱边边长相对中误差	测 回 数			三角形最大闭合差 ($''$)
					DJ1	DJ2	DJ6	
二　等	9	±1.0	1/300000	1/120000	12			±3.5
三　等	5	±1.8	首级 1/200000 加密 1/120000	1/80000	6	9		±7.0
四　等	2	±2.5	首级 1/120000 加密 1/80000	1/45000	4	6		±9.0
一级小三角	1	±5	1/40000	1/20000		2	6	±15
二级小三角	0.5	±10	1/20000	1/10000		1	2	±30
图　根	最大视距的 1.7 倍	±20	1/10000				1	±60

表 6-3　　　　　　　　　城市光电测距导线及图根导线的主要技术要求

等 级	导线长度 (km)	平均边长 (km)	测角中误差 ($''$)	测距中误差 (mm)	测 回 数			方位角闭合差 ($''$)	导线全长相对闭合差
					DJ1	DJ2	DJ6		
三等	15	3	±1.5	±18	8	12		$±3\sqrt{n}$	1/60000
四等	10	1.6	±2.5	±18	4	6		$±5\sqrt{n}$	1/40000
一级	3.6	0.3	±5	±15		2	4	$±10\sqrt{n}$	1/14000
二级	2.4	0.2	±8	±15		1	3	$±16\sqrt{n}$	1/10000
三级	1.5	0.12	±12	±15		1	2	$±24\sqrt{n}$	1/6000
图根			±20				1	$±60\sqrt{n}$	1/2000

表 6-4　　　　　　　　　钢尺量距导线及图根导线的主要技术要求

等 级	测图比例尺	导线长度 (m)	平均边长 (m)	测角中误差 ($''$)	往返丈量较差相对误差	测 回 数		方位角闭合差 ($''$)	导线全长相对闭合差
						DJ2	DJ6		
一级		2500	250	±5	1/20000	2	4	$±10\sqrt{n}$	1/10000
二级		1800	180	±8	1/15000	1	3	$±16\sqrt{n}$	1/7000
三级		1200	120	±12	1/10000	1	2	$±24\sqrt{n}$	1/5000

续表

等　级	测　图比例尺	导线长度（m）	平均边长（m）	测角中误差（″）	往返丈量较差相对误差	测回数		方位角闭合差（″）	导线全长相对闭合差
						DJ2	DJ6		
图根	1：500	500	75	±20	1/3000		1	±60√n	1/2000
	1：1000	1000	110						
	1：2000	2000	180						

　　20 世纪 80 年代末，我国开始使用卫星全球定位系统（GPS）建立平面控制网，目前，这种方法已成为建立平面控制网的主要方法，应用 GPS 卫星定位技术建立的控制网称为 GPS 控制网。GPS 控制网分为 A、B、C、D、E 五个等级，表 6-5 为 GPS 相对定位的精度指标。

表 6-5　　　　　　　　　　GPS 相对定位的精度指标

测量分级	常量误差 a_0（mm）	比例误差系数 b_0（mm/km）	相邻点距离（km）
A	≤5	≤0.1	100～2000
B	≤8	≤1	15～250
C	≤10	≤5	5～40
D	≤10	≤10	2～15
E	≤10	≤20	1～10

　　我国国家 A 级和 B 级 GPS 大地控制网分别由 30 个点和 800 个点构成。它们均匀分布在中国大陆，平均边长分别为 650km 和 150km。不仅在精度方面比以往的全国性大地控制网提高了两个数量级，而且其三维坐标体系是建立在有严格动态定义的先进的国际公认的 ITRF 框架内。这一高精度的三维大地坐标系的建成将为我国 21 世纪前 10 年的经济和社会持续发展提供基础测绘保障。

　　由于国家控制网及城市控制网的密度不能满足测绘地形图的需要，因此，测绘地形图之前，为了保证地形图的精度，应布设供测图需要的控制网，称为图根控制网，图根控制网可以采用导线测量、小三角测量及交会定点的方法建立，当然也可以采用动态 GPS 法建立。图根控制网的密度要求见表 6-6，至于困难地区及山区，图根控制点的个数应适当增加。

表 6-6　　图根控制网密度表

测图比例尺	每平方千米的图根控制点个数	每幅图的图根控制点个数
1/5000	5	20
1/2000	15	15
1/1000	50	10
1/500	150	8

　　至于将哪一级控制网作为城市首级控制网，应根据城市的规模加以确定。对于中小城市，一般以四等网为首级控制网；对于面积在 10km² 以下的小城市，可用小三角网或一级导线网作为首级控制网；至于面积为 0.5km² 以下的测区，可直接用图根控制网作为首级控

制网。

城市高程控制网一般用水准测量的方法建立，称为城市水准网。城市水准网分为二等水准网、三等水准网、四等水准网和图根水准网。城市水准网为城市大比例尺测图及工程测量提供起始高程。同样，应根据城市的规模确定首级水准网的等级，并以此为基础测定图根控制点的高程。首级控制网应布设成环形路线，加密时宜布设成附合路线或结点网。城市水准测量的主要技术要求见表 6-7。

表 6-7　　　　　　　　　　　　城市水准测量主要技术要求

等　级	每千米高差中误差（mm）	路线长度（km）	水准仪的型号	水准尺的类型	观 测 次 数		往返较差、附合或环线闭合差	
					与已知点连测	附合路线或环线	平地（mm）	山地（mm）
二等	±2	≤400	DS1	铟瓦	往返各一次	往返各一次	$\pm 4\sqrt{L}$	
三等	±6	≤45	DS1	铟瓦	往返各一次	往一次	$\pm 12\sqrt{L}$	$\pm 4\sqrt{n}$
			DS3	双面		往返各一次		
四等	±10	≤15	DS3	双面	往返各一次	往一次	$\pm 20\sqrt{L}$	$\pm 6\sqrt{n}$
图根	±20	≤5	DS10		往返各一次	往一次	$\pm 40\sqrt{L}$	$\pm 12\sqrt{n}$

表 6-7 中：L 为水准路线的长度，km；n 为测站数。

目前，采用一定的技术和方法，光电测距三角高程测量的精度可以达到四等水准测量的精度。此外，在工程测量中，用 GPS 法进行高程控制测量用得也较为普遍。水准点间的距离，一般地区为 2～3km，城市建筑区为 1～2km，工业区应小于 1km，且一个测区至少应有三个水准点。

第二节　导　线　测　量

一、导线的布设形式

在测区内选择一些控制点，称为导线点。由相邻导线点连成的连续折线，称为导线。导线按布设形式分，分为闭合导线、附合导线、支导线。

（一）闭合导线

闭合导线如图 6-3 所示，从某一个已知点（坐标已知的点）出发，经过若干连续折线，最后仍然回到原来已知点上，形成一个闭合多边形，这种导线称为闭合导线。

（二）附合导线

附合导线如图 6-4 所示，从某一个已知点出发，经过若干连续折线，最后附合到另一个已知点上，这种导线称为附合导线。

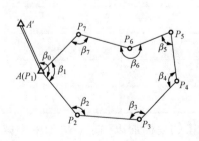

图 6-3　闭合导线

（三）支导线

支导线如图6-5所示，从某一个已知点出发，经过若干连续折线，它既不闭合到原来已知点上，又不附合到另一已知点上，这种导线称为支导线。由于支导线没有相应的检核条件，因此支导线必须进行重复观测。

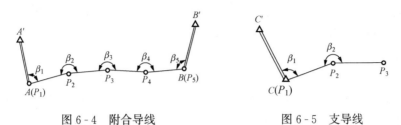

图6-4　附合导线　　　　　　　　　图6-5　支导线

二、导线测量的外业工作

导线测量的外业工作包括踏勘选点、量边、测角、连测。

（一）踏勘选点

踏勘的目的是为了了解测区的范围、地形及已有控制点的分布情况，以便确定导线的布设形式和布置方案。选点应考虑到便于导线测量、地形测量或施工放样。选点的基本原则为：

（1）导线点应均匀分布在测区。

（2）导线点应选在土质坚实、便于安置仪器的地方。

（3）相邻导线点间必须通视良好。

（4）导线点应选在视野开阔、便于保存和寻找的地方。

（5）导线边的长度不宜悬殊太大。导线点选好后，应直接在地面打入木桩，并在木桩的周围浇灌一圈混凝土，如图6-6所示，然后在桩顶钉一小铁钉或划上"＋"记号作为点的标记。如果导线点需要长期保存，则应埋设混凝土标石，如图6-7所示。导线点选好后，应对导线点进行编号。为了便于今后查找，应量出导线点至附近明显地物点的距离，并绘出草图，标明尺寸，称为点之记，如图6-8所示。

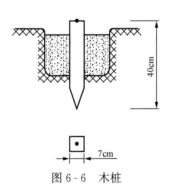

图6-6　木桩

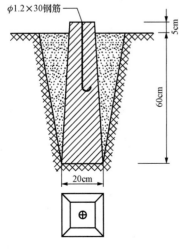

图6-7　混凝土标石

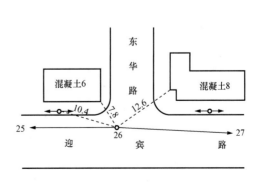

图6-8　点之记

（二）量边

量边，也就是测量相邻导线点之间的水平距离，对于不同等级的导线，可采用光电测距仪（全站仪）或钢尺测量水平距离，量距的精度要求参见表 6-3 和表 6-4。

（三）测角

测角，也就是测量相邻两导线边的夹角。对于附合导线，一般测左角；对于闭合导线，一般测内角。测角的精度要求参见表 6-3 和表 6-4。

（四）连测

当测区附近有国家控制点时，应进行连测，如图 6-9 所示。设 A、B 是国家控制点，此时应观测连接角 β_A、β_1 及连接边 D_{A1}，以便推求导线起始点的坐标及起始边的坐标方位角。若测区附近没有国家控制点时，可以假定导线起始点的坐标，并用罗盘仪测定导线起始边的磁方位角或用陀螺经纬仪测定导线起始边的真方位角，作为导线内业计算的起算数据。

三、导线测量的内业计算

（一）坐标的正算和反算

1. 坐标正算

如图 6-10 所示，已知 1 号点的纵坐标 x_1 及横坐标 y_1，1 号点、2 号点之间的水平距离 D_{12}，1 号点、2 号点之间的坐标方位角 α_{12}，求 2 号点的纵坐标 x_2 及横坐标 y_2，称为坐标正算问题。

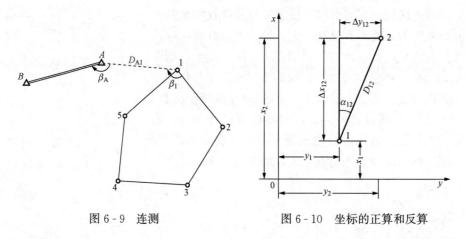

图 6-9　连测　　　　　　　　图 6-10　坐标的正算和反算

由图 6-10 知

$$x_2 = x_1 + \Delta x_{12}$$
$$y_2 = y_1 + \Delta y_{12}$$

Δx_{12} 及 Δy_{12} 分别称为 1 号、2 号点的纵坐标增量和横坐标增量。而

$$\Delta x_{12} = D_{12}\cos\alpha_{12}$$
$$\Delta y_{12} = D_{12}\sin\alpha_{12}$$

则有

$$x_2 = x_1 + D_{12}\cos\alpha_{12} \tag{6-1}$$
$$y_2 = y_1 + D_{12}\sin\alpha_{12} \tag{6-2}$$

2. 坐标反算

已知 1 号点的纵坐标 x_1、横坐标 y_1 及 2 号点的纵坐标 x_2、横坐标 y_2，求 1 号点、2 号点之间的水平距离 D_{12} 及 1 号点、2 号点之间的坐标方位角 α_{12}，称为坐标反算问题。

由式（6-1）及式（6-2）知

$$D_{12} = \sqrt{(x_2 - x_1)^2 + (y_2 - y_1)^2} \tag{6-3}$$

$$\tan\alpha_{12} = \frac{y_2 - y_1}{x_2 - x_1} \tag{6-4}$$

若 $y_2 - y_1 > 0$，$x_2 - x_1 > 0$，则 α_{12} 为第一象限的角，有

$$\alpha_{12} = \tan^{-1}\frac{y_2 - y_1}{x_2 - x_1} \tag{6-5}$$

若 $y_2 - y_1 > 0$，$x_2 - x_1 < 0$，则 α_{12} 为第二象限的角，有

$$\alpha_{12} = 180° - \tan^{-1}\left|\frac{y_2 - y_1}{x_2 - x_1}\right| \tag{6-6}$$

若 $y_2 - y_1 < 0$，$x_2 - x_1 < 0$，则 α_{12} 为第三象限的角，有

$$\alpha_{12} = 180° + \tan^{-1}\frac{y_2 - y_1}{x_2 - x_1} \tag{6-7}$$

若 $y_2 - y_1 < 0$，$x_2 - x_1 > 0$，则 α_{12} 为第四象限的角，有

$$\alpha_{12} = 360° - \tan^{-1}\left|\frac{y_2 - y_1}{x_2 - x_1}\right| \tag{6-8}$$

（二）闭合导线的计算

闭合导线计算的目的就是根据起始点的坐标及起始边的坐标方位角，由观测角值及水平距离计算相关点的平面坐标。

导线计算之前，应对外业观测数据进行仔细检查，包括记录、计算有无错误，观测精度是否满足要求。然后绘制导线计算略图，如图 6-11 所示，并将相关的起算数据和观测数据标注到略图上。对于四等以下的导线，角值取至秒，边长和坐标取至毫米；对于图根导线，边长和坐标取至厘米。闭合导线的计算步骤如下：

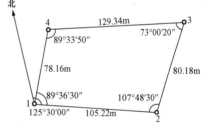

图 6-11 闭合导线计算略图

1. 准备工作

将外业观测数据及起算数据填入闭合导线坐标计算表中，如表 6-8 所示。其中起算数据用双线标明。

2. 角度闭合差的计算与调整

对于 n 边形闭合导线，其内角和的理论值为

$$\sum\beta_{理} = (n-2) \times 180° \tag{6-9}$$

由于观测角值包含有误差，使得观测角值之和 $\sum\beta_i$ 不等于理论值 $\sum\beta_{理}$，两者之差称为角度闭合差，角度闭合差用 f_β 表示，即

$$f_\beta = \sum\beta_i - \sum\beta_{理} \tag{6-10}$$

f_β 应小于相应的容许值 $f_{\beta容}$，否则，观测角值精度不符合要求，需要重新观测。对于图根导线，f_β 应小于 $60\sqrt{n}$s，至于其他等级的导线，相应的容许值 $f_{\beta容}$ 见表 6-3 及表 6-4。若

表 6 - 8

闭合导线坐标计算表

点号	观测角值 (° ′ ″)	改正数 (″)	改正角值 (° ′ ″)	坐标方位角 (° ′ ″)	距离 (m)	坐标增量 Δx (m)	坐标增量 Δy (m)	改正后的坐标增量 Δx̄ (m)	改正后的坐标增量 Δȳ (m)	坐标值 x (m)	坐标值 y (m)	点号
1	2	3	4=2+3	5	6	7	8	9	10	11	12	13
1	107 48 30	+13	107 48 43							500.00	500.00	1
				125 30 00	105.22	−2 −61.10	+2 +85.66	−61.12	+85.68			
2	107 48 30									438.88	585.68	2
				53 18 43	80.18	−2 +47.90	+2 +64.30	+47.88	+64.32			
3	73 00 20	+12	73 00 32							486.76	650.00	3
				306 19 15	129.34	−3 +76.61	+2 −104.21	+76.58	−104.19			
4	89 33 50	+12	89 34 02							563.34	545.81	4
				215 53 17	78.16	−2 −63.32	+1 −45.82	−63.34	−45.81			
1	89 36 30	+13	89 36 43	125 30 00						500.00	500.00	1
总 和	359 59 10	+50	360 00 00		392.90	+0.09	−0.07	0.00	0.00			

辅助计算

$$\sum \beta_{测}=359°59'10'',\quad \sum \beta_{理}=360°00'00''$$

$$f_\beta=\sum \beta_{测}-\sum \beta_{理}=-50''$$

$$f_{容}=\pm 60\sqrt{n}=\pm 60\sqrt{4}=\pm 120''$$

$$f_x=\sum \Delta x_{ij}=+0.09\ (\text{m}) \qquad f_y=\sum \Delta y_{ij}=-0.07\ (\text{m})$$

$$f_D=\sqrt{f_x^2+f_y^2}=\pm 0.11\ (\text{m})$$

$$K=\frac{0.11}{392.90}\approx \frac{1}{3572} \qquad K_{容}=\frac{1}{2000}$$

f_β 小于相应的容许值 $f_{\beta容}$，则将 f_β 反符号平均分配到各观测角值中，则得改正后的角值，改正后的角值之和应等于 $(n-2)\times180°$。

3. 坐标方位角的推算

根据起始边的坐标方位角及改正后的角值即可计算其他各条边的坐标方位角，其计算公式为

$$\alpha_{前} = \alpha_{后} + 180° + \beta_{左} \quad （适用于观测左角） \tag{6-11}$$

$$\alpha_{前} = \alpha_{后} + 180° - \beta_{右} \quad （适用于观测右角） \tag{6-12}$$

最后一条边的坐标方位角计算完后，由最后一条边的坐标方位角也可推求起始边的坐标方位角，应与起始边的已知坐标方位角相等。

4. 坐标增量的计算与调整

（1）坐标增量的计算。由坐标正算知，纵坐标增量及横坐标增量分别为

$$\Delta x_{ij} = D_{ij}\cos\alpha_{ij} \tag{6-13}$$

$$\Delta y_{ij} = D_{ij}\sin\alpha_{ij} \tag{6-14}$$

（2）坐标增量闭合差的计算与调整。对于闭合导线，从理论上讲，纵坐标增量及横坐标增量之和应等于零，但由于观测边长及推算的坐标方位角有误差，使得纵坐标增量及横坐标增量之和不等于零，其值分别称为纵坐标增量闭合差 f_x 和横坐标增量闭合差 f_y，即

$$f_x = \sum \Delta x_{ij} \tag{6-15}$$

$$f_y = \sum \Delta y_{ij} \tag{6-16}$$

由于 f_x 及 f_y 的存在，使得闭合导线不能闭合。由 f_x 及 f_y 可以计算导线全长闭合差 f_D，f_D 计算式为

$$f_D = \sqrt{f_x^2 + f_y^2} \tag{6-17}$$

f_D 的大小不能很好地反映导线测量的精度，一般将 f_D 与导线全长 $\sum D$ 之比 K 作为衡量导线测量精度的标准，K 称为导线全长相对闭合差，且用分子为 1 的分数表示，即

$$K = \frac{f_D}{\sum D} = \frac{1}{\dfrac{\sum D}{f_D}} \tag{6-18}$$

K 值越小，则导线测量的精度就越高。对于不同等级的导线，导线全长相对闭合差的容许值参见表 6-3 及表 6-4。对于图根导线，其导线全长相对闭合差的容许值 $K_容$ 为 1/2000。若导线全长相对闭合差超过了相应的容许值，则观测成果不符合要求，需要重新观测。若导线全长相对闭合差小于相应的容许值，此时可将坐标增量闭合差按与边长成比例反符号分配到各个坐标增量中去，则有纵坐标增量改正数 Vx_{ij} 和横坐标增量改正数 Vy_{ij}，即

$$Vx_{ij} = -\frac{f_x}{\sum D}D_{ij} \tag{6-19}$$

$$Vy_{ij} = -\frac{f_y}{\sum D}D_{ij} \tag{6-20}$$

将 Vx_{ij} 及 Vy_{ij} 分别填入表 6-8 中的 7、8 两栏的右上方，且 Vx_{ij} 及 Vy_{ij} 的单位为 cm。

显然，Vx_{ij} 及 Vy_{ij} 分别满足

$$\sum Vx_{ij} = -f_x \tag{6-21}$$

$$\sum Vy_{ij} = -f_y \tag{6-22}$$

由 Vx_{ij} 及 Vy_{ij} 即可计算改正后的纵坐标增量和横坐标增量

$$\Delta\bar{x}_{ij} = \Delta x_{ij} + Vx_{ij} \tag{6-23}$$

$$\Delta\bar{y}_{ij} = \Delta y_{ij} + Vy_{ij} \tag{6-24}$$

显然，$\Delta\bar{x}_{ij}$ 及 $\Delta\bar{y}_{ij}$ 分别满足

$$\sum\Delta\bar{x}_{ij} = 0 \tag{6-25}$$

$$\sum\Delta\bar{y}_{ij} = 0 \tag{6-26}$$

5. 坐标的计算

根据起点 1 的已知坐标和改正后的坐标增量即可依次计算点 2、3、4 的坐标，即

$$x_j = x_i + \Delta\bar{x}_{ij} \tag{6-27}$$

$$y_j = y_i + \Delta\bar{y}_{ij} \tag{6-28}$$

由点 4 的坐标又可推算点 1 的坐标，应与点 1 的已知坐标相等。

（三）附合导线的计算

附合导线与闭合导线的计算步骤基本相同，只是角度闭合差和坐标增量闭合差的计算有所不同。

1. 角度闭合差的计算

如图 6-12 所示，由起始边的坐标方位角 α_{BA} 及观测左角 β_i 即可推算出终了边的坐标方位角 α'_{CD}，即

$$\alpha_{A1} = \alpha_{BA} + 180° + \beta_A$$

$$\alpha_{12} = \alpha_{A1} + 180° + \beta_1$$

$$\alpha_{23} = \alpha_{12} + 180° + \beta_2$$

$$\alpha_{34} = \alpha_{23} + 180° + \beta_3$$

$$\alpha_{4C} = \alpha_{34} + 180° + \beta_4$$

$$\alpha'_{CD} = \alpha_{4C} + 180° + \beta_C$$

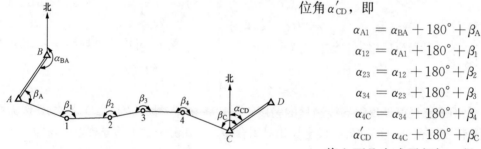

图 6-12　附合导线计算

将上面几个式子相加，得

$$\alpha'_{CD} = \alpha_{BA} + 6 \times 180° + \sum\beta_i \tag{6-29}$$

其中 α'_{CD} 应位于 $0°\sim360°$ 之间，若 $\alpha'_{CD} > 360°$，则应减若干个 $360°$。

由于观测角值有误差，使得 α'_{CD} 与终了边的已知坐标方位角 α_{CD} 不相等，则两者之差即为附合导线的角度闭合差，即

$$f_\beta = \alpha'_{CD} - \alpha_{CD} \tag{6-30}$$

附合导线角度闭合差的容许值与闭合导线相同。关于角度闭合差的调整，当用左角计算 α'_{CD} 时，改正数与 f_β 符号相反，当用右角计算 α'_{CD} 时，改正数与 f_β 符号相同。

2. 坐标增量闭合差的计算

对于附合导线，从理论上讲，纵坐标增量之和及横坐标增量之和应等于 C、A 两点的坐标之差，但由于观测边长及推算的坐标方位角有误差，使得纵坐标增量及横坐标增量之和不等于 C、A 两点的坐标之差，它们之差分别称为附合导线的纵坐标增量闭合差 f_x 和横坐标增量闭合差 f_y，即

$$f_x = \sum\Delta x_{ij} - (x_C - x_A) \tag{6-31}$$

$$f_y = \sum\Delta y_{ij} - (y_C - y_A) \tag{6-32}$$

附合导线坐标增量闭合差的调整方法与闭合导线相同。附合导线坐标计算见表 6-9。

表6-9

附合导线坐标计算表

点号	观测角值 (° ′ ″)	改正数 (″)	改正角值 (° ′ ″) 4=2+3	坐标方位角 (° ′ ″)	距离 (m)	坐标增量 Δx (m)	坐标增量 Δy (m)	改正后的坐标增量 Δx̄ (m)	改正后的坐标增量 Δȳ (m)	坐标值 x (m)	坐标值 y (m)	点号
1	2	3	4=2+3	5	6	7	8	9	10	11	12	13
B				237 59 30								
A	99 01 00	+6	99 01 06	157 00 36	225.85	+5; −207.91	−4; +88.21	−207.86	+88.17	2507.69	1215.63	A
1	167 45 36	+6	167 45 42	144 46 18	139.03	+3; −113.57	−3; +80.20	−113.54	+80.17	2299.83	1303.80	1
2	123 11 24	+6	123 11 30	87 57 48	172.57	+3; +6.13	−3; +172.46	+6.16	+172.43	2186.29	1383.97	2
3	189 20 36	+6	189 20 42	97 18 30	100.07	+2; −12.73	−2; +99.26	−12.71	+99.24	2192.45	1556.40	3
4	179 59 18	+6	179 59 24	97 17 54	102.48	+2; −13.02	−2; +101.65	−13.00	+101.63	2179.74	1655.64	4
C	129 27 24	+6	129 27 30	46 45 24						2166.74	1757.27	C
D												
总和	888 45 18	+36	888 45 54									

辅助计算

$\alpha'_{CD} = \alpha_{BA} + 6 \times 180° + \sum \beta_i$

$= 237°59'30'' + 6 \times 180° + 888°45'18'' - 6 \times 360°$

$= 46°44'48''$

$\alpha_{CD} = 46°45'24''$

$f_\beta = \alpha'_{CD} - \alpha_{CD}$

$= 46°44'48'' - 46°45'24''$

$= -36''$

$f_{容} = \pm 60''\sqrt{n} = \pm 60\sqrt{6} = \pm 147.0''$

$f_x = \sum \Delta x_{ij} - (x_C - x_A)$

$= -341.10 - (2166.74 - 2507.69)$

$= -0.15$ (m)

$f_y = \sum \Delta y_{ij} - (y_C - y_A)$

$= 541.78 - (1757.27 - 1215.63)$

$= +0.14$ (m)

$f_D = \sqrt{f_x^2 + f_y^2} = \pm 0.20$ (m)

$K = \dfrac{0.20}{740.00} \approx \dfrac{1}{3700}$

$K_{容} = \dfrac{1}{2000}$

第三节 交 会 定 点

当控制点的密度不能满足测图或施工放样的需要，此时可以以已有的控制点为基础，加密控制点。加密控制点的方法比较多，其中交会定点法是加密控制点的常用方法。它是根据已知控制点的坐标，通过观测水平角或水平距离确定加密点的坐标。交会定点分为测角交会法和距离交会法，测角交会法通过观测水平角确定加密点的坐标。测角交会法包括前方交会法［如图6-13（a）所示］、侧方交会法［如图6-13（b）所示］、单三角形法［如图6-13（c）所示］和后方交会法［如图6-13（d）所示］。距离交会法通过观测水平距离确定加密点的坐标［如图6-13（e）所示］。其中A、B、C为已知控制点，α、β、γ为观测的水平角，D_a、D_b为观测的水平距离，P为加密点。

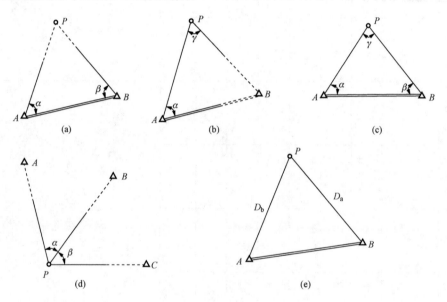

图 6-13　交会定点

（a）前方交会法；（b）侧方交会法；（c）单三角形法；（d）后方交会法；（e）距离交会法

本节主要介绍前方交会法和距离交会法的计算方法。

一、前方交会法

（一）计算公式

前方交会法如图6-14所示。已知A、B两点的坐标分别为x_A、y_A，x_B、y_B；A、B两点观测的水平角分别为α、β，由此即可计算P点的坐标x_P、y_P。

由图6-14知

$$x_P - x_A = D_{AP}\cos\alpha_{AP}$$
$$= \frac{D_{AB}\sin\beta}{\sin(\alpha+\beta)}\cos(\alpha_{AB}-\alpha)$$
$$= \frac{D_{AB}\sin\beta}{\sin\alpha\cos\beta+\cos\alpha\sin\beta}(\cos\alpha_{AB}\cos\alpha+\sin\alpha_{AB}\sin\alpha)$$

$$= \frac{\dfrac{D_{AB}\sin\beta}{\sin\alpha\sin\beta}}{\dfrac{\sin\alpha\cos\beta + \cos\alpha\sin\beta}{\sin\alpha\sin\beta}}(\cos\alpha_{AB}\cos\alpha + \sin\alpha_{AB}\sin\alpha)$$

$$= \frac{D_{AB}\cos\alpha_{AB}\cot\alpha + D_{AB}\sin\alpha_{AB}}{\cot\beta + \cot\alpha}$$

$$= \frac{(x_B - x_A)\cot\alpha + (y_B - y_A)}{\cot\alpha + \cot\beta}$$

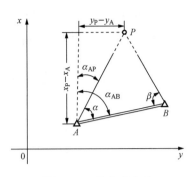

图 6-14　前方交会法

则

$$x_P = x_A + \frac{(x_B - x_A)\cot\alpha + (y_B - y_A)}{\cot\alpha + \cot\beta}$$

即

$$x_P = \frac{x_A\cot\beta + x_B\cot\alpha - y_A + y_B}{\cot\alpha + \cot\beta} \tag{6-33}$$

同理可得

$$y_P = \frac{y_A\cot\beta + y_B\cot\alpha + x_A - x_B}{\cot\alpha + \cot\beta} \tag{6-34}$$

（二）计算实例

为了提高前方交会法的点位精度，交会角 γ 最好为 $90°$，但一般不应小于 $30°$ 或大于 $120°$。为了避免错误的发生，一般采用三个已知点交会 P 点。

如表 6-10 前方交会计算表中略图所示，分别在已知点 A、B、C 三点观测水平角 α_1、β_1 及 α_2、β_2，由 A、B 点的坐标及水平角 α_1、β_1，可求出 P 点的一组坐标 x_{P1}、y_{P1}；由 B、C 点的坐标及水平角 α_2、β_2，又可求出 P 点的另一组坐标 x_{P2}、y_{P2}，由于 A、B、C 点的坐标及观测的水平角有误差，因此 P 点的两组坐标往往不相等，此时，可以算出 P 点两组坐标的较差 $f = \pm\sqrt{(x_{P2} - x_{P1})^2 + (y_{P2} - y_{P1})^2}$。对于图根控制测量，$f$ 应小于 $0.2M$，其中 M 为测图比例尺的分母。计算实例见表 6-10。

表 6-10　　　　　　　　　前 方 交 会 计 算 表

已知坐标	x_A	1659.232m	y_A	2355.537m	x_B	1406.593m	y_B	2654.051m
	x_B	1406.593m	y_B	2654.051m	x_C	1589.736m	y_C	2987.304m
观测值	α_1	69°11′04″	β_1	59°42′39″	α_2	51°15′22″	β_2	76°44′30″
计算值	x_{P1}	1869.200m	y_{P1}	2735.228m	x_{P2}	1869.208m	y_{P2}	2735.226m

略图		辅助计算	测图比例尺：1:500

辅助计算：

测图比例尺：1:500

$f = \pm\sqrt{(x_{P2} - x_{P1})^2 + (y_{P2} - y_{P1})^2}$
$= \pm\sqrt{0.008^2 + (-0.002)^2}\text{m}$
$\approx \pm 8\text{mm} < 0.2M = 0.2 \times 500 = 100\text{mm}$
$x_P = 1869.204\text{m}$　$y_P = 2735.227\text{m}$

二、距离交会法

（一）计算公式

如图 6-13（e）所示，已知 A、B 两点的坐标分别为 x_A、y_A；x_B、y_B，A、B 两点到 P

点的水平距离分别为 D_b 和 D_a，由此即可计算 P 点的坐标 x_P、y_P。

由图 6-13（e）知

$$\tan\alpha_{AB} = \frac{y_B - y_A}{x_B - x_A}$$

$$D_{AB} = \sqrt{(x_B - x_A)^2 + (y_B - y_A)^2}$$

$$\cos A = \frac{D_b^2 + D_{AB}^2 - D_a^2}{2D_b D_{AB}}$$

$$\alpha_{AP} = \alpha_{AB} - A$$

$$x_P = x_A + D_b \cos\alpha_{AP} \tag{6-35}$$

$$y_P = y_A + D_b \sin\alpha_{AP} \tag{6-36}$$

（二）计算实例

如表 6-11 距离交会计算表中略图所示，在已知点 A、B、C 三点分别观测 A、B、C 三点到 P 点的水平距离 D_{AP}、D_{BP}、D_{CP}。由 A、B 点的坐标及水平距离 D_{AP}、D_{BP}，可求出 P 点的一组坐标 x_{P1}、y_{P1}；由 B、C 点的坐标及水平距离 D_{BP}、D_{CP}，又可求出 P 点的另一组坐标 x_{P2}、y_{P2}。与前方交会法一样，可求出 P 点两组坐标的较差 f，f 的限差与前方交会法相同。计算实例见表 6-11。

表 6-11　　　　　　　　　距离交会计算表

已知坐标	x_A	524.767m	y_A	919.750m	x_B	479.593m	y_B	1217.407m
	x_B	479.593m	y_B	1217.407m	x_C	700.433m	y_C	1355.991m
观测值	D_{AP}	321.180m	D_{BP}	312.266m	D_{BP}	312.266m	D_{CP}	248.177m
计算值	x_{P1}	776.161m	y_{P1}	1119.644m	x_{P2}	776.163m	y_{P2}	1119.650m

略图	辅助计算
	测图比例尺：1∶500 $f = \pm\sqrt{(x_{P2} - x_{P1})^2 + (y_{P2} - y_{P1})^2}$ $= \pm\sqrt{0.002^2 + 0.006^2}\,\text{m}$ $\approx \pm 6\text{mm} < 0.2M = 0.2 \times 500 = 100\text{mm}$ $x_P = 776.162\text{m}\quad y_P = 1119.647\text{m}$

第四节　三、四等水准测量

三、四等水准测量除用于国家高程控制网的加密外，还用于建立小地区首级高程控制网，三、四等水准测量的起始高程一般从一、二等水准点引测。三、四等水准测量的有关技术要求参见表 6-7。

一、观测方法

三、四等水准测量与第二章介绍的一般水准测量方法基本相同，只是每一站要读八个数，有关的限差要求严格。与一般水准测量方法一样，观测之前，应转动脚螺旋，使圆水准器气泡居中。具体步骤如下：

第一步，瞄准后视尺的黑面，转动微倾螺旋，使符合水准管气泡居中，读取下丝（1）、上丝（2）、中丝（3）读数。

第二步，瞄准前视尺的黑面，转动微倾螺旋，使符合水准管气泡居中，读取下丝（4）、上丝（5）、中丝（6）读数。

第三步，瞄准前视尺的红面，转动微倾螺旋，使符合水准管气泡居中，读取中丝（7）读数。

第四步，瞄准后视尺的红面，转动微倾螺旋，使符合水准管气泡居中，读取中丝（8）读数。

上述（1）、（2）、…、（8）表示观测与记录的顺序。这种观测顺序简称为"后—前—前—后"，其优点是可以大大削弱仪器下沉对观测高差的影响。对于四等水准测量，为了提高观测速度，可以采用"后—后—前—前"的观测顺序。

每一测站观测完毕后，应进行一个测站的相关计算，如果观测数据符合相关要求，即可搬至下一站进行观测，否则，应重新观测，直至观测数据符合相关要求为止。

二、测站计算与校核

（一）视距部分

$$后视距离(9)＝100×[(1)－(2)]$$
$$前视距离(10)＝100×[(4)－(5)]$$

对于三等水准测量，（9）、（10）应小于 65m，对于四等水准测量，（9）、（10）应小于 80m。

$$视距差(11)＝(9)－(10)$$

对于三等水准测量，（11）的绝对值不得超过 3m；对于四等水准测量，（11）的绝对值不得超过 5m。

$$视距累积差(12)＝上一站(12)＋本站(11)$$

对于三等水准测量，（12）的绝对值不得超过 6m，对于四等水准测量，（12）的绝对值不得超过 10m。

（二）高差部分

$$后视尺黑面红面读数差(13)＝K_1＋(3)－(8)$$
$$前视尺黑面红面读数差(14)＝K_2＋(6)－(7)$$

式中：K_1、K_2 分别为后视尺、前视尺红面底部的起始读数，也称尺常数，其值分别为 4.687m 和 4.787m，且两者之差为 0.1m。

对于三等水准测量，（13）、（14）的绝对值不得超过 2mm；对于四等水准测量，（13）、（14）的绝对值不得超过 3mm。

$$黑面高差(16)＝(3)－(6)$$
$$红面高差(17)＝(8)－(7)$$
$$黑面红面高差之差(15)＝(16)－[(17)±0.1]＝(13)－(14)$$

上式中，出现"±"的原因是后视尺与前视尺的尺常数相差 0.1m，若（17）＞（16）取"－"，若（17）＜（16）取"＋"。

对于三等水准测量，（15）的绝对值不得超过 3mm，对于四等水准测量，（15）的绝对值不得超过 5mm。

$$高差中数(18) = \frac{1}{2}\big[(16)+(17)\pm 0.1\big]$$

上式中，"±" 的取法同 (15)。

表 6-12 所示为三、四等水准测量手簿。

表 6-12　　　　　　　　　　三、四等水准测量手簿

测站编号	点号	后尺 下丝		前尺 下丝		方向及尺号	水准尺读数 (m)		K+黑-红 (mm)	高差中数 (m)
		后尺 上丝		前尺 上丝						
		后视距离（m）		前视距离（m）			黑面	红面		
		视距差（m）		视距累积差（m）						
		(1)		(4)		后	(3)	(8)	(13)	
		(2)		(5)		前	(6)	(7)	(14)	
		(9)		(10)		后—前	(16)	(17)	(15)	(18)
		(11)		(12)						
1	Ⅱ3～TP₁	1.614		0.774		后1	1.384	6.171	0	
		1.156		0.326		前2	0.551	5.239	−1	
		45.8		44.8		后—前	0.833	0.932	+1	0.8325
		+1.0		+1.0						
2	TP₁～TP₂	2.188		2.252		后2	1.934	6.622	−1	
		1.682		1.758		前1	2.008	6.796	−1	
		50.6		49.4		后—前	−0.074	−0.174	0	−0.0740
		+1.2		+2.2						
3	TP₂～TP₃	1.922		2.066		后1	1.726	6.512	+1	
		1.529		1.668		前2	1.866	6.554	−1	
		39.3		39.8		后—前	−0.140	−0.042	+2	−0.1410
		−0.5		+1.7						
4	TP₃～Ⅱ4	2.041		2.220		后2	1.832	6.520	−1	
		1.622		1.790		前1	2.007	6.793	+1	
		41.9		43.0		后—前	−0.175	−0.273	−2	−0.1740
		−1.1		+0.6						
备注	1号尺、2号尺的尺常数分别为：$K_1=4.787$m，$K_2=4.687$m									
每页校核	$\sum(9)=177.6$m　　　　　$\sum(3)=6.876$m　　　　　$\sum(8)=25.825$m $\sum(10)=177.0$m　　　　$\sum(6)=6.432$m　　　　$\sum(7)=25.382$m $\sum(9)-\sum(10)=$第4站(12)　　$\sum(3)-\sum(6)=\sum(16)$　　$\sum(8)-\sum(7)=\sum(17)$ 　　　　$=+0.6$m　　　　　　　　$=+0.444$m　　　　　　　　$=+0.443$m $L=\sum(9)+\sum(10)=354.6$m　　$\frac{1}{2}\big[\sum(16)+\sum(17)\big]=\sum(18)=0.4435$m									

三、每页的计算与校核

当整个水准路线观测完毕后，应逐页进行校核，避免计算错误的发生。

对于高差：

当测站总数为奇数站时，应有下式成立，即

$$\sum(16)+\sum(17)\pm0.1=2\sum(18)$$

当测站总数为偶数站时，应有下式成立，即

$$\sum(16)+\sum(17)=2\sum(18)$$

对于视距，应有下式成立，即

$$\sum(9)-\sum(10)=最后一站的(12)$$

上述检核无误后，即可计算总视距，则

$$L=\sum(9)+\sum(10)$$

四、成果计算

对于附合水准路线或闭合水准路线，成果计算方法与第二章介绍的方法基本相同。对于水准网，一般采用严密平差法进行成果计算。

第五节　三角高程测量

当地面起伏变化较大时，用水准测量的方法进行高程测量往往比较困难，此时，可以采用三角高程测量的方法观测高程，随着高精度测距仪及全站仪的普遍使用，采用一定的观测方法，三角高程测量法可以替代部分低等级水准测量。

一、三角高程测量原理

三角高程测量是根据两点间的水平距离以及竖直角，按照三角公式计算两点间的高差，最后求某点高程的方法。

三角高程测量如图 6-15 所示，在已知高程点 A 上安置经纬仪，在 B 点竖立花杆，瞄准花杆顶部，测出竖直角 α，若 A、B 两点间的水平距离为 D，则 A、B 两点间的高差为

$$h=D\tan\alpha+i-s \qquad (6-37)$$

式中：i 为仪器高，s 为花杆的长度。若 A 点的高程为 H_A，则 B 点的高程为

$$H_B=H_A+h \qquad (6-38)$$

当 A、B 两点之间的距离大于 300m 时，则式（6-37）应考虑地球曲率和大气折光的影响。地球曲率的影响用 f_1 表示，大气折光的影响用 f_2 表示，由图 6-16 知，由于地球曲率和大气折光的影响，则 A、B 两点间的高差应为

$$h=D\tan\alpha+i-s+(f_1-f_2) \quad (6-39)$$

由第一章知，地球曲率的影响为

$$f_1=\frac{D^2}{2R} \qquad (6-40)$$

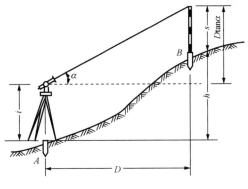

图 6-15　三角高程测量

其中 R 为地球的平均半径，其值为 6371km，而大气折光的影响 f_2 近似等于 f_1 的 1/7，即

$$f_2\approx\frac{1}{7}f_1 \qquad (6-41)$$

令

$$f=f_1-f_2 (f 称为球气差改正)$$

则

$$f=\frac{D^2}{2R}-\frac{D^2}{14R}=0.43\frac{D^2}{R}$$

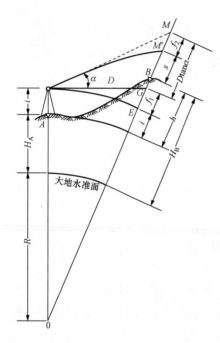

图 6-16　地球曲率和大气折光

这里需要指出，式（6-41）仅仅是一个近似值，因为不同的地方及同一地方的不同时段，大气折光对高差的影响不尽相同，很难用数学式子对它进行描述。

三角高程测量一般应进行往返观测，即由 A 向 B 观测（称为直觇），再由 B 向 A 观测（称为反觇），这种观测方法称为对向观测，或称双向观测。采用对向观测的方法可以消除地球曲率对观测高差的影响，同时可以削弱大气折光对观测高差的影响，从而提高观测精度。

二、三角高程测量的观测与计算

（一）三角高程测量的观测

（1）将经纬仪安置在 A 点，对中、整平，测量仪器高 i 及花杆高 s。

（2）用中丝与花杆的顶端相切，转动竖盘指标水准管微动螺旋，使竖盘指标水准管气泡居中，读取竖盘读数，计算竖直角。为了消除指标差，应使用盘左、盘右观测竖直角。

（3）竖直角观测应满足表 6-13 中相关的技术要求。

（4）测出 A、B 两点间的水平距离。

表 6-13　　　　　三角高程测量中竖直角观测的技术要求

等　级　　　　仪器 项目	一、二级小三角		一、二、三级导线		图根控制
	DJ2	DJ6	DJ2	DJ6	DJ6
测　回　数	2	4	1	2	1
各测回竖直角互差限差	15″	25″	15″（指标差互差限差）	25″	25″（指标差互差限差）

（二）三角高程测量的计算

在三角高程测量中，进行对向观测时，往返观测高差（经球气差改正后）之差应小于 $0.1D$（D 为两点之间的水平距离，km），若满足要求，则取往返观测高差的平均值作为最后高差。三角高程测量时，应组成闭合或附合路线，其高差（取平均值后）闭合差应小于下列容许值。

$$f_{容} = \pm 0.05 \sqrt{\sum D^2} \quad \text{m} \quad (6-42)$$

式中：D 的单位仍为 km。

若高差闭合差小于容许值 $f_{容}$，则将高差闭合差按与边长成比例反符号分配到各个高差中去，最后推求各点的高程。

三角高程测量计算表如表 6-14 所示。

表 6-14　　三角高程测量计算表

起　算　点	A	
待　求　点	B	
觇　　法	直觇	反觇
水平距离 D（m）	581.38	581.38
竖直角 α	11°38′30″	−11°24′00″
仪器高 i（m）	1.44	1.49
目标高 s（m）	2.50	3.00
球气差改正（m）	0.02	0.02
高差（m）	118.74	−118.72
平均高差（m）	118.73	

习 题

6-1 地形测量和施工放样时，为什么要建立控制网？控制网分为哪两类？

6-2 小区域平面控制测量有哪些方法，各有什么优缺点？各种方法的适用条件是什么？

6-3 设 A 点的坐标为 $x_A = 456.484$m、$y_A = 165.201$m，直线 AB 的坐标方位角为 $44°21'42''$，直线 AB 的水平距离为 176.338m。试求 B 点的坐标，并绘出草图。

6-4 设 A 点及 B 点的坐标分别为 $x_A = 763.482$m、$y_A = 305.206$m，$x_B = 308.370$m，$y_B = 482.641$m。试求 A、B 两点之间的水平距离及 AB 边的坐标方位角。

6-5 如图 6-17 所示，已知 $x_D = 5000.00$m，$y_D = 4000.00$m，$\alpha_{DA} = 133°47'$。试用表格计算 A、B、C 点的坐标。

6-6 如图 6-18 所示，已知 $x_B = 200.00$m、$y_B = 200.00$m，$x_C = 155.37$m，$y_C = 756.06$m，$\alpha_{AB} = 45°00'00''$、$\alpha_{CD} = 116°44'48''$。试用表格计算 1、2 点的坐标。

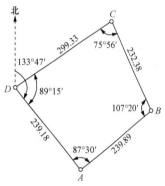

图 6-17 题 6-5 图

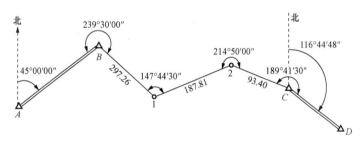

图 6-18 题 6-6 图

6-7 图 6-19 为角度前方交会法示意图。已知数据为：

$x_A = 3646.35$m；$x_B = 3873.96$m；$x_C = 4538.45$m。

$y_A = 1054.54$m；$y_B = 1772.68$m；$y_C = 1862.57$m。

观测数据为：

$\alpha_1 = 64°03'30''$；$\alpha_2 = 55°30'36''$。

$\beta_1 = 59°46'40''$；$\beta_2 = 72°44'47''$。

试计算 P 点的坐标 x_P、y_P。

6-8 图 6-20 为距离交会法示意图。已知数据为：

$x_A = 1223.453$m、$y_A = 462.838$，$x_B = 770.343$m，$y_B = 466.648$m，$x_C = 517.704$m、$y_C = 765.162$m。试计算 P 点的坐标 x_P、y_P。

6-9 写出三等水准测量的观测、记录和计算步骤。

6-10 完成表 6-15 所示的三等水准测量的有关计算。

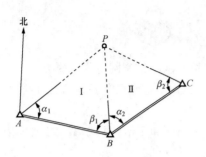

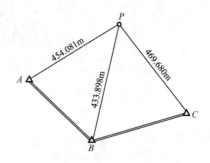

图 6-19　题 6-7 图　　　　　　　　图 6-20　题 6-8 图

表 6-15　　　　　　　　　　　　　**题 6-10 表**

测站编号	点　号	后尺 下丝 / 上丝 后视距离 (m) / 视距差 (m)	前尺 下丝 / 上丝 前视距离 (m) / 视距累积差 (m)	方向及尺号	水准尺读数 (m) 黑面	水准尺读数 (m) 红面	K＋黑－红 (mm)	平均高差 (m)
		(1)	(4)	后	(3)	(8)	(13)	
		(2)	(5)	前	(6)	(7)	(14)	
		(9)	(10)	后－前	(16)	(17)	(15)	(18)
		(11)	(12)					
1	A→B	1.473	1.508	后 1	1.233	6.020		
		1.003	1.042	前 2	1.275	5.961		
				后－前				
2	B→C	1.531	2.820	后 2	1.304	5.993		
		1.075	2.349	前 1	2.585	7.371		
				后－前				
备注	1 号尺、2 号尺的尺常数分别为：$K_1=4.787m$，$K_2=4.687m$							
每页校核								

6-11　采用直反觇进行三角高程测量时，已知 A 点的高程为 70.33m，AP 之间的水平距离为 213.64m，试由表 6-16 计算 P 点的高程。

表 6-16　　　　　　　　　　　　　**题 6-11 表**

测　站	目　标	竖直角 (° ′ ″)	仪器高 (m)	标杆高 (m)
A	P	3 36 12	1.48	2.00
P	A	−2 50 56	1.50	3.70

第七章　地形图的基本知识

第一节　地形图的比例尺

通过野外实地测绘，将地面上各种地物的平面位置按照一定的比例，用规定的符号缩绘到图纸上，并注记有代表性的高程点，这种图称为平面图；如果既表示出各种地物，又反映地面的高低起伏状态，这种图称为地形图。

地形图上一段直线的长度与地面上相应线段的实际水平长度之比，称为地形图的比例尺。

一、比例尺的种类

（一）数字比例尺

数字比例尺一般用分子为 1，分母为整数的分数表示。设图上某一直线的长度为 d，相应的实地水平长度为 D，则图的比例尺为

$$K = \frac{d}{D} = \frac{1}{\dfrac{D}{d}} = \frac{1}{M} \tag{7-1}$$

式中：M 为比例尺的分母。分母越大（分数值越小），则比例尺越小。

为了满足经济建设和国防建设的需要，国家相关部门测绘和编制了各种不同比例尺的地形图。通常称 1:100 万、1:50 万、1:20 万的地形图为小比例尺地形图；1:5 万、1:2.5 万的地形图为中比例尺地形图；1:1 万、1:5000、1:2000、1:1000 和 1:500 的地形图为大比例尺地形图。

（二）图示比例尺

为了用图方便以及减小由于图纸伸缩而引起的误差，在绘制地形图时，常在图上绘制图示比例尺。最常见的图示比例尺为直线比例尺。图 7-1 为 1:500 的直线比例尺，取 2cm 为基本单位，从直线比例尺上可直接读得基本单位的 1/10，估读到 1/100。

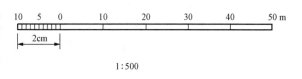

图 7-1　1:500 的直线比例尺

二、比例尺精度

人们用肉眼能分辨的图上最小距离为 0.1mm，因此，一般在图上度量或者实地测绘地形图时，就只能达到图上 0.1mm 的精确性。因此我们把图上 0.1mm 所表示的实地水平长度称为比例尺精度。比例尺越大，其比例尺精度也越高。不同比例尺的比例尺精度见表 7-1。

表 7-1　　　　　　　　　　　　比 例 尺 精 度

比 例 尺	1:500	1:1000	1:2000	1:5000	1:10000
比例尺精度（m）	0.05	0.1	0.2	0.5	1.0

比例尺精度的概念，对测图和用图都有重要的意义。例如在测绘 1:500 的图时，实地量

距只需取到 5cm，量距误差只要不超过 5cm 即可，因为量得再精细，在图上也无法表示出来。此外，当设计规定需在图上能量出的最短长度时，根据比例尺精度，可以确定测图比例尺。例如，要求在图上能反映地面上 10cm 的长度，则采用的比例尺不得小于 $\dfrac{0.1\text{mm}}{0.1\text{m}} = \dfrac{1}{1000}$。

地形图的比例尺越大，则反应的地物和地貌越详细，但一幅图所对应的地面面积也越小，而且测绘工作量会成倍地增加。因此，应根据实际需要的精度，选择相应的测图比例尺。

第二节　地形图的分幅和编号

为便于测绘、管理和使用地形图，需要将大面积范围内的各种比例尺地形图进行统一的分幅和编号。地形图分幅的方法分为两类：一类是按经纬线分幅的梯形分幅法（又称为国际分幅法）；另一类是按坐标格网分幅的矩形分幅法。前者用于国家基本图的分幅，后者则用于工程建设大比例尺地形图的分幅。

一、地形图的梯形分幅和编号

（一）1∶100 万地形图的分幅和编号

1∶100 万地形图的分幅与编号采用国际 1∶100 万地图会议（1913 年，巴黎）的规定进行分幅与编号。标准分幅的经差是 6°、纬差是 4°。由于随着纬度的增高地形图面积迅速缩小，所以规定在纬度 60°～76°之间双幅合并，即每幅图经差 12°、纬差 4°。在纬度 76°～88°之间由四幅合并，即每幅图经差 24°、纬差 4°。纬度 88°以上单独为一幅。我国处于纬度 60°以下，故没有合幅的问题。

如图 7-2 所示，从赤道起，以纬差 4°为一列，至北（南）纬 88°，各为 22 列，依次用英文字母 A，B，C，…，V 表示其相应的列号，列号前分别冠以 N 和 S，用于区别北半球和南半球（我国地处北半球，图号前的 N 全部省略）的图幅。从 180°的经线起，自西向东以经差 6°为一行，将全球分为 60 行，依次用 1，2，3，…，60 来表示。"列号—行号"相结合，即为该图幅的编号。例如北京某地的经度为东经 116°24′20″，纬度为北纬 39°56′30″，则所在的 1∶100 万比例尺图的图号为 J-50，如图 7-2 所示。

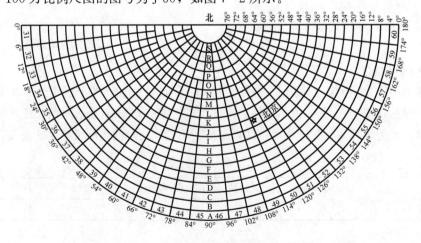

图 7-2　北半球东侧 1∶100 万地形图的国际分幅与编号

（二）1：50 万、1：25 万、1：10 万地形图的分幅与编号

这三种地形图的编号都是在 1：100 万图号后分别加上自己的代号所成，如图 7-3 所示。

每一幅 1：100 万的地形图分为 2 行 2 列，共 4 幅 1：50 万的地形图，分别以 A、B、C、D 为代号，例如 J-50-A.

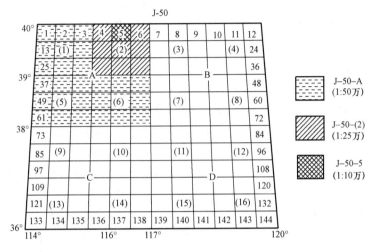

图 7-3 1：50 万、1：25 万、1：10 万地形图的分幅与编号

每一幅 1：100 万的地形图分为 4 行 4 列，共 16 幅 1：25 万的地形图，分别以（1），（2），…，（16）为代号，例如 J-50-（2）。

每一幅 1：100 万的地形图分为 12 行 12 列，共 144 幅 1：10 万的地形图，分别以 1，2，3，…，144 为代号，例如 J-50-5。

每幅 1：50 万的地形图包含 4 幅 1：25 万的地形图、36 幅 1：10 万的地形图；每幅 1：25 万的地形图包含 9 幅 1：10 万的地形图，但它们的图号间没有直接的联系。

（三）1：5 万和 1：2.5 万地形图的分幅与编号

这两种地形图的图号以 1：10 万的地形图的图号为基础进行编号，如图 7-4 所示。

每幅 1：10 万地形图分为 2 行 2 列，共 4 幅 1：5 万的地形图，分别以 A、B、C、D

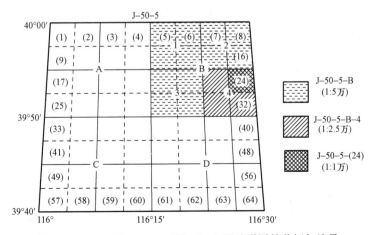

图 7-4 1：5 万、1：2.5 万、1：1 万地形图的分幅与编号

为代号，其图号是在 1：10 万地形图图号后加上各自的代号而成，例如 J-50-5-B。

每幅 1：5 万的地形图分为 2 行 2 列，共 4 幅 1：2.5 万的地形图，分别以 1，2，3，4 为代号，其图号是在 1：5 万的地形图图号后再加上各自的代号而成，例如 J-50-5-B-4。

（四）1：1 万地形图的分幅与编号

每幅 1：10 万的地形图分为 8 行 8 列，共 64 幅 1：1 万的地形图，分别以（1），（2），（3），…，（64）为代号，其图号是在 1：10 万的地形图图号后加上各自的代号而成，例如 J-50-5-(24)。

二、国家基本比例尺地形图新的分幅与编号

我国 1992 年 12 月发布了《国家基本比例尺地形图分幅和编号》（GB/T 13989—1992）的国家标准，自 1993 年 3 月起实施。新测和更新的基本比例尺地形图，均须按照此标准进行分幅和编号。新的分幅和编号方法对照以前的分幅和编号方法有以下特点：

（1）1：5000 地形图列入国家基本比例尺地形图系列，使基本比例尺地形图增至 8 种。

（2）分幅虽仍以 1：100 万地形图为基础，经纬差也没有改变，但划分的方法不同，即全部由 1：100 万地形图逐次加密划分而成，此外，过去的列、行现在改称为行、列。

（3）编号仍以 1：100 万地形图编号为基础，后接相应比例尺的行、列代码，并增加了比例尺代码。因此，所有 1：5000～1：50 万地形图的图号均由 5 个元素 10 位代码组成，编码系列统一为一个根部，编码长度相同，计算机处理和识别十分方便。

（一）分幅

1：100 万地形图的分幅按照国际 1：100 万地形图分幅的标准进行。

每幅 1：100 万的地形图划分为 2 行 2 列，共 4 幅 1：50 万的地形图，每幅 1：50 万的地形图的分幅为经差 3°、纬差 2°。

每幅 1：100 万的地形图划分为 4 行 4 列，共 16 幅 1：25 万的地形图，每幅 1：25 万的地形图的分幅为经差 1°30′、纬差 1°。

每幅 1：100 万的地形图划分为 12 行 12 列，共 144 幅 1：10 万的地形图，每幅 1：10 万的地形图的分幅为经差 30′、纬差 20′。

每幅 1：100 万的地形图划分为 24 行 24 列，共 576 幅 1：5 万的地形图，每幅 1：5 万的地形图的分幅为经差 15′、纬差 10′。

每幅 1：100 万的地形图划分为 48 行 48 列，共 2304 幅 1：2.5 万的地形图，每幅 1：2.5万的地形图的分幅为经差 7′30″、纬差 5′。

每幅 1：100 万的地形图划分为 96 行 96 列，共 9216 幅 1：1 万的地形图，每幅 1：1 万的地形图的分幅为经差 3′45″、纬差 2′30″。

每幅 1：100 万的地形图划分为 192 行 192 列，共 36864 幅 1：5000 的地形图，每幅 1：5000的地形图的分幅为经差 1′52″.5、纬差 1′15″。

不同比例尺的地形图的经纬差、行列数和图幅数成简单的倍数关系，如图 7-5 所示。

（二）编号

1. 1：100 万地形图的编号

该编号与图 7-2 所示方法基本相同，只是行和列的称谓相反。1：100 万地形图的图号是由该图所在的行号（字符码）与列号（数字码）组合而成，如北京所在的 1：100 万地形图的图号为 J50。

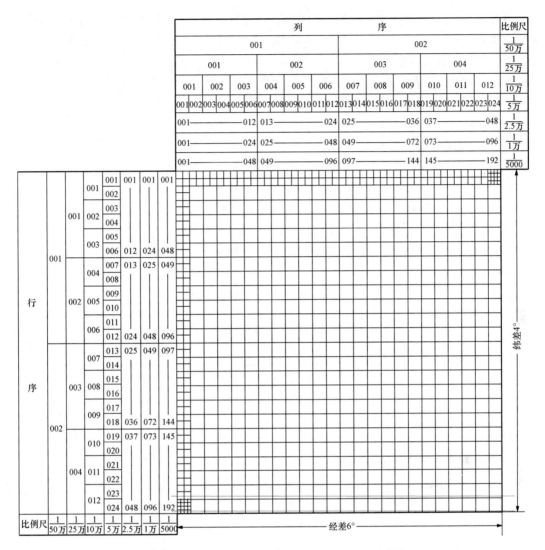

图 7-5　1：100 万～1：5000 地形图的行、列编号

2. 1：50 万～1：5000 地形图的编号

1：50 万～1：5000 地形图的编号均以 1：100 万地形图编号为基础，采用行列式编号方法。将 1：100 万地形图按所含各比例尺地形图的经差和纬差划分成若干行和列，行从上到下、列从左到右按顺序分别用阿拉伯数字（数字码）编号。图幅编号的行、列代码均采用三位十进制数表示，不足三位时前面补 0，取行号在前、列号在后的排列形式标记，加在1：100 万图幅的图号之后。

为了不混淆各种比例尺，分别采用不同的英文字符作为各种比例尺的代码。我国基本比例尺代码见表 7-2。

表 7-2　　　　　　　　　　　　我国基本比例尺代码

比例尺	1：50 万	1：25 万	1：10 万	1：5 万	1：2.5 万	1：1 万	1：5000
代　码	B	C	D	E	F	G	H

　　1：50 万～1：5000 比例尺地形图的编号均由 5 个元素 10 位代码构成，即 1：100 万图的行号（字符码）1 位，列号（数字码）2 位，比例尺代码（字符）1 位，该图幅的行号（数字码）3 位，列号（数字码）3 位。如某幅 1：5000 的地形图的图号为 J50H003075，J50 表示这幅 1：5000 的地形图包含在行号为 J、列号为 50 的 1：100 万的地形图中，H 表示该图幅是 1：5000 的地形图，003075 表示把图号为 J50 的 1：100 万的地形图划分为 192 行 192 列时，该图幅位于其中的第 3 行第 75 列，其他比例尺的地形图的编号方法与此例相似。

三、矩形分幅和编号

　　为了满足工程设计、施工及管理的需要，测绘的 1：500、1：1000、1：2000 和小区域 1：5000 比例尺的地形图，一般采用矩形分幅，图幅一般为 50cm×50cm 或 40cm×50cm，以纵横坐标的整公里数或整百米数作为图幅的分界线。50cm×50cm 图幅最常用。一幅 1：5000 的地形图分成四幅 1：2000 的地形图；一幅 1：2000 的地形图分成四幅 1：1000 的地形图；一幅 1：1000 的地形图分成四幅 1：500 的地形图。各种比例尺地形图的矩形分幅及图幅面积见表 7-3。

表 7-3　　　　　　　　　　各种比例尺地形图的矩形分幅及图幅面积

比例尺	50×40 分幅		50×50 分幅		
	图幅面积 (cm×cm)	实地面积 (km×km)	图幅面积 (cm×cm)	实地面积 (km×km)	一幅 1：5000 图 所含幅数
1：5000	50×40	5	40×40	4	1
1：2000	50×40	0.8	50×50	1	4
1：1000	50×40	0.2	50×50	0.25	16
1：500	50×40	0.05	50×50	0.0625	64

　　矩形图幅的编号，一般采用该图幅西南角的 x 坐标和 y 坐标以 km 为单位，x、y 之间用连字符连接。如一图幅，其西南角的坐标为 $x=3810.0$km，$y=25.5$km，其编号为 3810.0—25.5。编号时：1：5000 的地形图，坐标取至 1km；1：2000、1：1000 的地形图，坐标取至 0.1km；1：500 的地形图，坐标取至 0.01km。对于小面积测图，还可以采用其他的方法进行编号。例如，按行列式或按自然序数法编号。对于较大测区，测区内有多种测图比例尺时，应进行系统编号。

　　有时在某些测区，根据用户要求，需要测绘几种不同比例尺的地形图。在这种情况下，

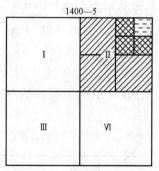

图 7-6　1：500～1：2000 地形图的分幅与编号

为了便于地形图的测绘、拼接、管理、存档与应用，应以最小比例尺地形图的矩形分幅为基础，进行地形图的分幅与编号。如测区内要分别测绘 1：500、1：1000、1：2000、1：5000 比例尺的地形图（可能不完全重叠），则应以 1：5000 比例尺的地形图为基础，进行 1：2000 和大于 1：2000 地形图的分幅与编号。1：500～1：2000 地形图分幅与编号如图 7-6 所示。1：5000 图幅的西南角坐标为 $x=4400$km，$y=38$km，其编号为 4400—38。1：2000 图幅的编号是在 1：5000 图幅编号后面加上罗马数字 Ⅰ、Ⅱ、Ⅲ 或 Ⅳ，如右上角一幅图的图号为 4400—38—Ⅱ；1：1000 图幅的编号是在 1：2000 图幅编号后

面加罗马数字，如右上角一幅图的图号为 4400—38—Ⅱ—Ⅱ；1∶500 图幅的编号是在 1∶1000 图幅编号后面加罗马数字，如右上角一幅图的图号为 4400—38—Ⅱ—Ⅱ—Ⅱ。

第三节　地形图图外注记

为了图纸管理和使用的方便，在地形图的图框外有许多注记，如图名、图号、接图表、图廓、坐标格网、三北方向线等。

一、图名和图号

图名就是本幅图的名称，常用本图幅内最知名的地名、村庄或厂矿企业的名称来命名。图号即图的编号，每幅图上标注的图号可以确定本幅地形图所在的位置。图名和图号标注在图廓上方的中央。

二、接图表

接图表说明本图幅与相邻图幅的位置关系，供索取相邻图幅时使用。中间一格画有斜线的代表本图幅，四邻分别注明相应图幅的图号或图名，接图表绘注在图廓的左上方。

三、图廓和坐标格网线

图廓是图幅四周的范围线，它有内图廓和外图廓之分。内图廓是地形图分幅时的坐标格网或经纬线。外图廓是距内图廓以外一定距离绘制的加粗平行线，仅起装饰作用。在内图廓外四角处注有坐标值，并在内图廓线内侧，每隔 10cm 绘有 5mm 的短线，表示坐标格网线的位置。在图幅内绘有每隔 10cm 的坐标格网交叉点。图廓及坐标格网线如图 7-7 所示。

内图廓以内的内容是地形图的主体信息，包括坐标格网或经纬网、地物符号、地貌符号和注记符号等。比例尺大于 1∶10 万的地形图只绘制坐标格网。

四、三北方向线及坡度尺

在中、小比例尺的南图廓线的右下方，还绘有真子午线、磁子午线和坐标纵轴（中央子午线）三个方向之间的角度关系，称为三北方向图，如图 7-8 所示。该图中，磁偏角为 9°50′（西偏），坐标纵轴对真子午线的子午线收敛角为 0°05′（西偏）。利用该关系图，可对图上任一方向的真方位角、磁方位角和坐标方位角三者间作相互换算。

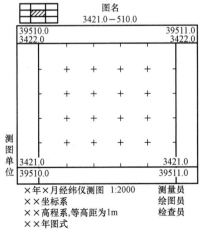

图 7-7　图廓及坐标格网线

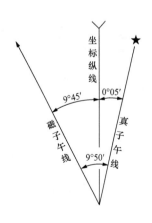

图 7-8　三北方向图

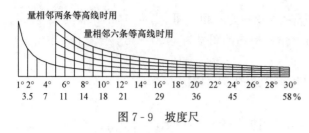

量相邻两条等高线时用

量相邻六条等高线时用

图 7-9　坡度尺

用于在地形图上量算坡度的坡度尺，绘制在南图廓外直线比例尺的左边。坡度尺的水平底线下面注有两行数字，上行是用坡度角表示的坡度，下行是坡度角的正切函数值，如图 7-9 所示。

五、坐标系统和高程系统

每幅地形图测绘完成后，都要在图上标注采用的坐标系统和高程系统，以备日后使用时参考。

坐标系统包括 1980 年国家大地坐标系、城市坐标系、独立平面直角坐标系等。

高程系统包括 1985 年国家高程基准系统和假定高程系统。

坐标系统和高程系统标注在地形图外图廓左下方。

六、成图方法和测绘单位

地形图成图的方法包括航空摄影成图、经纬仪测绘法成图、平板仪测量成图和野外数字测量成图。成图方法标注在外图廓左下方。

此外，地形图还应标注测绘单位、成图日期等。

第四节　地　形　图　图　式

为了规范地形测量行为，国家测绘局颁发了《地形图图式》。《地形图图式》上规定了各种地物和地貌在相关比例尺地形图上的表示方法。《地形图图式》中的符号分为地物符号、地貌符号和注记符号。

一、地物符号

表 7-4 是对 1∶500、1∶1000 和 1∶2000 地形图所规定的部分地物符号。地物符号分为以下三种类型。

表 7-4　　　　　　　　　地　物　符　号

编号	符号名称	图　例	编号	符号名称	图　例
1	坚固房屋 7. 房屋层数	混凝土7　　1.5	5	花圃	1.5　　　10.0 1.5　　　10.0
2	普通房屋 2. 房屋层数	2　　　1.5	6	草地	1.5　　　10.0 0.8　　10.0
3	窑洞 1. 住人的 2. 不住人的 3. 地下的	1　2.5　2 2.0 3	7	经济作物地	0.8　3.0　10.0 蔗　　10.0
4	台阶	0.5 0.5　　0.5			

编号	符号名称	图　例	编号	符号名称	图　例
8	水生经济作物地	3.0 藕　0.5	22	沟　渠 1. 有堤岸的 2. 一般的 3. 有沟堑的	1　　2　0.3　　3
9	水稻田	2.0　10.0　10.0	23	公　路	0.3　沥 砾　0.3
10	旱　地	1.0　2.0　10.0　10.0	24	简易公路	8.0　2.0
11	灌木林	0.5　1.0	25	大车路	0.15　碎石　0.3
12	菜　地	2.0　2.0　10.0	26	小　路	4.0　1.0　0.3
13	高压线	4.0	27	三角点 凤凰山—点名 294.468 高程	凤凰山 294.468　3.0
14	低压线	4.0	28	图根点 1. 埋石的 2. 不埋石的	1　2.0　N16 74.46　2　1.5　25 82.74　2.5
15	电　杆	1.0　o	29	水准点	2.0　Ⅱ京石 42.804
16	电线架		30	旗　杆	1.5　1.0　4.0　1.0
17	砖、石及混凝土围墙	10.0　0.5　10.0　0.3	31	水　塔	2.0　3.0　1.0　1.2
18	土围墙	10.0　0.5	32	烟　囱	3.5　1.0
19	栅栏、栏杆	1.0　10.0	33	气象站（台）	3.0　4.0　1.2
20	篱　笆	1.0　10.0			
21	活树篱笆	3.5　0.5　10.0　1.0　0.8			

编号	符号名称	图　例	编号	符号名称	图　例
34	消火栓	1.5 1.5　　2.0	39	独立树 1. 阔叶 2. 针叶	1.5 1　3.0 0.7 2　3.0 0.7
35	阀　门	1.5 1.5　　2.0	40	岗亭、岗楼	90° 3.0 1.5
36	水龙头	3.5　　2.0 1.2	41	等高线 1. 首曲线 2. 计曲线 3. 间曲线	0.15　　　　　1 0.3　　85　　2 6.0 0.15　　　　3 1.0
37	钻　孔	3.0　　1.0			
38	路　灯	1.5 1.0			

（一）比例符号

能按测图比例尺缩小的地物符号称为比例符号。如房屋、湖泊、森林、农田等。

（二）非比例符号

一些地物如控制点、路灯、电杆等，其尺寸相对较小，不能按测图比例尺缩小，则不考虑其实际大小而用规定的符号表示，这种符号称为非比例符号。非比例符号在图上只能表示地物的位置，不能表示地物的形状和大小。

（三）半比例符号

一些呈线状延伸的地物，如围墙、管道等，其长度能按测图比例尺缩绘，而宽度不能按测图比例尺缩绘，反映这种地物的符号称为半比例符号。半比例符号只能表示地物的长度，不能表示地物的宽度。

二、注记符号

有些地物，除用相应的符号表示外，对于地物的性质、名称等还需要用文字或数字加以标注和说明，称为注记符号。例如工厂、村庄的名称，房屋的层数，河流的名称、流向、深度，控制点的点号等。有些地貌，如计曲线的高程，往往需要用注记符号进行注记。

需要指出的是，比例符号与半比例符号的使用界限是相对的。如铁路等地物，在1∶500比例尺的地形图上用比例符号表示，但在1∶5000比例尺及以上的地形图上用半比例符号表示。同样，有些地物，在大比例尺地形图上用比例符号表示，但在中小比例尺地形图上则用非比例符号表示。一般而言，测图比例尺越大，用比例符号表示的地物越多；比例尺越小，用非比例符号表示的地物越多。

三、地貌符号

图上表示地貌的方法有多种，对于大、中比例尺地形图主要采用等高线表示。对于特殊地貌则采用特殊符号表示。

（一）等高线的概念

设想有一座高出水面的小山，与某一静止的水面相交形成的水涯线为一闭合曲线，曲线的形状随小山与水面相交的位置而定，曲线上各点的高程相等。例如，当水面高为50m时，曲线上任一点的高程均为50m；若水位继续升高至51、52m，则曲线的高程分别为51、52m。将这些曲线垂直投影到水平面 H 上，并按一定的比例尺缩绘在图纸上，就得到图纸上的一些闭合曲线，这些闭合曲线称为等高线，换句话讲，等高线是由地面上高程相同的相邻点连成的闭合曲线。

相邻等高线之间的高差称为等高距。图7-10中的等高距 h 是1m。在同一幅地形图上，等高距是相同的。相邻等高线之间的水平距离称为等高线平距，等高线平距越大，表示地面坡度越平缓。

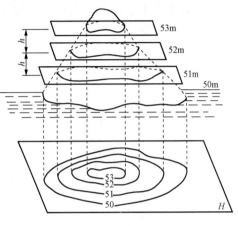

图7-10　等高线的概念

（二）典型地貌的等高线

地貌的形态繁多，通过仔细研究和分析可以发现它们是由几种典型的地貌综合而成。了解和熟悉用等高线表示典型地貌的特征，有助于识读、应用和测绘地形图。

1. 山头和洼地

图7-11所示为山头等高线，图7-12所示为洼地等高线。山头与洼地的等高线都是一组闭合曲线，但它们的高程注记不同。内圈等高线的高程注记大于外圈者为山头；反之，为洼地。也可以用示坡线表示山头或洼地。示坡线是垂直于等高线的短线，用以指示坡度下降的方向。如图7-11、图7-12所示，示坡线一般绘在最内圈上。

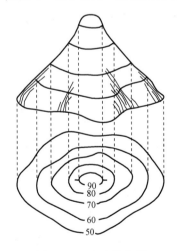

图7-11　山头等高线

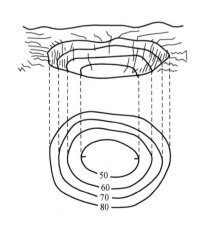

图7-12　洼地等高线

2. 山脊和山谷

山的最高部分为山顶，有尖顶、圆顶、平顶等形态，尖峭的山顶叫山峰。山顶向一个方向延伸的凸棱部分称为山脊。山脊最高点的连线称为山脊线。山脊的等高线表现为一组凸向低处的曲线（见图 7-13）。

相邻山脊之间的凹部称为山谷。山谷中最低点的连线称为山谷线。山谷的等高线表现为一组凸向高处的曲线（见图 7-14）。

在山脊上，雨水以山脊线为分界线而流向山脊的两侧，所以山脊线又称为分水线。在山谷中，雨水由两侧山坡汇集到谷底，然后沿山谷线流出，所以山谷线又称为集水线。山脊线和山谷线总称为地性线。

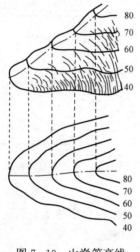

图 7-13 山脊等高线

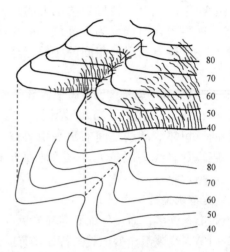

图 7-14 山谷等高线

3. 鞍部

鞍部是相邻两山头之间呈马鞍形的低凹部位（如图 7-15 中的 s）。鞍部等高线的特点是在一圈大的闭合曲线内，套有两组小的闭合曲线。

4. 陡崖和悬崖

陡崖是指坡度为 70°以上的陡峭崖壁，若用等高线表示将非常密集或重合为一条线，因此采用特殊的符号表示，如图 7-16（a）、（b）所示。

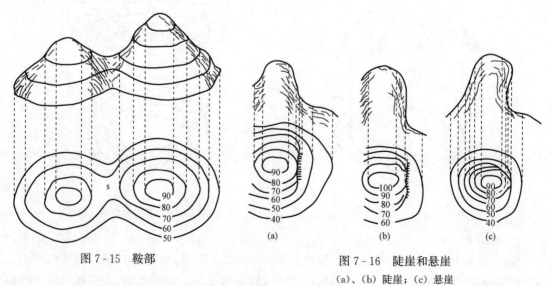

图 7-15 鞍部

图 7-16 陡崖和悬崖
（a）、（b）陡崖；（c）悬崖

悬崖是上部突出，下部凹进的陡崖。上部的等高线投影到水平面时，与下部的等高线相交，下部凹进的等高线用虚线表示，如图 7 - 16（c）所示。

识别上述典型地貌的等高线表示方法以后，进而能够认识地形图上用等高线表示的复杂地貌。图 7 - 17 所示为某一地区综合地貌，读者可将两图参照阅读。

图 7 - 17　某地区综合地貌

（三）等高线的特征

通过研究等高线表示地貌的规律性，可以归纳出等高线的特性，它对于地貌的测绘和等高线的勾绘以及正确使用地形图都有很大的帮助。

（1）同一条等高线上各点的高程相同，但高程相同的点不一定位于同一等高线上。

（2）等高线是闭合曲线，不能中断，如果不在同一幅图内闭合，则必定在相邻的其他图幅内闭合。

（3）等高线一般不相交，只有在绝壁或悬崖处才会重合或相交，此时应使用特殊地貌符号表示。

（4）等高线与山脊线、山谷线正交。

（5）在同一幅地形图上，等高距是相同的。等高线平距大表示地面坡度缓；等高线平距小则表示地面坡度陡；等高线平距相等则表示地面坡度相同。

（四）等高线的分类

地形图中的等高线主要有首曲线和计曲线，有时也用间曲线和助曲线。

1. 首曲线

按规定的基本等高距描绘的等高线称为首曲线，首曲线也称为基本等高线，首曲线用宽度为 0.15mm 的细实线描绘。

2. 计曲线

从高程基准面起算，每隔四条首曲线加粗一条等高线，称为计曲线，计曲线也称为加粗等高线。为了读图方便，计曲线上需注记高程，高程字头指向高处，计曲线用 0.3mm 的粗实线描绘。

3. 间曲线和助曲线

当基本等高线不足以显示局部地貌特征时，按 1/2 基本等高距所加绘的等高线，称为间曲线，间曲线用 0.15mm 的长虚线描绘；按 1/4 基本等高距所加绘的等高线，称为助曲线，助曲线用 0.15mm 的短虚线描绘。间曲线和助曲线描绘时可以不闭合。

　　对于同一比例尺地形图，选择的等高距过小，会成倍地增加测绘工作量。对于山区，有时会因等高线过密而影响地形图的清晰。等高距的选择，应该根据地形类型和比例尺大小确定。表 7-5 是大比例尺地形图的基本等高距（参考值）。

表 7-5　　　　　　　　　　　　大比例尺地形图的基本等高距（参考值）

比例尺	平地（m）	丘陵地（m）	山地（m）	比例尺	平地（m）	丘陵地（m）	山地（m）
1∶500	0.5	0.5	1	1∶2000	0.5	1	2 或 2.5
1∶1000	0.5	1	1	1∶5000	1	2 或 2.5	2.5 或 5

习　　题

7-1　平面图与地形图有什么区别？

7-2　何谓比例尺精度？它在测绘工作中有什么用途？

7-3　地形图有哪两种分幅方法？它们在什么情况下使用？

7-4　地物符号有哪些种类，各在什么情况下使用？

7-5　何谓等高线、等高距、等高线平距？等高线有哪些特性？等高线分为哪几类？

7-6　绘制山脊、山谷、鞍部的等高线。

第八章 大比例尺地形图的测绘

控制测量结束后，就可以在图根控制点上测定地物和地貌特征点的平面位置和高程，然后将地物和地貌用一定的符号按照一定的比例缩绘到图纸上成为地形图。

第一节 测图前的准备工作

测图前，除做好仪器、工具及资料的准备工作外，应着重做好测绘图板的准备工作。它包括图纸的准备，绘制坐标网及展绘控制点等工作。

一、图纸准备

为了保证测图的质量，应选用质地较好的图纸。对于临时性测图，可将图纸直接固定在图板上进行测绘；对于需要长期保存的地形图，为了减少图纸变形，应将图纸裱糊在锌板、铝板或胶合板上。

目前，一些测绘部门采用聚酯薄膜测图。聚酯薄膜厚度为 0.07～0.1mm，表面打毛后，便可代替图纸进行测图。聚酯薄膜具有透明度好、伸缩性小、不怕潮湿、牢固耐用等特点。如果表面不清洁，还可以用水洗涤，并可直接在底图上着墨复晒蓝图。但聚酯薄膜易燃，有折痕后不能消除，因此在使用和保管过程中应注意防火防折。测图时，为了能看清线划，最好在聚酯薄膜下面垫一张白纸。

二、绘制坐标格网

为了准确地将图根控制点展绘在图纸上，首先要在图纸上精确地绘制 10cm×10cm 的坐标格网，有条件时可用坐标仪或坐标格网尺等专用工具绘制坐标格网，对于印制了坐标格网的聚酯薄膜，则可省去此项工作。若无相应的专用工具，则可用下述对角线法绘制坐标格网。

绘制坐标格网如图 8-1 所示，先在图纸上画出两条对角线，以交点 M 为圆心，取适当长度为半径画弧，在对角线上交得 A、B、C、D 点，用直线连接各点，得矩形 ABCD。再从 A、D 两点起各沿 AB、DC 方向每隔 10cm 定一点；从 A、B 两点起各沿 AD、BC 方向每隔 10cm 定一点，连接各对应边的相应点，即得坐标格网。坐标格网画好后，要用直尺检查各格网的交点是否在同一直线上（如图 8-1 中 ab 直线），其偏离值不应超过 0.2mm。用比例尺检查 10cm 小方格的边长，其值与理论值相差不应超过 0.2mm。小方格对角线长度（14.14cm）误差不应超过 0.3mm。如超过限差，应重新绘制坐标格网。

三、展绘控制点

展绘控制点如图 8-2 所示。展点前，要按图的分幅位置，将坐标格网的坐标值标注在相应格网边线的外

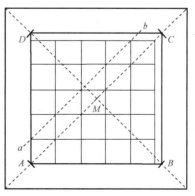

图 8-1 绘制坐标格网

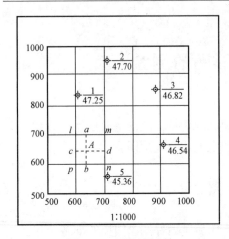

图 8-2　展绘控制点

侧。展点时，要根据控制点的坐标，确定控制点所在方格的位置，如控制点 A 的坐标 $x_A = 647.43$m，$y_A = 634.52$m，可确定其位置应在 $plmn$ 方格内。然后，分别从 l、p 点按测图比例尺向右各量 34.52m，得 a、b 两点；从 p、n 点按测图比例尺向上各量 47.43m，得 c、d 两点。连接 ab 和 cd，其交点即为 A 的位置。同法，将图幅内所有的控制点展绘在图纸上，并在点的右侧以分数形式注明点号和高程，如图中 1，2，…，5 点（图中分子为点号，分母为高程）。最后用比例尺量出各相邻控制点之间的距离，与相应的实地距离比较，其差值不应超过图上 0.3mm。

第二节　视　距　测　量

视距测量是利用测量仪器上望远镜的视距装置，根据几何光学原理同时测定两点间的水平距离和高差的一种方法。这种方法具有操作简便、速度快、不受地面高低起伏限制等优点，虽然精度比较低，但能满足测定碎部点位置的精度要求，因此，被广泛应用于碎部测量中。

视距测量使用的仪器和工具是经纬仪和视距尺。

一、视距测量的原理

（一）视线水平时距离与高差的测量原理

欲测定 P_1、P_2 两点间的水平距离 D 及高差 h，可在 P_1 点安置经纬仪，P_2 点竖立视距尺，当望远镜的视线水平时，则视线与视距尺垂直。

图 8-3 中 f 为物镜的焦距，P 为视距丝间距，c 为物镜至仪器中心的距离，n 为视距丝（下丝和上丝）在视距尺上的读数差，称为尺间隔，也称为视距间隔。由于三角形 $a'b'F$ 与三角形 ABF 相似，则有

$$\frac{d}{n} = \frac{f}{P}$$

即

$$d = \frac{f}{P}n$$

则 P_1、P_2 两点间的水平距离为

$$D = d + f + c = \frac{f}{P}n + f + c$$

$$(8-1)$$

令 $k = \frac{f}{P}$，k 称为乘常数，$f + c$ 称为加常数。仪器设计时可以保证 $k = 100$，目前，国内外生产的仪器，其望远镜一般为内对光望远镜，对于

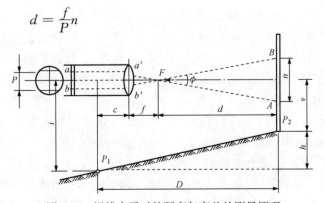

图 8-3　视线水平时的距离与高差的测量原理

内对光望远镜，$f+c$ 一般趋近于 0，因此，对于内对光望远镜，则有 P_1、P_2 两点间的水平距离为

$$D = kn = 100n \tag{8-2}$$

由图 8-3 可以看出，P_1、P_2 两点间的高差为

$$h = i - v \tag{8-3}$$

式中：i 为仪器高，即 P_1 点到仪器横轴中心的高度；v 为十字丝中丝在视距尺上的读数。

（二）视线倾斜时的距离与高差的测量原理

在地面起伏较大的地区进行视距测量时，必须使视线倾斜才能读取视距间隔。由于视线不垂直于视距尺，因此不能直接应用式（8-2）及式（8-3）计算两点间的水平距离和高差。如果能将视距间隔 AB 换算成与视线垂直的视距间隔 $A'B'$，这样就可以按式（8-2）计算倾斜距离 D'，再根据 D' 和竖直角 α 计算水平距离 D 及高差 h。因此，解决这个问题的关键在于求出 AB 与 $A'B'$ 之间的关系。

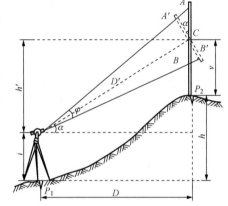

图 8-4　视线倾斜时的距离与高差的测量原理

在图 8-4 中，由于 φ 角很小，约为 $34'$，因此，可以把 $\angle AA'C$ 和 $\angle CB'B$ 近似看作直角，而 $\angle A'CA = \angle B'CB = \alpha$，因此，由图可以看出 AB 与 $A'B'$ 之间具有如下关系

$$A'B' = A'C + CB' = AC\cos\alpha + CB\cos\alpha = AB\cos\alpha$$

设 $A'B'$ 为 n'，则

$$n' = n\cos\alpha$$

由式（8-2）得

$$D' = kn'$$

则 P_1、P_2 两点间的水平距离为

$$D = D'\cos\alpha = kn\cos^2\alpha \tag{8-4}$$

由式（6-37）知，则 P_1、P_2 两点间的高差为

$$h = D\tan\alpha + i - v \tag{8-5}$$

式（8-5）中，$D\tan\alpha$ 也称为初算高差。

二、视距测量的观测与计算

（1）如图 8-4 所示，在 P_1 点安置经纬仪，量取仪器高 i，在 P_2 点竖立视距尺。

（2）转动照准部，瞄准 P_2 点视距尺，分别读取上丝、下丝、中丝读数及竖盘读数，并计算竖直角 α。

（3）利用式（8-4）和式（8-5）分别计算 P_1、P_2 两点间的水平距离和高差。

三、视距测量误差及注意事项

视距测量的精度较低，在较好的条件下，其相对误差为 $\dfrac{1}{200} \sim \dfrac{1}{300}$。

（一）视距测量的误差

1. 读数误差

用视距丝在视距尺上读数的误差与尺子最小分划的宽度、水平距离的远近及望远镜的放大率等因素有关。

2. 垂直折光的影响

视距尺不同部位的光线是通过不同密度的空气层到达望远镜的，经验证明，当视线接近地面时，垂直折光引起的误差较大，并且这种误差与距离的平方成比例的增加。

3. 视距尺倾斜的影响

视距尺倾斜的影响与视距尺倾斜的角度及观测时的竖直角有关。

此外，视距乘常数的误差，视距尺分划的误差，竖直角观测的误差以及风力使尺子抖动引起的误差等，都将影响视距测量的精度。

（二）注意事项

（1）为了减少垂直折光的影响，观测时应尽可能使视线离地面 1m 以上。

（2）观测时，要将视距尺竖直，并尽量采用带有水准器的视距尺。

（3）要严格测定视距乘常数，视距乘常数应控制在 100 ± 0.1 之内，否则应加视距乘常数改正。

（4）视距尺应尽量采用厘米刻划的整体尺，如果使用塔尺，应注意检查各节尺的接头是否准确。

（5）要在成像稳定的情况下进行观测。

第三节　碎部测量的方法

碎部测量就是测定碎部点的平面位置和高程。下面分别介绍碎部点的选择和碎部测量的方法。

一、碎部点的选择

应选择地物、地貌的特征点作为碎部点。碎部点选择是否得当，将直接影响成图的精度和速度。对于地物，碎部点应选在地物轮廓线方向变化的地方，如房角点，道路转折点、交叉点，河岸线转弯点以及独立地物的中心点等。连接这些特征点，便得到与实地相似的地物形状。由于地物形状极不规则，一般规定主要地物凸凹部分在图上大于 0.4mm 均应表示出来，小于 0.4mm 时，可用直线连接。

对于地貌，碎部点应选在能反应地貌特征的山顶、鞍部、山脊线、山谷线、山脚及地面坡度变化的地方。根据这些特征点的高程勾绘等高线，即可将地貌在图上表示出来。为了能真实反应实地地形，在地面平坦或坡度无显著变化的地方，测站点到碎部点间的最大视距及碎部点间的最大间距应符合表 8-1 碎部测量的一般规定。

表 8-1　　　　　　　　　　　　　碎部测量的一般规定

测图比例尺	等高距 一般采用值（m）	测站点到碎部点的最大视距		碎部点间的 最大间距（m）
		主要地物点（m）	次要地物点（m）	
1∶500	0.5，1.0	60	100	15
1∶1000	0.5，1.0	100	150	30
1∶2000	0.5，1.0，2.0，2.5	180	250	50
1∶5000	1，2.0，2.5，5.0	300	350	100

二、经纬仪测绘法

经纬仪测绘法的实质是采用极坐标法测定碎部点的位置。观测时，先将经纬仪安置在测站点（控制点）上，绘图板安置在测站旁边，用经纬仪测定测站点到碎部点的方向与测站点到另一控制点的方向之间的夹角以及测站点到碎部点的水平距离和碎部点的高程，然后用量角器和比例尺把碎部点的位置展绘到图纸上，并在碎部点的右侧注明其高程，再对照实地描绘地物和地貌。此法操作简单、灵活，适用于各类地区的地形图测绘。其具体操作步骤如下：

（1）安置仪器。经纬仪测绘法测图如图 8-5 所示，将经纬仪安置在测站点（控制点 A）上，对中、整平，量取仪器高 i。

（2）定向。用经纬仪的盘左瞄准另一控制点 B，将水平度盘的读数配成 $0°00'00''$。

（3）立尺。立尺员依次将尺立在碎部点 1 上。立尺前，立尺员应弄清实测范围和实地情况，并与观测员、绘图员共同商定立尺路线，必要时绘制碎部点位置草图。

（4）观测。转动照准部，瞄准碎部点 1 的尺子进行视距测量，读取视距间隔 n、中丝读数 v、竖盘读数 L 及水平度盘读数 β。

（5）记录。将观测到的数据依次填入碎部测量手簿，如表 8-2 所示。对于有特殊意义的碎部点，如房角、山头、鞍部等，应在备注栏中加以说明。

图 8-5　经纬仪测绘法测图

（6）计算。使用视距测量计算公式计算测站点到碎部点的水平距离及碎部点的高程。

（7）展绘碎部点。用细针将量角器的圆心插在图上测站点 a 处，转动量角器，将量角器上等于 β 角值的刻划线对准起始方向线 ab，此时量角器的零刻划线方向便是碎部点 1 的方向，然后根据测得的水平距离按规定的测图比例尺在该方向上定出碎部点 1 的位置，并在其右侧注记高程。

表 8-2　　　　　　　　　　　　　　**碎部测量手簿**

测站：A　后视点：B　仪器高 $i=1.42$m　指标差 $x=0$　测站高程 $H_A=207.40$m

点号	尺间隔 n (m)	中丝读数 v (m)	竖盘读数 L (° ')	竖直角 α (° ')	初算高差 h' (m)	改正数 $(i-v)$ (m)	改正后高差 h (m)	水平角 β (° ')	水平距离 (m)	高程 (m)	备注
1	0.760	1.42	93　28	−3　28	−4.59	0	−4.59	54　00	75.7	202.81	房角
2	0.750	2.42	93　00	−3　00	−3.92	−1.00	−4.92	132　30	74.8	202.48	山脚
3	0.514	1.42	91　45	−1　45	−1.57	0	−1.57	147　00	51.4	205.83	鞍部
4	0.257	1.42	87　26	+2　34	+1.15	0	+1.15	178　25	25.6	208.55	山顶

使用相同的方法，将其他碎部点展绘到图上，并随测随绘地物和等高线。

如果用全站仪代替经纬仪进行上述地形图的测绘，则水平距离及碎部点的高程由全站仪直接测出，从而大大减少相应的计算工作量。为了检查测图质量，仪器搬到下一测站时，应先观测前站所测的某些明显的碎部点，以便检查由两个测站测得该碎部点的平面位置和高程是否相符。如相差较大，应查明原因。

若测区面积较大，可将测区分成若干图幅，分别测绘。为了便于相邻图幅的拼接，每幅图应测出图廓外 5mm。

第四节　地形图的绘制

使用白纸测图时，当碎部点展绘在图上后，就可对照实地描绘地物、地貌和等高线。

一、地物描绘

地物在地形图上按《地形图图式》上规定的符号表示。房屋轮廓需用直线连接起来，而道路、河流的弯曲部分则逐点连接成光滑的曲线。不能依比例描绘的地物，应按规定的非比例符号或半比例符号表示。

二、等高线的勾绘

勾绘等高线时、首先用铅笔轻轻描绘出山脊线、山谷线等地性线，再根据碎部点的高程勾绘等高线。不能用等高线表示的地貌，如悬崖、陡坎、土堆、冲沟、雨裂等，应按《地形图图式》上规定的符号表示。

由于碎部点一般选在地面坡度变化的地方，因此，相邻点之间可视为均匀坡度。这样可在两相邻碎部点的连线上，按平距与高差成比例的关系，内插出两点之间各条等高线通过的位置。等高线勾绘原理如图 8-6 所示，地面上两碎部点 C 和 A 的高程分别是：202.8m 和 207.4m，若取等高距为 1m，则其间有高程为 203、204、205、206 及 207 的五条等高线通过，根据平距与高差成正比例的原理，先目估定出高程为 203m 的 m 点和高程为 207m 的 q 点，然后将 mq 的距离分成四等分，定出高程为 204，205，206m 的 n，o，p 点，同法定出其他相邻碎部点间等高线应通过的位置。将高程相等的相邻点连接成光滑的曲线，即为等高线，如图 8-7 所示。

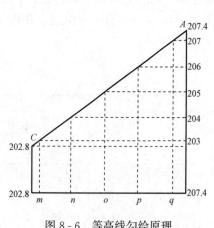

图 8-6　等高线勾绘原理

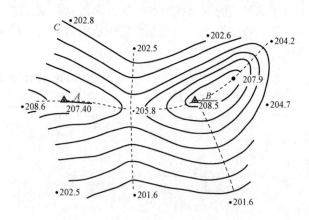

图 8-7　等高线的勾绘

勾绘等高线时，要对照实地情况，先画计曲线，后画首曲线，并注意等高线通过山脊线、山谷线的走向。地形图等高距的选择与测图比例尺和地面坡度有关，参见表 8-3。

表 8 - 3			地形图等高距的选择		
地面倾斜角	比 例 尺				备 注
	1:500	1:1000	1:2000	1:5000	
0°～6°	0.5m	0.5m	0.5m，1m	1m，2m	等高距为 0.5m 时，地形点高程可注记至 cm，其余均注记至 dm
6°～15°	0.5m	1m	2m	2.5m，5m	
15°以上	1m	1m	2m，2.5m	5m	

三、地形图的拼接、检查与整饰

（一）地形图的拼接

当测区面积较大时，整个测区必须划分为若干幅图进行施测。这样在相邻图幅的衔接处，由于测量误差和绘图误差的影响，无论是地物轮廓线，还是等高线往往不能完全吻合。图 8-8 表示相邻上、下两幅图的衔接情况，图中房屋、河流、陡坎、等高线都有偏差。拼接时，用宽为 5～6cm 的透明纸蒙在上图幅的接图边上，用铅笔把坐标格网线、地物、地貌描绘在透明纸上，然后再把透明纸按坐标格网线的位置蒙在上下图幅衔接边上，同样用铅笔描绘下幅图的地物和地貌；当用聚酯薄膜进行测图时，不必描绘图边，利用其自身的透明性，可将相邻两幅图的坐标格网线重叠；若相邻处的地物、地貌偏差不超过表 8-4 中规定的 $2\sqrt{2}$ 倍时，则可取其平均位置，并据此改正相邻图幅的地物和地貌位置。

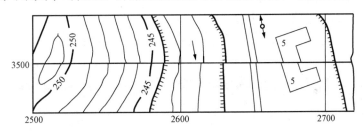

图 8-8 相邻上、下两幅图的衔接情况

表 8 - 4		点位中误差、等高线高程中误差			
地区类别	点位中误差（图上 mm）	等高线高程中误差（等高距）			
		平地	丘陵地	山地	高山地
山地、高山地和设站施测困难的旧街坊内部	0.75	1/3	1/2	2/3	1
城市建筑区和平地、丘陵地	0.5				

（二）地形图的检查

为了确保地形图的质量，除施测过程中应加强检查外，地形图测量完毕后，必须对成图质量作一次全面检查。

1. 室内检查

室内检查的内容包括图上地物和地貌是否清晰易读、各种符号注记是否正确、等高线的高程是否与地形点的高程相符、图幅拼接有无问题等，如发现错误或疑点，应到野外进行检查和修改。

2. 室外检查

室外检查包括巡视检查和仪器设站检查。巡视检查是根据室内检查的情况，有计划地确定巡视路线，进行实地对照查看，主要检查地物和地貌有无遗漏、等高线是否逼真合理、符号和注记是否正确等。仪器设站检查是根据室内检查和巡视检查发现的问题，到野外设站检查，除对发现的问题进行修正和补测外，还要对本测站所测地形进行质量检查，查看原测的地形图是否符合要求。设站检查的碎部点个数一般为每幅图碎部点个数的10%左右。

（三）地形图的整饰

地形图经过拼接和检查后，还要清绘和整饰，以便使图面更加清晰、美观。整饰的顺序是先图内后图外、先地物后地貌、先注记后符号。图上的注记、地物、地貌以及等高线应满足《地形图图式》上的有关规定，但应注意等高线不能通过注记和地物。最后，应在相关位置写出图名、图号、测图比例尺、坐标系统及高程系统、施测单位、测绘者及测绘日期等。

第五节　CASS 数字测图方法简介

数字测图（digital mapping）是利用全站仪或 GPS RTK 采集碎部点的坐标和高程数据，利用数字测图软件绘制成图。国内有多种较为成熟的数字测图软件，本节只简单介绍南方测绘的 CASS 数字测图方法。

一、CASS 9.0 的操作界面及主要功能

首先在电脑上安装 2004 或以上版本的 AutoCAD 软件，然后安装 CASS 9.0 软件。CASS 9.0 软件安装完成后，双击 CASS 9.0 图标，启动 CASS 9.0，则显示图 8-9 所示的界面。

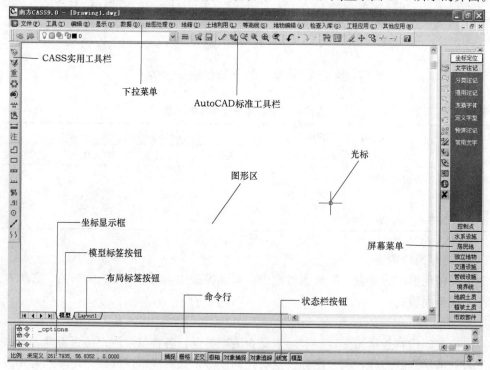

图 8-9　CASS 9.0 的操作界面

CASS 9.0 各区的主要功能如下：

(1) 下拉菜单：执行主要的测量功能。

(2) 屏幕菜单：绘制各种类别的地物。

(3) 图形区：显示图形及其操作。

(4) 工具栏：各种 AutoCAD 命令、测量功能。

(5) 命令提示区：提示用户操作、显示查询或计算结果。

二、数字测图方法

外业用全站仪测量碎部点的坐标和高程，领图员以草图的形式绘制碎部点构成的地物形状及类型，并记录碎部点的点号（碎部点的点号应与全站仪自动记录的点号一致）。内业将全站仪内存中碎部点的坐标和高程下载到电脑的数据文件中，将其转换成 CASS 坐标格式文件，然后展点，根据外业绘制的草图在电脑中用 CASS 绘制地物。草图法数字测图的主要工作概括如下。

（一）人员组织

(1) 观测员 1 人：负责操作全站仪，观测并记录碎部点的坐标和高程，观测中应注意检查后视方向并及时与领图员核对碎部点的点号。

(2) 领图员 1 人：负责指挥立镜员，现场勾绘草图。领图员应熟悉地形图图式，以保证草图的简洁、正确，应注意经常与观测员核对碎部点的点号（一般每测 50 个碎部点与观测员核对一次碎部点的点号）。草图应有固定的格式，不应随便画在几张纸上。每张草图应包含观测日期、测站点、后视点、观测员、领图员等信息。

(3) 立镜员 1 人：负责现场立镜。立镜员应具备一定的立镜经验。

(4) 内业制图员 1 人：一般由领图员担任内业制图员，在电脑上利用 CASS 软件展绘坐标，对照草图连线成图。

（二）数据下载

使用数据线连接全站仪与电脑的通信接口，设置全站仪的通信参数，在 CASS 中依次用鼠标的左键单击（以下简称单击）下拉菜单"数据""读取全站仪数据"，弹出如图 8 - 10 所示的对话框。对话框操作如下：

(1) 在"仪器"下拉列表中选择所使用的全站仪的类型，对于南方 NTS - 320 系列全站仪应选择"南方中文 NTS - 320 测量"。

(2) 设置与全站仪一致的通信参数，图 8 - 10 中设置的通信参数为南方 NTS - 320 系列全站仪出厂设置的参数，勾选"联机"复选框，在"CASS 坐标文件"文本框中输入保存全站仪数据的路径和文件名，也可以单击其右边的"选择文件"，在弹出的文件选择对话框中选择路径和输入文件名。

(3) 单击"转换"，CASS 弹出一个提示对话框，按提示操作全站仪发送数据，单击对话框的"确定"按钮，即可将发送的数据保存到图 8 - 10 中设定的坐标文件中。

图 8 - 10　选择全站仪型号

（三）展绘碎部点

将坐标文件中点的坐标展绘在 CASS 的绘图区，并在点位右边注记点号，以方便根据外业绘制的草图绘制地物。其创建的点位和点号对象位于"ZDH"即展点号图层，其中点位对象是 AutoCAD 的"point"对象。

依次单击下拉菜单的"绘图处理""展野外测点点号"，在弹出的文件选择对话框中选择一个坐标文件，单击"打开"，根据命令提示行提示操作完成展点。执行 AutoCAD 的 zoom

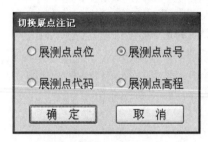

图 8-11　切换展点注记方式

命令键入 E 按回车键即可在绘图区看见展绘好的碎部点的点位和点号。根据需要，还可以执行下拉菜单"绘图处理""切换展点注记"命令，在弹出的对话框（见图 8-11）中选择所需的注记方式。

（四）绘制地物

现以 CASS 自带的坐标数据文件 YMSJ. dat 数据文件为例介绍相关地物的绘制方法。

首先依次单击"绘图处理""展野外测点点号"，在文件名提示框中选中数据文件 YMSJ. dat，则出现图 8-12 所示的界面。

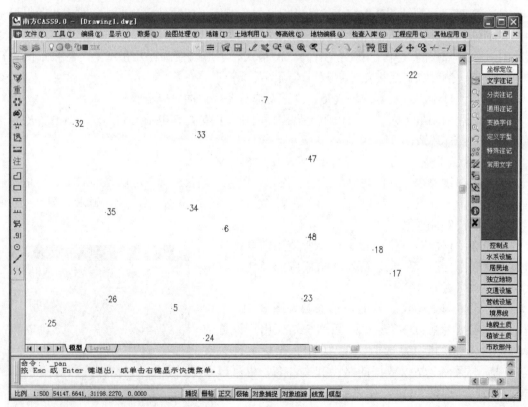

图 8-12　展测点点号

假设根据草图，33、34、35 号点为一栋简单房屋的三个角点，5、6、7 号点为一条小路的三个点，25 号点为一口水井。

绘制简单房屋的操作步骤为：依次单击屏幕菜单中的"居民地""一般房屋""四点一般

房屋",则出现图 8-13 所示的界面。

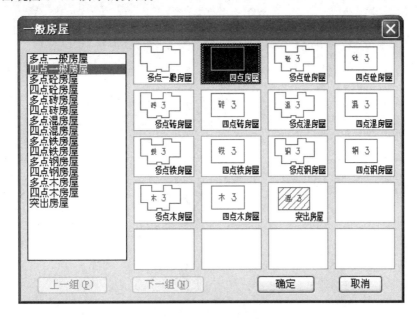

图 8-13　四点一般房屋

单击"确定"按钮,关闭对话框。出现命令行的提示:

1. 已知三点/2. 已知两点及宽度/3. 已知四点＜1＞:

在＜1＞:后面输入 1,按回车键,然后用鼠标依次单击 33、34、35 号点位,完成简单房屋的绘制。

绘制小路的操作步骤为:依次单击屏幕菜单中的"交通设施""乡村道路""小路",单击"确定",关闭对话框。然后依次单击 5、6、7 号点位,按回车键,命令行最后提示如下:

拟合线＜N＞?

在"?"后面输入"Y",按回车键,使小路较为光滑,完成小路的绘制。

绘制水井的操作步骤为:依次单击屏幕菜单中的"水系设施""水系要素""水井",单击"确定"按钮,关闭对话框。然后用鼠标单击 25 号点位,完成水井的绘制。绘制完成的简单房屋、小路及水井如图 8-14 所示。

（五）等高线的处理

在 CASS 中,等高线通过创建数字地面模型（Digital Terrestrial Model,DTM）后自动生成的。DTM 是指在一定区域范围内,规则格网点或三角形点的平面坐标(x,y)和其他地形属性的数据集合。如果该地形属性是该点的高程坐标 H,则该数字地面模型又称为数字高程模型（Digital Elevation Model,DEM）。DEM 从微分角度三维地描述了测区地形的空间分布,应用它可以按用户设定的等高距绘制等高线、绘制任一方向的断面图、坡度图、计算指定区域的土方量。

下面以 CASS 自带的地形点坐标数据文件 Dgx. dat 为例介绍等高线的绘制过程。

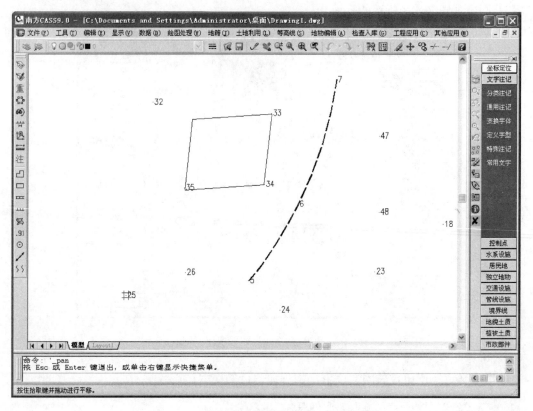

图 8 - 14　绘制完成的简单房屋、小路及水井

1. 建立 DTM

依次单击下拉菜单的"等高线""建立 DTM"，在弹出的图 8 - 15 所示的"建立 DTM"对话框中勾选"由数据文件生成"单选框，单击"..."，选择坐标数据文件 Dgx. dat，其他设置如图 8 - 15 所示。单击"确定"按钮，屏幕显示图 8 - 16 所示的 DTM 三角网，它位于"SJW"即三角网图层。

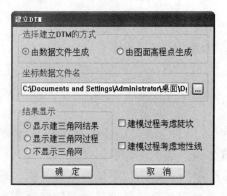

图 8 - 15　"建立 DTM"对话框的设置

2. 修改数字地面模型

由于现实地貌的多样性、复杂性及某些点的高程缺陷（如山上有房屋，屋顶有控制点），直接使用外业采集的碎部点很难一次生成准确的数字地面模型，这就需要对生成的数字地面模型进行修改，它是通过修改三角网来实现的。

修改三角网命令通过单击下拉菜单"等高线"，可显示一些命令功能。命令功能的含义如下。

（1）删除三角形：执行 AutoCAD 的 erase 命令，删除所选的三角形。当局部没有等高线通过时，可删除周围相关的三角网。

（2）过滤三角形：如果 CASS 无法绘制等高线或绘制的等高线不光滑，这是因为某些三角形的内角太小或者边长悬殊太大引起的，可使用该命令过滤掉部分形状特殊的三角形。

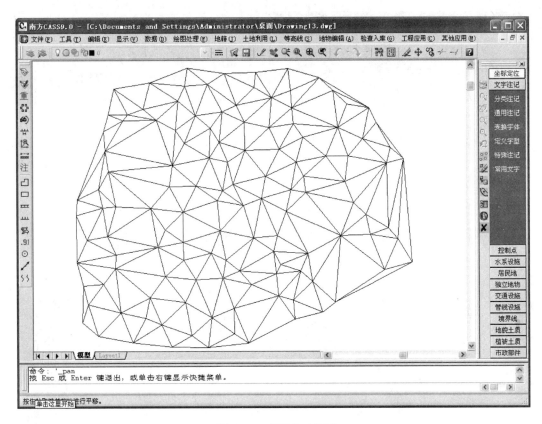

图 8 - 16　DTM 三角网

（3）增加三角形：点取屏幕上任意三个点可以增加一个三角形，当点取的点没有高程时，CASS 将提示用户手工输入高程值。

（4）三角形内插点：要求用户在任意一个三角形内指定一个内插点，CASS 自动将内插点与该三角形的三个顶点连接构成三个三角形。当所取的点没有高程时，CASS 将提示用户手工输入高程值。

（5）删除三角形顶点：当某一个点的坐标有误时，可以使用该命令删除它，CASS 将自动删除与该点连接的所有三角形。

（6）重组三角形：在一个四边形内可以组成两个三角形，而组成两个三角形的方式有两种，即两种组合方式，如果认为某种组合方式不合理，可使用该命令重组三角形，即换成另一种组合方式。

（7）删三角网：生成等高线后就不需要三角网了，如果要对等高线进行处理，三角网就显得碍事，可以执行该命令删除三角网。

（8）三角网存取：三角网存取有"写入文件"和"读出文件"两个子命令。"写入文件"是将当前图形中的三角网写入用户给定的文件中，CASS 自动为该文件加上扩展名 dgx（意思为等高线）；"读出文件"是读取执行"写入文件"命令保存的扩展名为 dgx 的三角网文件。

（9）修改结果存盘：三角形修改完成后，执行该命令后修改结果才有效。

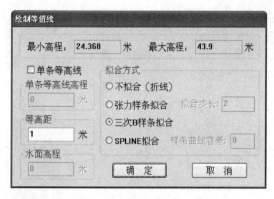

图 8-17　绘制等高线的设置

3. 绘制等高线

对使用坐标数据文件 Dgx. dat 创建的三角网依次单击下拉菜单"等高线""绘制等高线"，则弹出图 8-17 所示的"绘制等值线"对话框，根据需要完成对话框的设置后，单击"确定"按钮，CASS 开始自动绘制等高线，采用图 8-17 中的设置绘制的坐标数据文件 Dgx. dat 的等高线如图 8-18 所示。

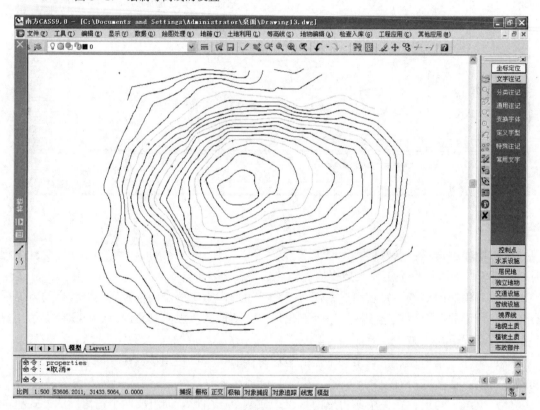

图 8-18　使用坐标数据文件 Dgx. dat 绘制的删除了三角网后的等高线

4. 等高线的修饰

（1）等高线注记：有 4 种注记等高线的方法，依次单击位于下拉菜单的"等高线""等高线注记"，将显示 4 个子命令即"单个高程注记""沿直线高程注记""单个示坡线""沿直线示坡线"。批量注记等高线时，一般选择"沿直线高程注记"子命令，它要求用户先用 AutoCAD 的 line 命令绘制一条垂直于等高线的直线，所绘直线的方向应为注记高程字符字头的朝向。执行"沿直线高程注记"子命令后，CASS 自动删除该直线，注记字符自动放置在 DGX 图层。

（2）等高线修剪：有 4 种修剪等高线的方法，依次单击位于下拉菜单的"等高线""等高线修剪",将显示4个子命令即"批量修剪等高线""切除指定二线间等高线""切除指定区域内等高线""取消等高线消隐",根据需要用户选择相应的子命令。

（六）地形图的整饰

1. 加注记

现以给某条道路添加路名为"经纬路"的方法介绍加注记的方法。首先单击屏幕菜单的"通用注记",弹出图8-19所示的对话框,在图8-19所示的"文字注记内容"对话框中输入"经纬路",单击"确定"按钮,单击道路中心某点,则显示图8-20所示的界面（"经纬路"在该点显示）。

图8-19　注记内容

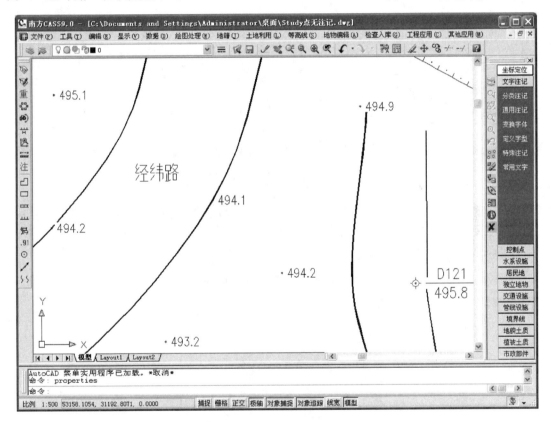

图8-20　道路注记

由于该命令添加的注记字符为一个单行文本,需要用AutoCAD进行编辑才能获得图8-21所示的效果。

2. 加图框

打开相应的数字地形图,依次单击下拉菜单"绘图处理"标准图幅（50cm×40cm）弹出图8-22所示的"图幅整饰"对话框,在对话框中输入图名、测量员、绘图员、检查员、

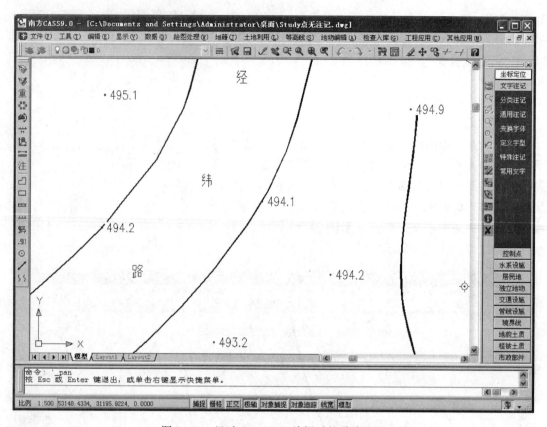

图 8-21　经过 AutoCAD 编辑后的道路注记

接图表（所在图幅与相邻图幅的位置关系），图幅左下角的坐标等，完成输入后单击"确认"按钮，则显示加图框的地形图（类似于图 9-1）。用户根据需要可对图幅外框的相关内容进行编辑和修改。

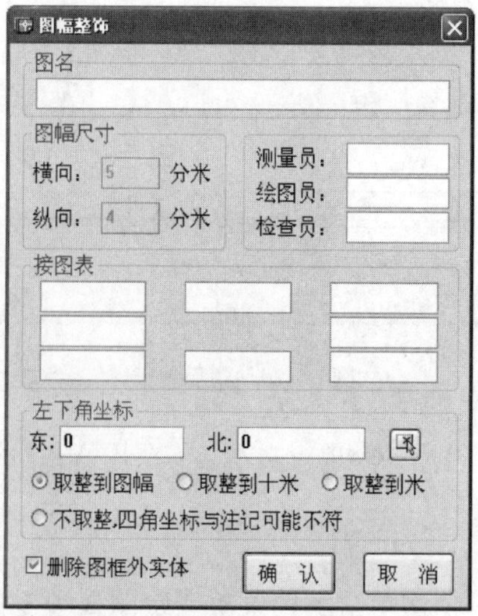

图 8-22　图幅整饰对话框

习　题

8-1　测图前的准备工作有哪些？展绘控制点后，怎样检查其正确性？

8-2　完成表 8-5 中碎部测量的有关计算。

表 8-5　　　　　　　　　　　　题 8-2 表

测站点为 A，后视点为 B，测站点高程 $H_A = 45.66$m，仪器高 $i = 1.43$m，指标差 $x = 0°00'$

点　号	尺间隔（m）	中丝读数（m）	竖盘读数	竖直角	初算高差（m）	改正数（m）	改正后高差（m）	水平角	水平距离（m）	测点高程（m）
1	0.560	1.40	86°12′					15°12′		
2	0.682	1.60	95°42′					17°12′		

注　望远镜视线水平时，竖盘读数为 90°；望远镜视线向上倾斜时，读数减少。

8-3　简述在一个测站用经纬仪测绘法测绘地形图的步骤。

8-4　根据图 8-23 中碎部点的平面位置和高程，勾绘等高距为 1m 的等高线。

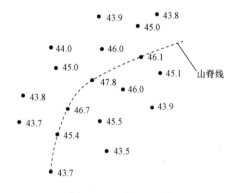

图 8-23　题 8-4 图

8-5　用 CASS 自带的数据文件 YMSJ.dat 将 22，58，59 号点点位连成一栋四点一般房屋，将 41，38，39，8 号点点位连成一条光滑的小路，在 32 号点位绘制 1 个航行灯塔。

8-6　用 CASS 自带的数据文件 Dgx.dat 绘制等高线，等高距为 2.5m，并注记计曲线的高程。

第九章 地形图的应用

第一节 地形图的识读

地形图是各种地物、地貌在图纸上的综合反映，它是进行各项建筑规划设计与施工不可缺少的重要资料。正确识读和应用地形图是土建类工程技术人员必须具备的基本技能之一。

通过地形图识读，可以从图上获得有关研究区域内地物、地貌的分布位置及其属性等基本信息。识读地形图，必须熟悉《地形图图式》，因为它规定了地形图中各种符号的含义。由于地形图具有可量性和定向性，因而，可以在图上确定点的坐标和高程、确定两点间的距离和方位、确定图上对应的实地面积、绘制某方向的断面图，估算平整场地挖填土石方量等。而识读地形图又是正确应用地形图的基础，下面结合图 9-1 说明地形图识读的基本过程与要领。

一、图外注记识读

地形图的识读过程，一般根据图廓外的注记，对本幅图的图名、图号、测图比例尺、坐标和高程系统、等高距以及测图日期等基本信息获得一般了解，然后再进一步识读地物与地貌的分布状况。

二、地物识读

通过地物的识读，主要了解居民点、水系、交通及农作物种植等情况。如城镇和居民点一般由独立房屋、街区和街道组合而成。结合图形形态、宽窄变化规律、附属建筑物及其注记等识别海洋、江河、湖泊、水库等水体，对于国界线及不同级别的行政区划界线均用不同的线划图式符号表示。另外，对于一些特定的地物，可根据符号的象形、会意等特点进行识别。图 9-1 李家村地形图中，有以独立房屋构成的居民点，有一条清水河从西北至东贯穿图幅。该河除主河道外，南侧和西侧各有一条较大的支流，且清水河的东北部有一条铁路。凤凰岭主峰上有一个三角点，向北的山坡上有一座宝塔，图幅中部一座瓦窑，清水河两岸有大片稻田，在李家村附近有大片旱地，图幅的东北角有成片的梨树，在南部山坡上是大面积的灌木林。

三、地貌识读

识读地貌主要是根据地貌符号、等高线的特征以及地性线来辨认和分析地貌。识读地貌时，根据等高线分布的密集和稀疏状况判断地形的陡缓程度，根据地性线如山脊线和山谷线，识读山脉的连绵和水系的分布。如图 9-1 中主要地貌是南部的山峰凤凰岭，等高线密集，山势较陡。凤凰岭主峰向北延伸是该峰的主要山脊，主峰东侧还有两条小山脊，两条山脊之间是山谷，紧靠主峰的山谷较长。东北部为山坡地，地势较为平缓，清水河两岸是平坦地带。总体地形是西南高，且向北倾斜，属丘陵地带。

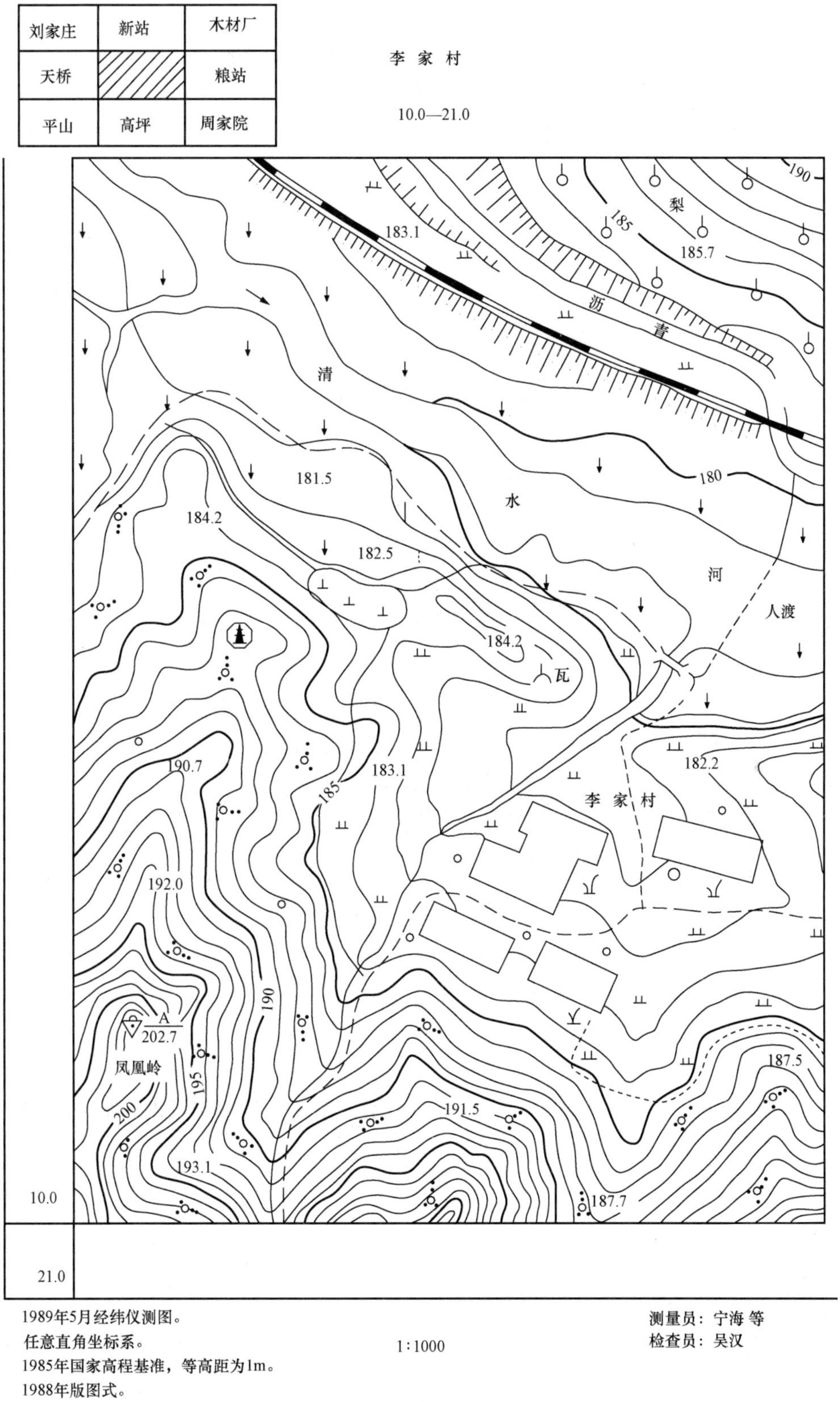
刘家庄
新站
木材厂
天桥
粮站
平山
高坪
周家院
李家村
10.0—21.0
沥青
梨
清水河
人渡
李家村
瓦
凤凰岭
A
202.7
183.1
185.7
181.5
184.2
182.5
180
190
185
184.2
183.1
182.2
190.7
192.0
190
195
200
193.1
191.5
187.5
187.7
10.0
21.0
测绘单位:第一工程队
1989年5月经纬仪测图。
任意直角坐标系。
1985年国家高程基准，等高距为1m。
1988年版图式。
1:1000
测量员：宁海 等
检查员：吴汉

图 9-1 李家村地形图

第二节　地形图应用的基本内容

一、求图上某点的坐标和高程

（一）求图上某点的坐标

如图 9-2 所示，欲确定图上 p 点的坐标，首先根据图廓坐标注记和 p 点在图上的位置，绘出坐标方格 $abcd$，过 p 点作 ab 及 ad 的平行线，得到交点 k 及 f，再按比例尺（1∶1000）量取 af 和 ak 的长度

$$af = 80.2\text{m}$$

$$ak = 50.3\text{m}$$

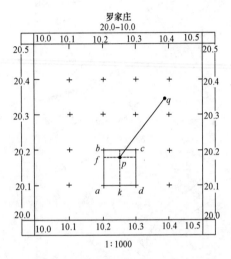

图 9-2　求图上某点的坐标

则 p 点的坐标为

$$x_p = x_a + af = 20100 + 80.2 = 20180.2\text{m}$$

$$y_p = y_a + ak = 10200 + 50.3 = 10250.3\text{m}$$

如果考虑到图纸的变形，则 p 点的坐标按下式计算

$$x_p = x_a + \frac{l}{ab}af$$

$$y_p = y_a + \frac{l}{ad}ak \qquad (9-1)$$

式中：l 为方格的理论长度。

（二）求图上某点的高程

如图 9-3 所示，A 点位于等高线上，则 A 点的高程与所在等高线的高程 35m 相同。如果所求的高程点不位于等高线上，如图中的 k 点，则过 k 点作一条大致垂直于相邻两等高线的线段 mn，量取 mn 的长度 d，再量取 mk 的长度 d_1，则 k 点的高程为

$$H_k = H_m + \Delta h = H_m + \frac{d_1}{d}h \qquad (9-2)$$

式中：H_m 为 m 点的高程；h 为等高距，本例中 $h=1\text{m}$。

二、确定图上直线的长度、坐标方位角及坡度

（一）确定图上直线的长度

1. 直接量测

用卡规在图上直接卡出线段的长度，再与图示比例尺比量，即可求得水平距离。也可以用毫米尺量取图上长度，并按比例尺换算为水平距离，但后者受图纸伸缩的影响。

2. 根据两点的坐标计算水平距离

当距离较长时，为了消除图纸变形的影响，可以根据两点的坐标计算水平距离。如图 9-2 所示，求 p、q 两点的水平距离，首先按式（9-1）求出两点的坐标 x_q、y_q 和 x_p、y_p，然后计算水平距离

$$D_{pq} = \sqrt{(x_q - x_p)^2 + (y_q - y_p)^2} \qquad (9-3)$$

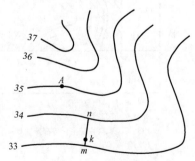

图 9-3　求图上某点的高程

（二）求某直线的坐标方位角

1. 图解法

如图 9-4 所示，求直线 BC 的坐标方位角时，可先过 B、C 两点作平行于坐标格网纵线的直线，然后用量角器量测直线 BC 的坐标方位角 α_{BC} 和直线 CB 的坐标方位角 α_{CB}。理论上，同一直线的正、反坐标方位角之差应为 $180°$，但由于量测存在误差，设量测结果为 α'_{BC} 和 α'_{CB}，则直线 BC 的坐标方位角 α_{BC} 的计算式为

$$\alpha_{BC} = \frac{1}{2}(\alpha'_{BC} + \alpha'_{CB} \pm 180°) \qquad (9-4)$$

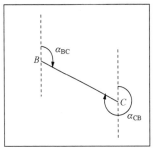

图 9-4 求某直线的坐标方位角

2. 解析法

先求出 B、C 两点的坐标，然后再计算直线 BC 的坐标方位角，即

$$\tan\alpha_{BC} = \frac{y_C - y_B}{x_C - x_B} \qquad (9-5)$$

当直线较长时，解析法可以取得较好的结果。

（三）确定直线的坡度

设地面两点间的水平距离为 D，高差为 h（D 和 h 可根据地形图进行量算），而高差与水平距离之比称为直线的坡度，直线的坡度 i 计算式为

$$i = \frac{h}{D} \qquad (9-6)$$

坡度 i 常以百分率或千分率表示。

如果两点间的坡度不均匀，则式（9-6）所求坡度为两点间的平均坡度。

三、按限定坡度在图上选定最短路线

在山区或丘陵地区进行管线或道路工程设计时，往往要求在不超过某一坡度的条件下选定一条最短路线，如图 9-5 所示，欲在 A 和 B 两点间选定一条路线，要求坡度不超过 i，设图上等高距为 h，地形图的比例尺为 $1:M$，由式（9-6）可得，线路通过相邻两条等高线的最短距离为

$$d = \frac{h}{iM} \qquad (9-7)$$

以 A 为圆心，以 d 为半径画弧，与高程为 84m 的等高线相交于点 1，再以点 1 为圆心，以 d 为半径画弧，与高程为 86m 的等高线相交于点 2，依次类推，直到 B 点附近为止。然后连接 A、1、2、…、B，在图上便得到符合限定坡度的最短路线。为了便于选线比较，还可另选一条路线，如图上的 A、$1'$、$2'$、…、B。通过综合比较，确定合适的最佳路线。

四、断面图的绘制

在道路、管线等线路工程设计中，需要合理确定线路的坡度；在土地平整中，需要进行填、挖土石方量的概算；在图上设计测量控制网点时，需要判断通视情

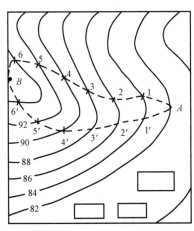

图 9-5 选定最短路线

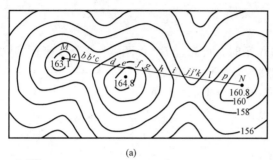

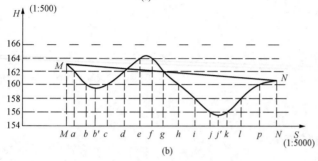

图 9-6　断面图

（a）在地形图上的连线；（b）绘制断面图

况。为此，需要利用地形图绘制某一方向的断面图，以便了解该方向的地面起伏状态。如图 9-6（a）所示，若要绘制 MN 方向的断面图，具体步骤如下：

（1）在图纸上绘制直角坐标，横轴表示水平距离，纵轴表示高程，一般情况下，水平距离的比例尺与地形图的比例尺一致。为了明显反映地面的起伏状态，高程比例尺一般为水平距离比例尺的 10 ～ 20 倍，如图 9-6（b）所示。

（2）在纵轴上标注高程，在横轴上适当位置标出 M 点，并将直线 MN 与各等高线的交点 a、b、b'、…、p 以及 N 点，按其与 M 点的距离转绘在横轴上。

（3）根据横轴上各点相应的地面高程，在坐标系中标出相应的点位。

（4）把相邻点用光滑的曲线连接起来，便得到 MN 方向的断面图。

在绘出某一方向的断面图后，若要判断地面上两点是否通视，只需在断面图上用直线连接两端点，如果直线与断面线不相交，说明两点通视，否则，两点间视线受阻。如图 9-6（b）所示，M、N 两点互不通视。

第三节　地形图在场地平整中的应用

在各项工程建设中，往往需要进行必要的开挖，对原有地形进行一定的改造，使改造后的地形满足相应工程建设的需要。开挖前，必需对开挖的土方量进行估算。土方量估算的方法一般使用方格网法。

一、整理成水平面

如图 9-7 所示为平整成水平场地的土方量计算图。假设要求将原地形根据填挖土方量基本相等的原则改造成水平面，其土方量的计算步骤如下。

（1）绘制方格网：方格的边长取决于地形的复杂程度和土方量的估算精度，一般取 10、20、50m。

（2）求方格内各顶点的高程：根据图上等高线的高程，内插各方格顶点的地面高程，并标注于相应顶点的右上方。

（3）计算使填挖土方量基本相等的设计高程：先将每一方格顶点的高程相加除以 4，则得到各方格的平均高程 H_i，再将各方格的平均高程相加除以方格的总数 n，就得到使填挖土方量基本相等的设计高程 H_0，其计算式为

$$H_0 = \frac{1}{n}\sum_{i=1}^{n} H_i \qquad (9\text{-}8)$$

在计算 H_0 时，由于方格角点 A_1、A_4、B_5、D_1、D_5 的高程只用了一次，边点 A_2、A_3、$B_1 \cdots$ 的高程用了两次，拐点 B_4 的高程用了三次，中间点 B_2、B_3、$C_2 \cdots$ 的高程用了四次，则 H_0 可计算为

$$H_0 = \frac{1}{4n}(\sum H_角 + 2\sum H_边$$
$$+ 3\sum H_拐 + 4\sum H_中) \qquad (9\text{-}9)$$

经计算 H_0 为 33.04m，在图中内插出高程为 H_0 的等高线（图中虚线），

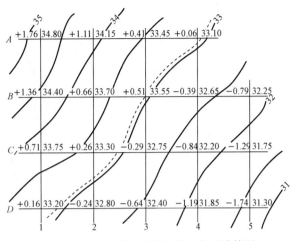

图 9-7 平整成水平场地的土方量计算图

称为填挖边界线。若设计水平面的高程事先已确定，则此步骤即可省略。

（4）计算各方格顶点的填、挖高度。将各方格顶点的地面高程减去设计高程 H_0，即得各方格顶点的填、挖高度，并标注于相应顶点的左上方，正号表示挖，负号表示填。

（5）计算各方格的填、挖土方量。当整个方格都是填方或挖方时，其土方量计算式为

$$V_{填（或挖）} = \frac{1}{4}(h_1 + h_2 + h_3 + h_4)A_{填（或挖）} \qquad (9\text{-}10)$$

式中：$h_1 \sim h_4$ 为某一方格 4 个顶点的填（或挖）高度；$A_{填（或挖）}$ 为相应方格的实地面积。

当某一方格既有填方又有挖方时，如第 3 个方格，则应分别计算填、挖土方量。

（6）计算总的填、挖土方量。则

$$\left.\begin{aligned} V_{填总} &= \sum V_填 \\ V_{挖总} &= \sum V_挖 \end{aligned}\right\} \qquad (9\text{-}11)$$

二、整理成一定坡度的倾斜面

当地面坡度较大时，可结合原有地形并根据设计要求，按填、挖土方量基本相等的原则，将原有地形整理成某一坡度的倾斜面。有时要求所设计的倾斜面必须包含某些固定的点位，如城市规划中已建主、次道路的中线点，永久性大型建筑物外墙地坪的高程点等，此时应将这些点作为设计倾斜面的控制高程点，然后再根据控制高程点的高程，确定设计等高线的平距。平整成倾斜面的土方量计算图如图 9-8 所示，a、b、c 为控制高程点，其地面高程分别为 54.6m、51.3m、53.7m，要求将原地形改造成过 a、b、c 三点的倾斜面，其土方量的计算步骤如下：

（1）确定设计等高线的平距。

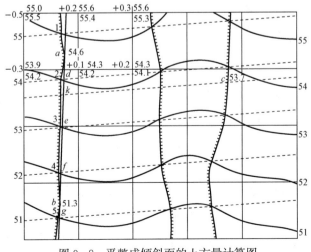

图 9-8 平整成倾斜面的土方量计算图

过 a、b 两点作直线，用内插法在 ab 线上求出设计高程为 54、53、52、51m 各点的位置，如 d、e、f、g。

（2）确定设计等高线的方向。在 ab 直线上求出一点 k，使其设计高程等于 c 点的地面高程 53.7m，将 k、c 连成直线，则 kc 方向就是设计等高线的方向。

（3）插绘设计倾斜面的等高线。过 d、e、f、g 各点作 kc 的平行线，即为倾斜面的设计等高线（图中虚线）。过设计等高线和原地形同高程的等高线交点的连线即为填挖边界线，如图中连接 1、2、3、4、5 等点的线。图中绘有短线的一侧为填土区，另一侧为挖土区。

（4）计算填挖土方量。与前一种方法类似，首先在图上绘制方格网，并计算各方格顶点的填高和挖深。不同之处是各方格顶点的设计高程由设计等高线内插求出，并注记在方格顶点的右下方，方格顶点的填高和挖深仍注记在方格顶点的左上方。填、挖方量的计算与前一种方法相同。

第四节　地形图在水利工程规划设计中的应用

一、在地形图上确定汇水面积

为了防洪、发电、灌溉等目的，需要在河道上适当的地方修筑拦河坝，在坝的上游形成水库，以便蓄水。坝址上游分水线所围成的面积，称为汇水面积。位于汇水面积内的雨水，将流入坝址以上的河道或水库中。汇水面积及库容的计算如图 9-9 所示，图中虚线所包围的面积就是汇水面积。

确定汇水面积时，应懂得勾绘分水线（山脊线）的方法，勾绘的要点是：

（1）分水线通过山顶、鞍部及凸向低处等高线的拐点，在地形图上应找出这些特征的地貌，然后进行勾绘。

（2）分水线与等高线正交。

（3）边界线由坝的一端开始，最后回到坝的另一端，与坝轴线形成一闭合的环线。闭合环线所围成的面积，就是流经某坝址的汇水面积。

二、库容计算

进行水库设计时，如果坝的溢洪道高程已经确定，就可以确定水库的淹没面积，如图 9-9 中的阴影部分。淹没面积以下的蓄水量（体积）即为水库的库容。

计算库容一般采用等高线法。先求出图 9-9 中阴影部分各条等高线所围成的面积，然后计算各相邻两等高线之间的体积，其总和即为库容。

设 S_1 为淹没线高程的等高线所围成的面积，S_2、S_3、…、S_n、S_{n+1} 为

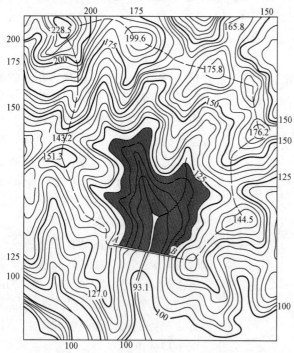

图 9-9　汇水面积及库容的计算图

淹没线以下各等高线所围成的面积，其中 S_{n+1} 为最低一根等高线所围成的面积，h 为等高距，h' 为最低一根等高线与库底的高差，则相邻两等高线之间的体积及最低一根等高线与库底之间的体积分别为

$$V_1 = \frac{1}{2}(S_1 + S_2)h$$

$$V_2 = \frac{1}{2}(S_2 + S_3)h$$

$$\vdots$$

$$V_n = \frac{1}{2}(S_n + S_{n+1})h$$

$$V'_n = \frac{1}{3}S_{n+1}h'$$

因此，水库的库容为

$$V = V_1 + V_2 + \cdots + V_n + V'_n$$
$$= \left(\frac{S_1}{2} + S_2 + S_3 + \cdots + \frac{S_{n+1}}{2}\right)h + \frac{1}{3}S_{n+1}h' \qquad (9-12)$$

如溢洪道高程不等于地形图上一条等高线的高程时，就要根据溢洪道高程用内插法求出水库淹没线，然后计算库容。这时水库淹没线与下一条等高线之间的高差不等于等高距，上面的计算公式应作相应的改动。

三、在地形图上确定土坝坡脚线

土坝坡脚线是指土坝坡面与地面的交线。如图 9-10 所示，设坝顶高程为 73m，坝顶宽度为 4m，迎水面坡度及背水面坡度分别为 $1:3$ 及 $1:2$。先将坝顶轴线画在地形图上，再按坝顶宽度画出坝顶位置。然后根据坝顶高程，迎水面与背水面坡度，画出相应的坝面等高线（图 9-10 中与坝顶线平行的一组虚线），相同高程的地面等高线与坝面等高线相交，连接所有交点而得的曲线，就是土坝的坡脚线。

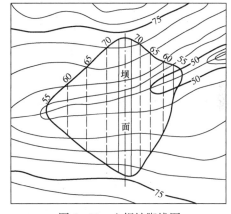

图 9-10　土坝坡脚线图

第五节　地形图上的面积量算

在规划设计中，常需要在地形图上量算一定轮廓范围内图形的面积，如场地平整时的填挖面积，某一地区、某一单位的占地面积，设计水库、桥涵时的汇水面积。面积量算的方法较多，使用时应根据具体情况选择不同的方法。

一、几何图形法

当需要量算面积的区域由一个或多个几何图形组成时（对复杂的几何图形可分解成若干个简单的几何图形），可分别从图上量取各几何图形的几何要素，如角度、边长等，按数学中的几何公式求出相应图形的面积，再根据地形图的比例尺将图上面积转换成实地

面积，即

$$P_{实} = P_{图} M^2 \tag{9-13}$$

式中：$P_{图}$ 为图上面积；$P_{实}$ 为相应的实地面积；M 为地形图比例尺的分母。

二、坐标计算法

如果图形为任意多边形，且各顶点的坐标已在图上量出或已在实地测出，可利用各顶点的坐标用解析法计算任意多边形的面积。

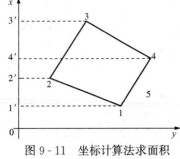

图 9-11　坐标计算法求面积

坐标计算法求面积如图 9-11 所示，图中的任意四边形，各顶点按顺时针方向顺序编号为 1、2、3、4，各点坐标分别为 (x_1, y_1)、(x_2, y_2)、(x_3, y_3)、(x_4, y_4)，由图可知，四边形 1234 的面积 P 等于梯形 $3'344'$ 的面积 P_1 加梯形 $4'411'$ 的面积 P_2 减梯形 $3'322'$ 的面积 P_3 及梯形 $2'211'$ 的面积 P_4。

即

$$
\begin{aligned}
P &= P_1 + P_2 - P_3 - P_4 \\
&= \frac{1}{2}\big[(y_3 + y_4)(x_3 - x_4) + (y_4 + y_1)(x_4 - x_1) - (y_3 + y_2)(x_3 - x_2) \\
&\quad - (y_2 + y_1)(x_2 - x_1)\big]
\end{aligned}
$$

将上式整理后得

$$P = \frac{1}{2}\big[x_1(y_2 - y_4) + x_2(y_3 - y_1) + x_3(y_4 - y_2) + x_4(y_1 - y_3)\big]$$

若将四边形各顶点投影于 y 轴，则

$$P = \frac{1}{2}\big[y_1(x_4 - x_2) + y_2(x_1 - x_3) + y_3(x_2 - x_4) + y_4(x_3 - x_1)\big]$$

若图形为 n 边形，则上式可扩展为

$$P = \frac{1}{2}\sum_{i=1}^{n} x_i(y_{i+1} - y_{i-1}) \tag{9-14}$$

$$P = \frac{1}{2}\sum_{i=1}^{n} y_i(x_{i-1} - x_{i+1}) \tag{9-15}$$

其中　　　　　　　$x_0 = x_n,\ x_{n+1} = x_1,\ y_0 = y_n,\ y_{n+1} = y_1$

式（9-14）和式（9-15）可以互为计算检核。

三、模片法

模片法是利用聚酯薄膜、玻璃、透明胶片等材料制成的模片，在模片上建立一组有单位面积的方格、平行线等，然后利用这种模片去覆盖被量测的面积，从而求得相应图上的面积，再根据地形图的比例尺，计算出所测图形的实地面积。模片法使用的量算工具简单、方法容易掌握，而且能保证一定的量算精度，因此，在图形面积的量算中是一种比较常用的方法。但用模片法量算面积时，劳动强度大，而且是一种枯燥无味的重复性劳动，容易出错，为了保证面积量算的精度，必须加强检核。

（一）方格法

方格法量算图形的面积如图 9-12 所示，在透明模片上绘制边长为 1mm 或 2mm 的正方形格网，把它覆盖在待量算面积的图形上，数出图形内整方格数 n_1 和图形边缘不足一个整方格数折算成完整的方格数 n_2，设每个方格的图上面积为 S，测图比例尺为 $1 : M$，则所量算图形对应的实地面积为

$$P = (n_1 + n_2)SM^2 \qquad (9 - 16)$$

（二）平行线法

用平行线法量算图形的面积如图 9 - 13 所示，在透明模片上绘有间距为 h（h 取值为 $2 \sim 5mm$）的平行线（同一模片上平行线的间距相同），把它覆盖在待量算面积的图形上，并移动模片使平行线与图形的上、下边线相切。此时，相邻两平行线之间所截的部分为若干个等高的近似梯形，用尺子量出各平行线在图形内的长度 l_1、l_2、$\cdots$、l_n，则各梯形的面积分别为

$$P_1 = \frac{1}{2}h(0 + l_1)$$

$$P_2 = \frac{1}{2}h(l_1 + l_2)$$

$$\vdots$$

$$P_n = \frac{1}{2}h(l_{n-1} + l_n)$$

$$P_{n+1} = \frac{1}{2}h(l_n + 0)$$

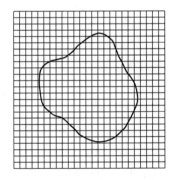

图 9 - 12 方格法量算图形的面积

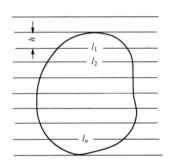

图 9 - 13 平行线法量算图形的面积

则图形的总面积为

$$P = \sum_{i=1}^{n+1} P_i = h\sum_{i=1}^{n} l_i \qquad (9 - 17)$$

第六节 求 积 仪 法

求积仪利用积分求面积的原理量算图形的面积。求积仪分为机械求积仪和电子求积仪。

一、机械求积仪

（一）机械求积仪的构造

机械求积仪主要由极臂、航臂（描迹臂）和计数器三部分组成，如图 9 - 14 所示。在极

臂的一端有一个重锤，重锤下面有一个短针。使用时短针借助重锤的重量刺入图纸而固定不动，形成求积仪的极点。极臂的另一端有圆头的短柄，短柄可以插在接合套的圆洞内。接合套套在航臂上，在航臂一端有一航针，航针旁有一个支撑航针的小圆柱和一个手柄。航臂的长度为航针尖端至短柄旋转轴间的距离。极臂长度为极点至短柄旋转轴间的距离。通过制动螺旋和微动螺旋可以调整航臂的长度。

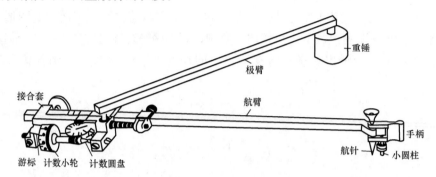

图 9-14　机械求积仪

　　求积仪最重要的部件是计数器，如图 9-15 所示。它包括计数圆盘、计数小轮和游标。当航针移动时，计数小轮随着转动。当计数小轮转动一周时，计数圆盘转动一格。计数圆盘分为十格，注有数字 0～9。计数小轮分为 10 等分，每一等分又分成 10 个小格。在计数小

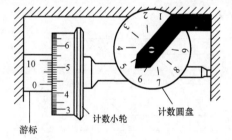

图 9-15　计数器

轮旁附有游标，可直接读出计数小轮一小格的十分之一。因此，在计数器上可读出四位数字。首先从计数圆盘上读得千位数，在计数小轮上读得百位数和十位数，最后在游标上读取个位数，如图 9-15 所示的读数为 5436。

（二）机械求积仪的使用

1. 机械求积仪的操作方法及面积的计算公式

　　首先将求积仪的极点固定于欲测图形之外，将航针安置在图形轮廓线上某点处，并作一记号，读出计数器的起始读数 n_1。然后握住手柄使航针尖端按顺时针方向沿图形轮廓线绕行一周，读取终了读数 n_2。则待测图形的面积 P 的计算式为

$$P = C(n_2 - n_1) \tag{9-18}$$

式中：C 为求积仪的单位分划值，它与航臂的长度有关，一般在仪器盒内的卡片上，载有航臂不同长度时的 C 值，若仪器盒内的卡片上没有 C 值时，可以根据已知图形的面积反求航臂不同长度时的 C 值。

2. 使用机械求积仪时的注意事项

（1）量测面积时，应将图纸放在平整、光滑的图板上，图纸不能有皱纹或裂痕。

（2）航针沿图形轮廓线移动时，速度应均匀。

（3）测轮转动计数时，应记住读数圆盘零点越过计数圆盘指标线的次数，如果越过一次或数次，则应在读数中加上一个或数个 10000。

（4）应使计数器分别位于极点与航臂连线的左边和右边两个位置量测图形的面积，两次

量测的面积其差值不得大于所量算面积的$\frac{1}{200}$，若符合要求，则取两个位置的平均值作为最后结果。

（5）当面积过大时，应将图形分成若干块，分别进行量测。

二、电子求积仪

电子求积仪是近 20 年来发展起来的一种能够量测图形面积的仪器。图 9 - 16 是日本测机舍生产的 KP-90N 型脉冲式电子求积仪。它由动极轴、电子计算器和跟踪臂三部分组成。动极轴两端为滚轮，可在垂直于动极轴的方向上滚动。计算器与动极轴之间由活动枢纽连接，使计算器能绕活动枢纽旋转。跟踪臂与计算器固连在一起，跟踪臂的右端是描迹镜。借助滚轮的滚动和跟踪臂的旋转，可使描迹镜沿图形轮廓线移动。仪器底面有一积分轮，它随着描迹镜的移动而转动，并获得一种模拟量。微型编码器也在底面，它将积分轮所得到的模拟量转换成电量，测得的数据经电子计算器运算后，直接按 8 位数在显示器上显示出面积值。

使用电子求积仪量测图形面积，如图 9 - 17 所示，先在图形轮廓线上标记起点，打开电源，用手握住跟踪臂，使描迹镜中心点对准起点，按下 STAR 键后，使描迹镜中心点按顺时针方向沿图形轮廓线移动一周后回到起点，再按 AVER 键，则显示器显示所量测图形的面积值。有关该电子求积仪的具体操作方法和其他功能，可参阅其使用说明书。

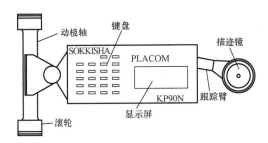

图 9 - 16 KP-90N 型脉冲式电子求积仪

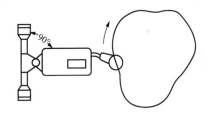

图 9 - 17 用 KP-90N 型脉冲式电子求积仪量测图形的面积

第七节 数字地形图的应用简介

本节主要介绍利用 CASS9.0 在数字地形图上查询点的坐标、直线的长度及坐标方位角、指定点围成的面积及断面图的绘制和填挖方量的计算方法。

首先打开数字地形图文件如 Study 点无注记 .dwg，然后进行相应的查询等工作。

一、查询计算

（一）查询点的坐标和高程

如要查询图根点 D121 的坐标和高程，则依次点击下拉菜单的"工程应用""查询指定点坐标"，点击 D121 的点位，则显示如图 9 - 18 所示的界面，界面中的命令行显示了 D121 的坐标和高程。

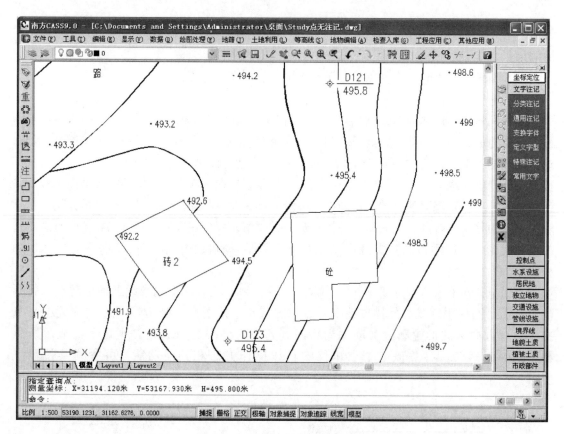

图 9-18　点的坐标和高程的查询

（二）查询两点的距离和坐标方位角

如要查询图根点 D121 与 D123 的距离和坐标方位角，则依次点击下拉菜单的"工程应用""查询两点距离及方位"，分别点击 D121 及 D123 的点位，则显示如图 9-19 所示的界面，界面中的命令行显示两点间实地距离、图上距离及方位角（坐标方位角）。

（三）查询指定点围成的面积

若要查询若干个点围成的面积，则依次点击下拉菜单的"工程应用""指定点所围成的面积"，依次点击这些点，最后按回车键，则在命令行显示相应的面积。如查询图根点 D123 右上角的砼房屋的面积，则依次点击该房屋 6 个角点，最后按回车键，则显示如图 9-20 所示的界面，界面中的命令行显示该房屋的面积。

二、根据等高线绘制断面图

（1）首先在数字地形图上需要绘制断面的位置用 AutoCAD 的 line 命令绘制一根多段线。多段线绘制方向以起点为段面方向，且多段线两端需要有等高线。

（2）依次单击下拉菜单栏的"工程应用""绘断面图""根据等高线"。根据提示选择需要绘制断面的多段线。

（3）在弹出的对话框里选择需要绘制断面的横向比例、纵向比例、高程标注位数、里程标注位数、文字大小等，选择完成后点击对话框中的断面图位置下面的按钮，选择断面的位置，单击"确定"按钮，CASS 就会在选择的位置上生成一个断面图。

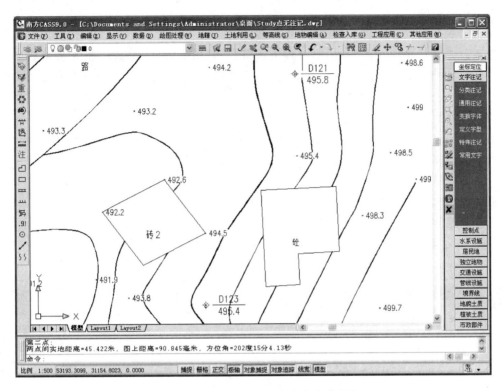

图 9-19 两点的距离和坐标方位角的查询

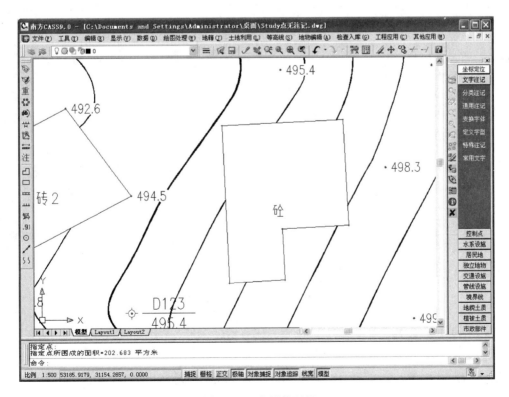

图 9-20 房屋的面积

三、土方量的计算

土方量的计算方法较多，本节只介绍方格网法。

依次点击下拉菜单"绘图处理""展高程点"，将坐标文件如 Dgx. dat 中碎部点的三维坐标展绘在 CASS 绘图区。执行 AutoCAD 的多段命令 pline 绘制一条闭合多段线作为土方计算的边界。然后依次点击下拉菜单的"工程应用""方格法土方计算"，点击闭合多段线，在弹出的"方格网土方计算"对话框中选择 Dgx. dat，在设计面区选"平面"，输入方格宽度如 10m，输入目标高程（设计高程），再单击"确定"按钮，CASS 按对话框的设置自动绘制方格网，并在命令行给出四个计算结果，即最小高程、最大高程、总填方、总挖方。

四、坐标文件的输出

前面介绍的土方量的计算方法要求有数字地形图的坐标文件，对于一幅数字化地形图，可用 pline 命令绘制一条封闭多段线，封闭多段线内应包含待生成数据文件的全部高程点。如图 9 - 21 所示。

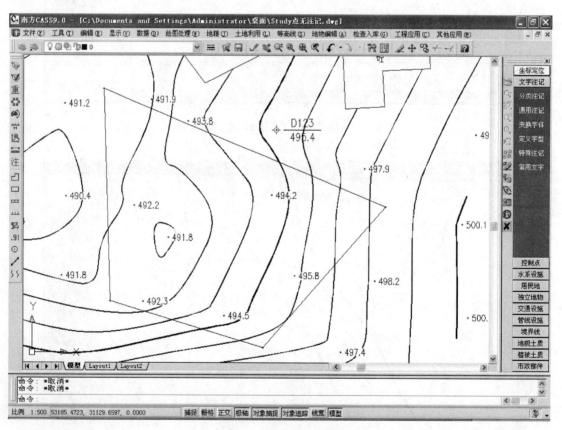

图 9 - 21　用 pline 命令绘制一条封闭多段线

依次单击下拉菜单"工程应用""高程点生成数据文件""有编码高程点"，在弹出的文件对话框中键入数据文件名如 testa 后，单击"保存"按钮，命令行提示如下：

请选择:(1) 选取高程点的范围 (2)直接选取高程点或控制点<1> :

按回车键，命令行提示如下：

请选取建模区域边界：（点取已绘制的封闭多段线）

单击该封闭多段线，CASS 则将封闭边界内全部高程点的坐标和高程存入给定的坐标文件 testa 中，如图 9‐22 所示。

图 9‐22　输出的坐标文件 testa

习　　　题

9‐1　根据图 9‐23 地形图完成下列作业。

（1）量算 A 点和 B 点的坐标及高程。

（2）求 A 点和 B 点间的水平距离及坐标方位角。

（3）求 A、B 两点间的平均坡度。

（4）绘制 AB 方向的断面图（距离的比例尺为 1∶1000，高程的比例尺为 1∶100）。

（5）求水库在图中所对应的实地面积。

（6）使用方格网法求图中西北角长 60m、宽 60m 范围的填挖土方量（方格的边长为 20m，要求改造成使填挖方量基本相等的水平面）。

9‐2　在 CASS 自带的图形文件 Study.dwg 中查询图根点 D135 的坐标和高程。

9‐3　在 CASS 自带的图形文件 Study.dwg 中查询图根点 D123 与图根点 D135 之间的距离及坐标方位角。

9‐4　在 CASS 自带的图形文件 Study.dwg 中绘制断面图，断面的起点为图根点 D123 左边高程为 493.8m 的碎部点，终点为图根点 D135 左上角高程为 497.4m 的碎部点。其中横向比例为 1∶500，纵向比例为 1∶100，平面图宽度为 60mm，高程标注位数为 2 位，里程标注位数为 1 位，文字大小为 3，最小注记距离为 3mm。

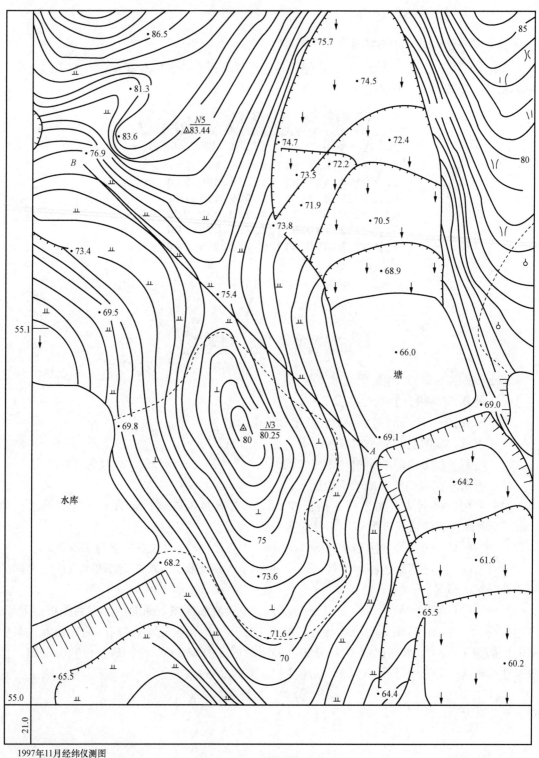

1997年11月经纬仪测图
北京坐标系
1985年国家高程基准，等高距1m
1988年版图式

1 : 1000

图 9 - 23　题 9 - 1 图

第十章　测设的基本工作

测设也称为放样，是指把图纸上设计好的建筑物的平面位置和高程标定到实地的工作。

测设与测量是有本质区别的。测量是指采用一定的仪器和工具确定地面点的平面坐标和高程，或者采用一定的方法将地面上的地物和地貌用一定的符号按照一定的比例缩绘到图纸上。因此，测量是从实地到图上的过程，而测设是从图上到实地的过程。

测设的基本工作包括测设已知水平距离、测设已知水平角、测设已知高程。

第一节　水平距离、水平角、高程的测设

一、测设已知水平距离

测设已知水平距离是指从地面上某一已知点开始，沿给定方向定出水平距离的另一个端点，使该两点之间的水平距离等于相应的设计值。而测量水平距离是指已知地面两点，用一定的仪器和工具测出两点之间的水平距离。

根据采用的方法不同，测设已知水平距离的方法包括钢尺测设法和测距仪测设法。

（一）钢尺测设法

根据测设的精度要求不同，钢尺测设法分为一般方法和精确方法。

1. 一般方法

在地面上，由已知点 A 开始，沿给定方向，用钢尺量出已知水平距离 D 定出水平距离的另一个端点 B。为了校核与提高测设的精度，可在起点 A 处改变钢尺的起始读数，按同样的方法量出已知的水平距离 D 定出 B' 点。由于量距和读数有误差，B 点与 B' 点一般不重合，若其相对误差在允许范围内，则取两点的中点作为最终位置。一般方法适用于测设精度要求较低的场所。

2. 精确方法

当水平距离的测设精度要求较高时，应使用检定过的钢尺，根据给定的水平距离 D，经过尺长改正、温度改正和倾斜改正后，求出相应的倾斜距离 S，计算式为

$$S = D - \Delta l_{\mathrm{d}} - \Delta l_{\mathrm{t}} - \Delta l_{\mathrm{h}} \tag{10-1}$$

式中：Δl_{d}、Δl_{t}、Δl_{h} 分别为尺长改正数、温度改正数和倾斜改正数。

尺长改正数计算式为

$$\Delta l_{\mathrm{d}} = \frac{l - l_0}{l_0} D$$

式中：l_0 和 l 分别为所用钢尺的名义长度和钢尺检定时的实际长度。

温度改正数计算式为

$$\Delta l_{\mathrm{t}} = \alpha D(t - t_0)$$

式中：α 为钢尺的线膨胀系数，一般为 1.25×10^{-5}；t 为测设时的温度；t_0 为钢尺检定时的温度，一般为 $20\,^{\circ}\mathrm{C}$。

倾斜改正数计算式为

$$\Delta l_h = -\frac{h^2}{2D}$$

式中：h 为两点的高差。

例 10-1 如图 10-1 所示，从 A 点开始，沿给定方向测设水平距离 28m，所用钢尺的名义长度为 30m，钢尺检定时的实际长度为 30.005m，钢尺的线膨胀系数为 1.25×10^{-5}，测设时的温度为 10℃，实地概量时 A、B 两点之间的高差为 1.38m。试求测设时在实地应量的倾斜距离是多少？

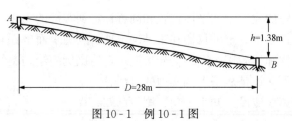

图 10-1 例 10-1 图

解 根据精密量距方法可算出三项改正，即

$$\Delta l_d = \frac{l - l_0}{l_0}D = \frac{30.005 - 30}{30} \times 28 = 0.005(\text{m})$$

$$\Delta l_t = \alpha D(t - t_0) = 1.2 \times 10^{-5} \times 28 \times (10 - 20) = -0.004(\text{m})$$

$$\Delta l_h = -\frac{h^2}{2D} = -\frac{1.38^2}{2 \times 28} = -0.034(\text{m})$$

则实地应量的倾斜距离为

$$S = D - \Delta l_d - \Delta l_t - \Delta l_h = 28 - 0.005 + 0.004 + 0.034 = 28.033(\text{m})$$

测设时，自 A 点起，沿给定方向量出倾斜距离 S，定出终点 B，即得设计的水平距离 D。为了检核，通常再测设一次，若两次测设之差在允许范围内，则取平均位置作为终点 B 的最后位置。

（二）测距仪测设法

用测距仪测设已知水平距离与用钢尺测设已知水平距离的方法大致相同，如图 10-2 所示，将测距仪安置于 A 点，将反光镜沿已知方向移动，使测距仪显示的距离大致等于待测设的水平距离 D，定出 B' 点，测出相应的竖直角及倾斜距离，计算出 A、B' 两点之间的水平距离 D'。再计算出 D' 与需要测设的水平距离 D 之间的差值，即改正数 $\Delta D = D - D'$。根据 ΔD 的符号，在实地沿已知方向用钢尺由 B' 点量 ΔD 定出 B 点，A、B 之间的水平距离即为测设的水平距离 D。

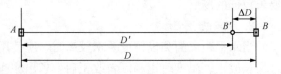

图 10-2 用测距仪测设已知水平距离

为了检核有无错误，B 点定出后，应将反光镜安置在 B 点，测量 A、B 之间的水平距离，若不符合要求，则需再次改正，直至在允许范围之内为止。

目前，用全站仪测设水平距离非常简单，因为全站仪可以自动显示水平距离，而且操作也十分方便。

二、测设已知水平角

测设已知水平角是指已知水平角的一个方向，要求在地面标定出水平角的另一个方向，使两方向之间的水平角等于相应的设计值。而测量水平角是指已知水平角的两个方向，要求用一定的方法测出两个方向之间的水平角。

按测设精度的要求不同，测设已知水平角分为一般方法和精确方法。

（一）一般方法

当测设水平角的精度要求不高时，可采用一般方法测设已知水平角，如图 10 - 3 所示。设 OA 为地面上已有方向，欲测设水平角 β，则在 O 点安置经纬仪，对中、整平，用盘左的位置瞄准 A 点，将水平度盘读数配到 $0°$，然后沿顺时针方向转动照准部，使水平度盘的读数恰好为 β，再从 O 点开始，沿经纬仪视线方向定出 B_1 点。然后用盘右的位置，重复上述步骤定出 B_2 点，再取 B_1 和 B_2 的中点作为 B 点，则 $\angle AOB$ 即为测设的 β。

（二）精确方法

当测设精度要求较高时，可采用精确方法测设已知水平角，如图 10 - 4 所示。安置经纬仪于 O 点，按照一般方法测设出已知水平角 $\angle AOB'$，定出 B' 点。然后用测回法测出 $\angle AOB'$ 的水平角。为了提高精度，一般观测多个测回，设多个测回的平均角值为 β'，根据 OB' 的距离，可计算 B' 与 B 之间的距离，即

$$B'B = \frac{\beta - \beta'}{206265} \cdot OB' \qquad (10 - 2)$$

其中 $\beta - \beta'$ 的单位为秒。测设时，从 B' 点开始，沿与 OB' 垂直的方向量取距离 $B'B$，$\angle AOB$ 即为 β 角。若 $\beta - \beta' > 0$，则从 B' 点往外调整 $B'B$ 至 B 点；若 $\beta - \beta' < 0$ 时，则从 B' 点往内调整 $B'B$ 至 B 点。

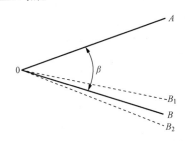

图 10 - 3　一般方法测设水平角

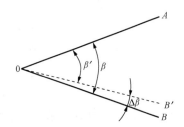

图 10 - 4　精确方法测设水平角

三、测设已知高程

测设已知高程是指根据已知点的高程，采用一定的方法把某点的设计高程标定在固定的位置上。而测量高程是指用一定的仪器和工具测出地面某点的高程。

如图 10 - 5 所示，已知点 A 的高程为 H_A，需要在 B 点标定出 B 点的高程，使该点的高程为设计值 H_B。测设的方法是：首先在 B 点设置木桩，在 A 点和 B 点中间位置安置水准仪，在 A 点竖立水准尺，用水准仪读取 A 点水准尺的读数 a，则仪器的视线高程为 $H_I = H_A + a$，由图可知，测设已知高程 H_B 时，B 点水准尺的读数应为

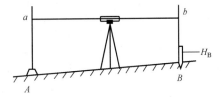

图 10 - 5　已知高程测设

$$b = H_I - H_B$$

将另一根水准尺紧靠 B 点木桩的侧面上下移动，直到该水准尺上的读数为 b，然后沿水准尺底部画一横线，此横线的高程即为设计高程 H_B。

在建筑设计和施工中，为了计算方便，通常把建筑物的室内设计地坪高程用 ± 0 标高表示，建筑物的基础、门窗等高程都是以 ± 0 为依据进行推算。因此，应在施工现场利用测设

已知高程的方法测设出室内地坪高程的位置。

第二节　点的平面位置的测设

点的平面位置的测设是指根据已知点的坐标，将待测设点的平面位置标定到地面上，使该点的坐标等于相应的设计值。

根据已知点的坐标和待测设点的坐标，反算出测设数据，即控制点和待测设点之间的水平距离和水平角，再利用上述测设方法标定出待测设点的点位。根据测设场地控制点的分布情况及地形条件并顾及已有的仪器设备条件，可以采用以下几种方法测设点的平面位置。

一、直角坐标法

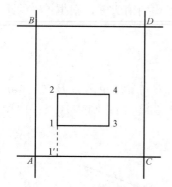

图 10-6　用直角坐标法
测设点的平面位置

当建筑场地建立有相互垂直的主轴线或建筑方格网时，可以采用直角坐标法测设点的平面位置，如图 10-6 所示。图中 A、B、C、D 为建筑方格网或矩形控制网，1、2、3、4 点为待测设建筑物轴线的交点，建筑方格网或矩形控制网分别平行或垂直于待测设建筑物的轴线。根据控制点的平面坐标和待测设点的平面坐标可以计算出相应的坐标增量。下面以测设 1、2 点为例，说明其测设方法。

首先计算出 A 点与 1 点之间的纵横坐标增量及 1 点与 2 点的纵坐标增量，即

$$\Delta x_{A1} = x_1 - x_A, \quad \Delta y_{A1} = y_1 - y_A, \quad \Delta x_{12} = x_2 - x_1$$

测设 1、2 点平面位置时，先在 A 点安置经纬仪，瞄准 C 点，从 A 点起，沿经纬仪视线方向测设水平距离 Δy_{A1} 定出 $1'$ 点。再将经纬仪安置在 $1'$ 点，瞄准 C 点，将照准部沿顺时针方向转动，测设水平角 $270°$，然后沿经纬仪视线方向测设水平距离 Δx_{A1} 定出 1 点，再从 1 点开始，继续沿经纬仪视线方向测设水平距离 Δx_{12} 定出 2 点。采用同样的方法可以测设 3、4 点的位置。最后应检查 4 个交点的角度是否等于 $90°$，各边的水平距离是否等于设计值，其误差应在允许范围内。

二、极坐标法

当控制点与待测设点之间的距离便于量测时，可以采用极坐标法测设点的平面位置，如图 10-7 所示。随着测距仪及全站仪的普遍使用，这种方法用得越来越多。

在图 10-7 中，A、B、C 为已知点，P 为待测设点。只要计算出 A 点到 P 点的水平距离 d 及 AB 与 AP 之间的水平角 β，即可测设 P 点的平面位置。

d 及 β 可由已知点 A、已知点 B 及待测设 P 点的平面坐标计算出来。由坐标反算公式知

$$\tan\alpha_{AB} = \frac{y_B - y_A}{x_B - x_A} \qquad (10-3)$$

$$\tan\alpha_{AP} = \frac{y_P - y_A}{x_P - x_A} \qquad (10-4)$$

$$\beta = \alpha_{AP} - \alpha_{AB} \qquad (10-5)$$

$$d = \sqrt{(x_P - x_A)^2 + (y_P - y_A)^2} \qquad (10-6)$$

测设 P 点时，先将经纬仪安置在 A 点上，瞄准 B　图 10-7　用极坐标法测设点的平面位置

点，测设水平角 β。再从 A 点起，沿经纬仪视线方向测设水平距离 d 即得 P 点的平面位置。

三、角度交会法

当测距比较困难时，可以采用角度交会法测设点的平面位置，如图 10-8（a）中，A、B、C 为已知点，P 为待测设点。只要计算出水平角 β_1、β_2、β_3，即可测设 P 点的平面位置。β_1、β_2、β_3 的计算方法与极坐标法类似。

测设 P 点时，在已知点 A、B、C 分别安置经纬仪，分别测设水平角 β_1、β_2、β_3，定出三个方向，三个方向的交点就是 P 点的平面位置。如果三个方向不交于一点，则三个方向的交点将形成一个示误三角形 $P_1 P_2 P_3$［见图 10-8（b）］。如果示误三角形的最大边长小于相应的允许值，可取示误三角形的重心作为 P 点的平面位置。为了便于确定 P 点的平面位置，可在地面上用两个小木桩将每个方向标定出来［见图 10-8（b）］。如果仅由 A、B 两点测设 P 点的平面位置，则至少应测设两次，以免发生错误。

四、距离交会法

当施工场地平坦、待测设点距已知点较近且量距较方便时，可以采用距离交会法测设点的平面位置，如图 10-9 所示。图中 A、B 为已知点，P 为待测设点。只要计算 A、P 及 B、P 之间的水平距离，即可测设 P 点的平面位置（水平距离的计算方法与极坐标法类似）。

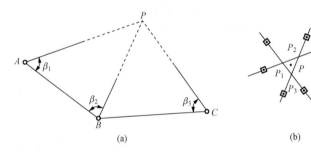

图 10-8　角度交会法测设点的平面位置
（a）三方向角度交会法；（b）示误三角形

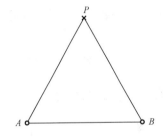

图 10-9　距离交会法测设点的
平面位置

测设 P 点时，分别以 A 点和 B 点为圆心，以 AP、BP 的水平距离为半径划弧，两圆弧的交点即为 P 点的平面位置。

第三节　已知坡度直线的测设

在道路、无压排水管道、水工隧洞、场地平整等工程施工中，往往需要测设已知坡度的直线。已知坡度直线的测设，实际上是在地面测设一些木桩（称为坡度桩），使这些木桩桩顶连线的坡度等于相应的设计值。

如图 10-10 所示，设 A 点的高程为 H_A，A、B 两点的水平距离为 D，现要从 A 点沿 AB 方向测设坡度为 i_{AB}（本例 i_{AB} 的符号为负值）的直线。

测设时，先根据 i_{AB} 和 D 计算 B 点的设计高程

$$H_B = H_A + i_{AB}D$$

然后测设出 B 点的高程，则 A、B 连线的坡度即为设计坡度 i_{AB}。此时可在 A 点安置水准仪，在 B 点竖立水准尺，并使水准仪的一个脚螺旋位于 AB 方向上，另外两个脚螺旋的连线

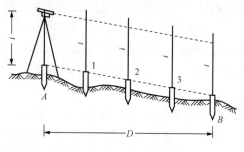

图 10 - 10　已知坡度直线的测设

大致与 AB 方向垂直，量取仪器高 i，然后用望远镜瞄准 B 点的水准尺，旋转位于 AB 方向上的脚螺旋，使 B 点水准尺上的读数等于 i，此时仪器的视线即为平行于设计坡度的直线。为了便于施工，往往需要在 A、B 之间加设一些坡度桩。加设坡度桩时，应调整坡度桩的高度，使水准仪在坡度桩上水准尺的读数为 i。此时，各桩桩顶的连线就是测设的坡度线。当设计坡度较大时，可利用经纬仪代替水准仪测设坡度线。

第四节　圆曲线的测设

在某些区域，由于地形及地质条件的限制，路线往往要转向，为了保证行车安全，当路线转向时，通常在两直线间加设一条曲线。曲线的种类较多，有圆曲线、缓和曲线、复曲线、回头曲线等，其中最常用的曲线是圆曲线。本节仅介绍圆曲线的测设方法。

圆曲线是由一定半径的圆弧所构成的曲线。圆曲线的测设通常分为两步，如图 10 - 11 所示，先测设圆曲线上起控制作用的主点（圆曲线的起点 BC、中点 MC、终点 EC），然后以主点为基础测设圆曲线的细部点。

一、圆曲线主点的测设

测设圆曲线主点之前，应根据圆曲线的设计半径 R 及实测的转折角 I 计算圆曲线的要素，圆曲线的要素包括切线长 T、曲线（圆弧）长 L、外矢距 E，其计算式为

$$T = BC \quad P = P \quad EC = R\tan\frac{I}{2} \tag{10 - 7}$$

$$L = BC\ MC\ EC = RI \times \frac{\pi}{180} \tag{10 - 8}$$

$$E = P \quad MC = R\left(\sec\frac{I}{2} - 1\right) \tag{10 - 9}$$

线路上某点的点号一般用该点的里程桩号表示，其中起点的里程桩号为 $0+000$，"+"号前为千米数，"+"号后为米数，以后各点的里程桩号用该点到起点的距离数表示。如某点的里程桩号为 $5+280$，则表示该点到起点的距离为 5.28km。圆曲线三个主点的里程桩号可由转折点 P 的里程桩号计算出来，由图 10 - 11 知

　　　　BC 点的里程桩号 $= P$ 点的里程桩号 $- T$

　　　　EC 点的里程桩号 $= BC$ 点的里程桩号 $+ L$

　　　　MC 点的里程桩号 $= BC$ 点的里程桩号 $+ \dfrac{L}{2}$

测设主点时，先在转折点 P 安置经纬仪，瞄准前一个转折点得 T_1 方向，从 P 点开始，沿经纬仪视线方向量取水平距离 T，则得起点 BC 的位置；同样，用经纬仪瞄

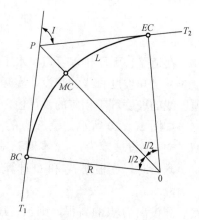

图 10 - 11　圆曲线的主点

准下一个转折点得 T_2 方向，从 P 点开始，沿经纬仪视线方向量取水平距离 T，则得终点 EC 的位置。EC 点测设后，再将照准部沿顺时针方向转动 $\frac{1}{2}(180° - I)$，然后从 P 点开始，沿经纬仪视线方向量取水平距离 E，则得中点 MC 的位置。

二、圆曲线细部点的测设

主点测设完后，为了便于施工，应在圆曲线上每隔一定的距离（弧长）测设一些细部点。圆曲线的设计半径越小，则相邻细部点之间的距离应越小。曲线上点的里程桩号一般为 10、20、50m 的整数倍，由于圆曲线的起点、中点、终点的里程桩号不是 10、20、50m 的整数倍，因此，起点到第一个细部点之间的弧长 l_1 及最后一个细部点到终点之间的弧长 l_2 小于其他相邻细部点之间的弧长 l（如图 10-12 所示），计算测设数据时应当考虑这些因素的影响。

测设圆曲线细部点的方法较多，最常用的方法有直角坐标法和偏角法。

（一）直角坐标法

直角坐标法也称切线支距法，这种方法以圆曲线的起点 BC 或终点 EC 为坐标原点，以过坐标原点的圆曲线的切线为 x 轴，以过坐标原点的圆曲线的半径为 y 轴，建立平面直角坐标系。直角坐标法测设圆曲线细部点如图 10-13 所示，弧长 l_1 及弧长 l 所对的圆心角分别为 φ_1 及 φ，则

$$\varphi_1 = \frac{l_1}{R}\frac{180°}{\pi}, \quad \varphi = \frac{l}{R}\frac{180°}{\pi}$$

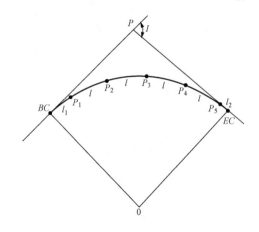

图 10-12　圆曲线细部点

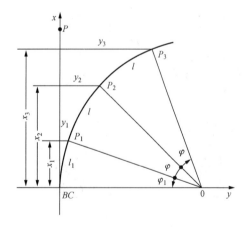

图 10-13　直角坐标法测设圆曲线的细部点

细部点 P_1、P_2、P_3、…的坐标分别为

$$x_1 = R\sin\varphi_1, \quad y_1 = R - R\cos\varphi_1 = 2R\sin^2\frac{\varphi_1}{2} \tag{10-10}$$

$$x_2 = R\sin(\varphi_1 + \varphi), \quad y_2 = R - R\cos(\varphi_1 + \varphi) = 2R\sin^2\frac{1}{2}(\varphi_1 + \varphi) \tag{10-11}$$

$$x_3 = R\sin(\varphi_1 + 2\varphi), \quad y_3 = R - R\cos(\varphi_1 + 2\varphi) = 2R\sin^2\frac{1}{2}(\varphi_1 + 2\varphi) \tag{10-12}$$

…

用直角坐标法测设细部点时，先在 BC 点安置经纬仪，瞄准转折点 P，再从 BC 点开始，沿经纬仪视线方向分别量取水平距离 x_1、x_2、x_3、…，并分别作上标记，然后分别在各标

记上安置经纬仪，瞄准转折点 P，将照准部沿顺时针方向转动 $90°$，再从标记开始沿经纬仪视线方向量取水平距离 y_1、y_2、y_3、…，即得细部点 P_1、P_2、P_3、…的位置。细部点测设完毕后，应分别丈量相邻细部点之间的水平距离，并将量得的水平距离与计算的弦长进行比较，其差值应小于相应的允许值。

（二）偏角法

偏角法是根据偏角和弦长测设圆曲线的细部点，如图 10-14 所示。图中，l、l_1、l_2 所对的圆心角分别为 φ、φ_1、φ_2，所对的弦长分别为 S、S_1、S_2，其值分别为

$$\varphi = \frac{l}{R}\frac{180°}{\pi}, \quad \varphi_1 = \frac{l_1}{R}\frac{180°}{\pi}, \quad \varphi_2 = \frac{l_2}{R}\frac{180°}{\pi} \tag{10-13}$$

$$S = 2R\sin\frac{\varphi}{2}, \quad S_1 = 2R\sin\frac{\varphi_1}{2}, \quad S_2 = 2R\sin\frac{\varphi_2}{2} \tag{10-14}$$

用偏角法测设细部点时，先在 BC 点安置经纬仪，瞄准转折点 P，将水平度盘读数配到 $0°$，然后将照准部沿顺时针方向转动，使水平度盘的读数为 $\frac{1}{2}\varphi_1$，再从 BC 点开始，沿经纬仪视线方向量取水平距离 S_1，则得细部点 P_1 的位置。继续沿顺时针方向转动照准部，使水平度盘的读数 $\frac{1}{2}(\varphi_1+\varphi)$，再以 P_1 点为圆心，以 S 为半径画圆弧，圆弧与经纬仪视线的交点即为细部点 P_2 的位置。类似可测设其他细部点的位置，直至测设到 EC 点，由于用偏角法测设细部点时误差逐渐积累，因此，当用偏角法测设 EC 点时，其位置与 EC 点原来的位置不一致，从而产生闭合差，闭合差可分解为纵向误差（切线方向）和横向误差（法线方向），纵向误差和横向误差应小于相应的允许值。

如果遇到障碍物遮挡了视线，如图 10-14 所示，当在 BC 点安置经纬仪测设细部点 P_3 时，经纬仪的视线被房屋遮挡了，此时，可将经纬仪搬至 P_2 点，瞄准 BC 点，将水平度盘读数配到 $0°$，再倒转望远镜，然后将照准部沿顺时针方向转动 $\frac{1}{2}(\varphi_1+2\varphi)$，再从 P_2 点

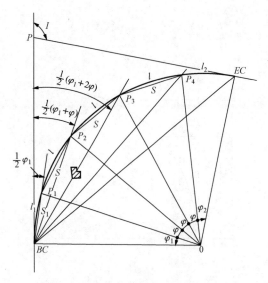

图 10-14　偏角法测设圆曲线的细部点

开始，沿经纬仪视线方向量取水平距离 S 即得 P_3 点。

习 题

10-1　简述水平距离、水平角及高程的测设方法。

10-2　在地面上要设置一段 $29.321\mathrm{m}$ 的水平距离 AB，使用的钢尺尺长方程式为 $l_1 = 30 + 0.003 + 0.000012(t-20°) \times 30\mathrm{m}$。测设时钢尺的温度为 $18℃$，所施钢尺的拉力与检定时的拉力相同，概量后测得 AB 两点间桩顶的高差 h 为 $+0.520\mathrm{m}$，试计算在地面上需要量

出的倾斜长度。

10-3　在地面上要求测设一个直角，先用一般方法测设出直角∠A0B，再用测回法测量该角若干测回，其平均值为∠A0B＝90°00′30″，如图 10-15 所示。又知 0B 的长度为 124m，问在垂直于 0B 的方向上，B 点应该移动多少距离才能得到 90°的角？

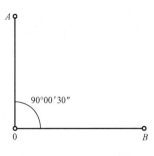

图 10-15　题 10-3 图

10-4　利用高程为 7.531m 的水准点测设高程为 7.831m 的室内±0.000 标高。设水准尺立在水准点上时，按水准仪的水平视线在尺上画了一条线，问在该尺上的什么位置再画一条线，才能使水准仪的水平视线对准此线时，尺子底部就在±0.000高程的位置。

10-5　点平面位置的测设方法有哪几种？各适用于哪种场合？

10-6　已知 A 点和 B 点的坐标为：$x_A＝78.87m$、$y_A＝94.96m$，$x_B＝87.86m$、$y_B＝84.80m$；P 点的设计坐标为：$x_P＝96.68m$，$y_P＝107.04m$。简述用极坐标法放样 P 点平面位置的方法（应计算出放样元素，并绘出草图）。

10-7　已知路线的右转折角 $I＝40°30′$，圆曲线的设计半径 $R＝250m$，路线转折点的里程桩号为 2＋320.36，试计算用偏角法测设圆曲线主点及细部点的放样数据（圆曲线上每隔 20m 定一点），并简述圆曲线主点的测设方法及用偏角法测设圆曲线细部点的方法。

第十一章　工业与民用建筑中的施工测量

第一节　工业厂区施工控制测量

为工业厂区勘测设计阶段施测地形图而布设的测图控制网，主要是从测量地形图来考虑的，这些测图控制点的分布、密度以及精度，都难以满足建筑物施工时测设的要求，施工前，一般要经历场地平整，测图控制点多数将遭到破坏。因此，施工以前，必须在工业厂区布置专门的施工控制网，作为建筑物施工放样的依据。为建立施工控制网而进行的测量工作，称为施工控制测量。这样做的优点在于：

（1）可以保证工业厂区各建筑物的相对位置满足设计要求，避免测量误差的累积。

（2）可以将厂区的建筑物分成若干片，便于分期分批组织施工。

施工控制网的布置形式应便于建筑物的放样。大型工业场地上的施工控制网通常分两级布设，即厂区控制网和厂房矩形控制网，前者主要用于放样厂房轴线和各种管线，在厂区控制网的基础上布置的厂房矩形控制网是工业厂区的二级控制，它主要用于放样厂房的细部位置。

一、厂区控制网

厂区控制网可以采用不同的布置形式。对于地势平坦、建筑物布置规则而且密集的工业场地，可采用建筑方格网；对于地势平坦、建筑物布置不规则的工业场地，可采用导线或导线网；当建筑场地起伏较大，可采用三角网。

关于导线与三角网的布设形式和施测方法，第六章已作了详细阐述，这里仅介绍工业场地建筑方格网的布设和施测方法。

（一）建筑方格网的布设和主轴线的选择

建筑方格网通常由正方形或矩形组成。如图 11-1 所示，为建筑设计总平面图上建筑群的一部分，各建筑物相互平行。为放样建筑物各轴线的位置，应在总平面图上布置建筑方格网。布置建筑方格网时，应根据建筑设计总平面图上各建筑物的位置，结合施工现场的地形情况，先选定建筑方格网的主轴线，然后布置方格网。当厂区面积较大时，方格网可分两级布设，首级为基本网，可采用"十"字形、"口"字形或"田"字形，然后在此基础上加密。如厂区面积不大时，应尽可能布置成全面方格网。

设计建筑方格网时应注意以下几点：

（1）建筑方格网的主轴线应选择在整个厂区的中部，并与主要建筑物的基本轴线平行。

（2）方格网的折角应严格成 90°。

（3）正方形格网的边长一般为 100～200m；矩形格网的边长视建筑物的大小和分布而定，一般为几十米至几百米。

（4）相邻方格网点之间应保持通视，埋设的标桩应能长期保存。

图 11-2 中，MN、CD 为建筑方格网的纵横主轴线，它是建筑方格网扩展的基础。当厂区较大、主轴线较长时，可以只测设其中的一段（如图 11-2 所示的 $A0B$ 段），A、0、B 是主轴线的定位点称为主点。主点间的距离不宜过短，一般不小于 400m，因为距离太短，

会影响定向的精度。

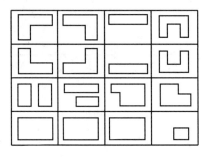

图 11-1　建筑方格网的设计

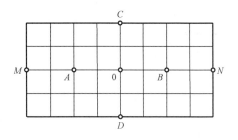

图 11-2　建筑方格网的主点

（二）确定各主点的施工坐标并进行坐标换算

1. 确定各主点的施工坐标

前面已经讲到，设计建筑方格网时，应使其主轴线与主要建筑物的基本轴线平行，为了便于计算与放样，通常在设计总平面图上建立施工坐标系，令其坐标轴与主要建筑物的主轴线平行，并将坐标原点设在总平面图的西南角，使所有建筑物的坐标及主点的坐标都为正值，这种坐标系称为施工坐标系。主点的施工坐标可以在总平面图上利用图解法求得。

通常根据厂区内已有的测量控制点来测设方格网的主点，而厂区内测量控制点的坐标系统一般为国家坐标系统或当地的城建坐标系统，这种坐标系统与施工坐标系统常常不一致，因此，为了便于主点的测设，必须将主点的施工坐标换算成测量坐标。

2. 坐标换算

在图 11-3 中，AQB 为施工坐标系，$x0y$ 为测量坐标系，施工坐标系的纵轴与测量坐标系的纵轴之间的夹角为 α，P 点在施工坐标系中的坐标为 A_P、B_P，在测量坐标系中的坐标为 x_P、y_P，Q 点在测量坐标系中的坐标为 x_Q、y_Q，则有如下换算公式

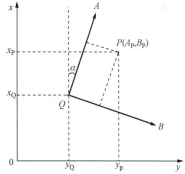

$$x_P = x_Q + A_P\cos\alpha - B_P\sin\alpha$$
$$y_P = y_Q + A_P\sin\alpha + B_P\cos\alpha$$

（11-1）

（三）建筑方格网主轴线的测设

1. 主点的测设

主点的测设如图 11-4 所示，点 1、2、3 为测量控制点，A、0、B 为建筑方格网主轴线的主点，欲将主点 A、0、B 测设于地面，首先在施工总平面图上求得 A、0、B的施工坐标，再将这三个主点的施工坐标换算成测量坐

图 11-3　施工坐标与测量坐标的
关系

标，然后计算放样元素 D_1、D_2、D_3 和 β_1、β_2、β_3，再用极坐标法分别测设出 A、0、B 的概略位置，以 A'、$0'$、B' 表示（如图 11-5 所示）。为了便于调整点位，在测设的概略位置埋设混凝桩，并在混凝桩的顶部设置一块 10cm×10cm 的铁板。

2. 主点的调整

由于测设误差，主点 A'、$0'$、B' 一般不位于同一直线上，为此，需在主点 $0'$ 上安置经纬仪，精确测量 $\angle A'0'B'$ 的角值 β，如果 β 与 180° 之差超过 10″，应调整 A'、$0'$、B' 的位置。

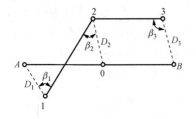

图 11-4　主点的测设

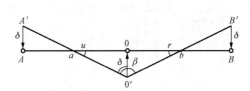

图 11-5　主点的调整

调整时，将 A'、$0'$、B' 三点按图 11-5 中所示的箭头方向各移动一个微小的改正值 δ，使 A、0、B 三点成一直线。

由于 u 和 r 角值很小，则

$$u = \frac{\delta}{\frac{a}{2}}\rho = \frac{2\delta}{a}\rho, \quad r = \frac{\delta}{\frac{b}{2}}\rho = \frac{2\delta}{b}\rho, \quad 180° - \beta = u + r = \left(\frac{2\delta}{a} + \frac{2\delta}{b}\right)\rho = 2\delta\left(\frac{a+b}{ab}\right)\rho$$

则
$$\delta = \frac{ab}{2(a+b)}\frac{180° - \beta}{\rho} \tag{11-2}$$

A、0、B 三点确定以后，再测量 $\angle A0B$，如果测得的角值与 $180°$ 之差仍超过规定的限差，应继续调整该三点的位置，直到误差在容许范围以内。

A、0、B 三点确定以后，将经纬仪安置于 0 点，测设另一主轴线 $C0D$（如图 11-6 所示）。测设时，经纬仪的望远镜瞄准 A 点，分别向右、向左各转 $90°$，在地面上定出 C'、D' 两点，精确测量 $\angle A0C'$ 和 $\angle A0D'$，分别计算它们与 $90°$ 之差 ε_1、ε_2，按计算式求得距离改正值 l_1，l_2，即

$$l_1 = D_1 \frac{\varepsilon_1}{\rho''}, \quad l_2 = D_2 \frac{\varepsilon_2}{\rho''} \tag{11-3}$$

改正时，将 C' 沿垂直于 $0D'$ 的方向移动距离 l_1 得 C 点，同法可以定出 D 点。需要指出的是，改正时的移动方向应根据实测角值的大小确定。最后还应精确测量改正后的 $\angle C0D$，其角值与 $180°$ 之差不应超过 $\pm10''$。

A、0、B、C、D 的点位定出后，必须按照方格网的设计边长检查 $0A$、$0B$、$0C$、$0D$ 的长度，若两者不相等，应以 0 点为基础调整 A、B、C、D 的位置，使 $0A$、$0B$、$0C$、$0D$ 的长度等于相应的设计长度，最后在铁板上刻划出主点 A、0、B、C、D 的点位。

（四）建筑方格网的测设

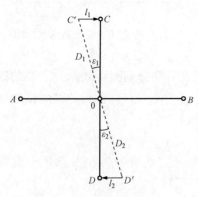

图 11-6　角度的调整

纵横主轴线测定以后，可以按以下步骤测设方格网，如图 11-7 所示。在主轴线的 4 个端点 A、B、C、D 上分别安置经纬仪，均以主点 0 为起始方向，分别向左、右各测设 $90°$ 角，由两架经纬仪用交会法可以定出方格网的 4 个角点 1、2、3、4。1、2、3、4 点的位置定出后，还应检查 $A1$、$A4$、$D1$、$D2$、$B2$、$B3$、$C3$、$C4$ 的距离，其距离值应与相应的设计值相等，否则，应调整 1、2、3、4 的位置，并埋设混凝土桩，这样就构成了"田"字形方格。再以"田"字形方格为基础，测设各方格的边长，定出各方格点的位置，这样就构成了方

格网，各方格点也要用混凝土桩或大木桩进行标定。

二、厂房矩形控制网

前面已经讲过，厂区建筑方格网是用来放样厂房轴线及各种管线的，为了放样厂房的细部位置，必须在建筑方格网的基础上测设厂房矩形控制网，作为工业厂区的二级控制。

如图 11-8 所示，M、N、P、Q 为厂房的轴线，R、S、T、U 是为放样厂房细部位置而设置的厂房矩形控制网，为了不受厂房基坑开挖的影响，设计时应使厂房矩形控制网位于厂房基础开挖线以外 1.5m 处，E、F 为建筑方格网中已测设的两个方格点。方格点的坐标是已知的，厂房轴线 4 个角点 M、N、P、Q 的坐标，可以在施工总平面图上查得。

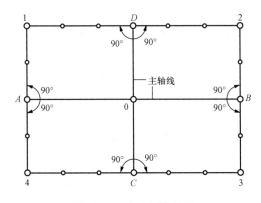

图 11-7　方格网的测设

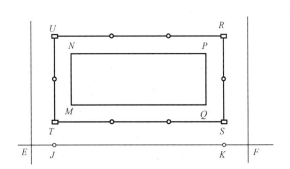

图 11-8　矩形控制网

厂房矩形控制网的测设可按以下步骤进行：

（1）将经纬仪安置于方格点 E 上，瞄准方格点 F，沿此方向从 E 点测设距离 EJ，使其等于 T、E 两点的横坐标差，定出 J 点。同样，从 F 点沿 FE 方向测设距离，使其等于 F、S 两点的横坐标差，定出 K 点。

（2）将经纬仪安置于 J 点，瞄准 F 点，用正、倒镜测设 270°，得 JU 方向，沿此方向测设距离 JT 及 JU（距离 JT 为 T、E 两点的纵坐标差，JU 为 U、E 两点的纵坐标差），在地面上定出 T、U 两点。定点时，可以先用盘左的位置粗略定出两点的位置，打入大木桩，再用盘左盘右位置精确地标定 T、U 的点位，并在桩顶刻划"+"记号标明 T、U 的位置。然后将仪器安置于 K 点，用同样的方法定出 S、R 的位置。

（3）检查矩形控制网的边长是否等于设计边长，其相对误差不得超过 1/10000；再检查矩形控制网的角度是否等于 90°，其误差不得超过 ±10″。

上述方法一般适用于小型或设备基础较简单的中型厂房。对于大型或设备基础较复杂的中型厂房，应先测设厂房矩形控制网的主轴线，据此测设厂房矩形控制网。

三、厂区的高程控制

为了进行厂区各建筑物的高程放样，必须在厂区布设水准点。水准点的密度应尽可能满足安置一次仪器即可测设出所需的高程。测绘厂区地形图时所布设的水准点，其数量和精度一般不能满足厂区施工测量的需要，因此必须在厂区另外布设水准点。一般情况下，建筑方格网点可以兼作水准点，即在已布设的方格网点桩面中心位置旁设置突出的半球形标志。

厂区高程控制的精度要求视不同的情况而定。一般情况下，宜采用四等水准测量的方法构成闭合或附合水准路线，对于连续生产的车间或管道线路，则需提高精度等级，即采用三等水准测量的方法测定各水准点的高程。

布设厂区高程控制时，还应在各厂房附近专门设置±0高程点，±0高程是厂房内部底层地坪的设计高程，它主要为厂房构件的细部放样服务。特别需要指出的是，设计中各厂房的±0高程往往不相同。

第二节　厂房柱列轴线的测设和柱基施工测量

一、柱列轴线的测设

柱列轴线如图11-9所示。图中，$RSTU$是根据建筑方格网测设的厂房矩形控制网。矩形控制网经检查符合精度要求后，即可据此测设厂房柱列轴线。

图中Ⓐ、Ⓑ、Ⓒ和①、②、③、…、⑨等轴线为厂房的柱列轴线，根据柱子的柱间距和跨间距用钢尺沿矩形控制网各边量出各轴线控制桩的位置，并打入大木桩，在桩顶钉上小钉，作为测设基坑和施工安装的依据。

应该注意的是，由于厂房柱基的类型很多，尺寸不一，所以柱列轴线不一定是基础的中心线。

二、基坑的测设

柱子基坑开挖以前，应根据厂房基础平面图和基础大样图的设计尺寸，把基坑开挖的边线测设于地面上。

柱列轴线的投测，如图11-10所示。柱基放样时，经纬仪分别安置在相应的轴线控制桩上，在地面上定出定位小木桩的位置（定位小木桩的位置应不受基坑开挖的影响），然后按照基础大样图的尺寸，用特制角尺，由定位小木桩定出基坑的开挖线，并用白灰进行标记。

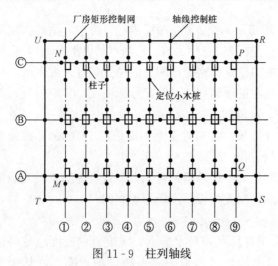

图11-9　柱列轴线

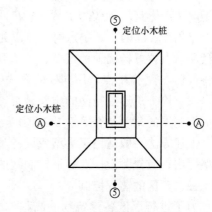

图11-10　柱列轴线的投测

三、基坑高程的测设

基坑挖到一定深度后，须在坑壁四周离坑底0.3～0.5m处设置水平桩（如图11-11所示），作为基坑修坡、清底和设置垫层的依据。

除了设置水平桩外，还应在基坑底部测设出垫层的高程。如图11-11所示，在坑底设置垫层标高桩，使桩顶的高程恰好等于垫层的设计高程。

四、基础模板的定位

根据定位小木桩，用拉线和吊垂球的方法，在垫层上投测柱列轴线的位置，以柱列轴线为基础定出柱基的定位线，并用墨斗弹出墨线，作为柱基设置模板和布置基础钢筋的依据。竖立模板时，应使模板底线对准垫层上所标记的定位线，用吊垂球的方法检查模板是否竖直。最后在模板的内壁用水准仪测设出柱基顶面的设计高程，并标出记号，作为柱基混凝土浇筑的依据。

柱基模板拆除后，应以轴线控制桩为基础，在杯形基础顶面上定出柱基的中心线，并弹出墨线作为标记（如图 11-12 所示），同时在杯口内壁，用水准仪测设一条高程线，从该线向下量取一个整分米数即得杯底的设计高程，供整修底部高程之用。

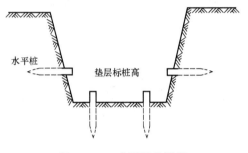

图 11-11　水平桩的设置

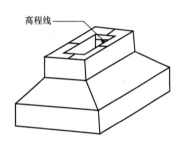

图 11-12　高程线的测设

第三节　工业厂房预制构件的安装测量

工业厂房的构件一般按照设计尺寸预制，然后在现场进行定位、安装。下面着重介绍柱子、吊车梁、吊车轨道等构件在安装时所进行的测量工作。

一、柱子安装测量

（一）柱子安装测量时的精度要求

（1）柱脚中心线必须对准柱基的中心线，允许偏差为±5mm。

（2）牛腿面的高程必须等于它的设计高程，其误差不应超过下列值：

1）柱高在 5m 以下为±5mm。

2）柱高在 5m 以上为±8mm。

（3）柱身必须竖直，其竖向允许偏差为 1/1000 柱高，但不应超过 20mm。

（二）吊装前的准备工作

进行基础模板定位时，在杯形基础顶面上已定出柱基的中心线，并在杯口内壁测设了一条高程线。吊装前还应进行如下准备工作。

1. 柱面弹线

在每根柱子的三个侧面弹出柱子的中心线。

2. 柱长检查

柱子预制时，由于各种原因，其实际长度与设计长度往往不相等，因此，吊装前必须用钢尺量出柱子的实际长度。

3. 杯底找平

杯底找平如图 11 - 13 所示，柱底到牛腿面的设计长度 l、杯底高程 H_1 和牛腿面的设计高程 H_2 之间应满足如下关系

$$H_2 = H_1 + l \tag{11-4}$$

柱子安装后牛腿面的高程必须等于其设计高程 H_2，而柱子的长度预制后不可能进行修整。解决的办法是在浇筑杯形基础时，把杯形基础的杯底高程降低 3～5cm，根据各柱子的实际长度，在杯底回垫水泥砂浆，以便使式（11 - 4）得到满足，这项工作称为杯底找平。

（三）安装柱子时的竖直校正

柱子的竖直校正如图 11 - 14 所示，将柱子吊装插入杯口后，首先应使柱子基本竖直，再使其侧面的中心线与柱基的中心线重合，用木锲初步固定后，即可进行竖直校正。

竖直校正时，将两台经纬仪分别安置在柱基纵横中心轴线附近，经纬仪离柱子的距离约为柱高的 1.5 倍。望远镜先瞄准柱子下部的中心线，抬高望远镜，瞄准柱子顶部的中心线，如果柱子顶部的中心线也位于望远镜十字丝的交点上，说明柱子是竖直的，否则应进行校正，直到柱子两侧面的中心线都竖直为止。

由于在柱基纵轴方向上，柱间距很小，可以将经纬仪安置在柱基纵轴的一侧，仪器偏离轴线的角度 β 不要超过 15°，这样，在柱基纵轴一侧安置一次仪器，可以校正多根柱子，如图 11 - 14 所示。

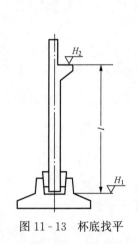

图 11 - 13　杯底找平

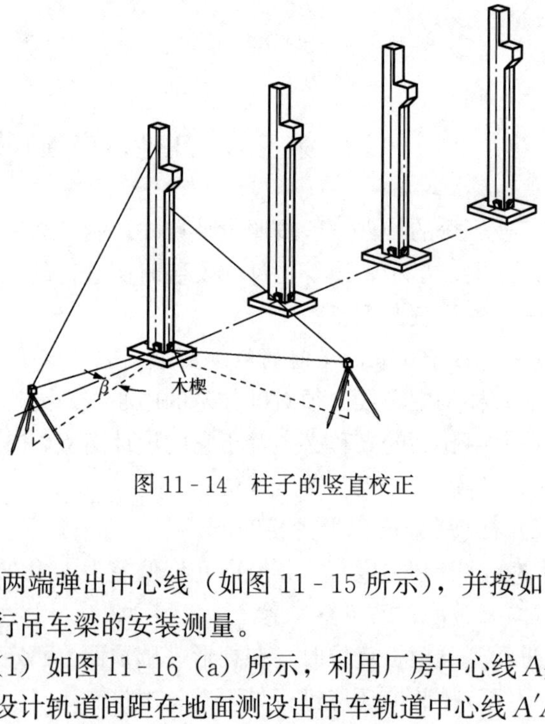

图 11 - 14　柱子的竖直校正

二、吊车梁的安装测量

安装吊车梁前，先在吊车梁的顶面和两端弹出中心线（如图 11 - 15 所示），并按如下步骤进行吊车梁的安装测量。

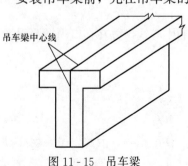

图 11 - 15　吊车梁

（1）如图 11 - 16（a）所示，利用厂房中心线 A_1A_1，根据设计轨道间距在地面测设出吊车轨道中心线 $A'A'$ 和 $B'B'$。

（2）将经纬仪安置在吊车轨道中心线的一个端点 $A'(B')$ 上，瞄准中心线的另一个端点 $A'(B')$，仰起望远镜，将吊车轨道中心线投测到每根柱子的牛腿面上，并弹出墨线。

（3）将吊车梁安装在牛腿面上，使吊车梁两端的中心线与牛腿面上的吊车轨道中心线对齐。

（4）在地面安置水准仪，利用附近的水准点，在每根柱子的侧面测设＋50cm（相对于厂房±0.000）高程线，然后用钢尺量出该高程线到吊车梁顶面的高度 h，如果 $h+0.5m$ 不等于吊车梁顶面的设计高程，则需要在吊车梁下加减铁板进行调整，直到满足要求为止。

三、吊车轨道的安装测量

如图 11-16（b）所示，在地面上分别从两条吊车轨道中心线向内量取距离 $a=1m$，得到两条平行线 $A''A''$ 和 $B''B''$，将经纬仪安置在平行线一端的 $A''(B'')$ 点上，瞄准平行线的另一端点 $A''(B'')$，固定照准部，抬高望远镜向上投测，另一人在吊车梁上左右移动水平放置的木尺，当视线对准木尺的 1m 分划时，木尺的零分划应与吊车梁顶面的中心线重合，如果不重合，则用撬杠拨动吊车梁，使吊车梁顶面的中心线与 $A''A''(B''B'')$ 的间距等于 1m。

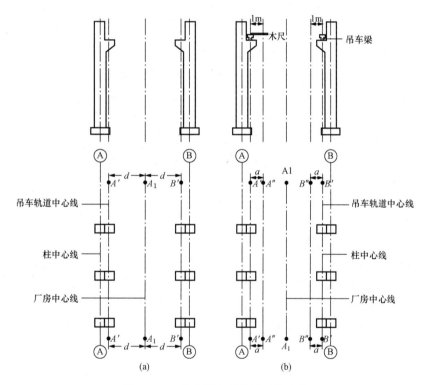

图 11-16　吊车梁和吊车轨道的安装
（a）吊车轨道中心线的测设；（b）两条平行线的测设

将吊车轨道吊装到吊车梁上安装后，将水准仪安置在吊车梁上，将水准尺立在轨道顶面上，每隔 3m 测一高程点，与设计高程比较，误差不得超过 ±2mm；用钢尺丈量两吊车轨道间的跨距，与设计跨距比较，误差不得超过 ±3mm。

第四节　民用建筑施工中的测量工作

一、建筑基线的测设

根据测量工作的基本原则可知，任何建筑施工放样前，必须在施工现场进行控制测量，以此作为施工放样的依据。工业厂区的控制网及大型民用建筑施工中的控制网，一般采用建筑方格网，中小型民用建筑施工中的控制网，通常布设建筑基线。

建筑基线的布置形式应根据建筑物的分布及施工现场的地形条件和原有控制点的分布情况而定。通常可布置成如图 11-17 所示的四种形式：即三点直线形、三点直角形、四点丁字形、五点十字形。

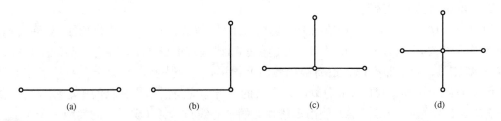

图 11-17　建筑基线的布设形式

（a）三点直线形；（b）三点直角形；（c）四点丁字形；（d）五点十字形

无论采用哪种布置形式，应尽量使建筑基线靠近主要建筑物，并与主要建筑物的轴线平行，建筑基线的定位点应不少于三个。建筑基线的测设方法主要有以下两种方法：

（一）根据已有控制点测设建筑基线

如图 11-18 所示，1、2 为已知控制点，A、0、B 为布置成三点直角形的建筑基线的定位点。测设建筑基线时，可根据控制点的已知坐标和建筑基线上各定位点的设计坐标用极坐标法把建筑基线的定位点测设于地面上，然后将经纬仪安置于 0 点。用测回法检查 $\angle A0B$ 是否等于 $90°$，其不符值不应超过 $\pm20''$；丈量 $0A$、$0B$ 的距离，与设计距离比较，其相对误差不应大于 $1/2000$。如果建筑区布设有建筑方格网，则采用直角坐标法测设建筑基线。

（二）根据建筑红线测设建筑基线

在城建区新建一幢建筑或一群建筑，可利用城市规划部门批复的总平面图所给定的建筑边界线（一般称为建筑红线）测设主轴线。如图 11-19 所示，Ⅰ、Ⅱ、Ⅲ 三点为规划部门在地面上标定的边界点，其连线即为建筑红线。测设建筑基线时，用平行线推移法确定建筑基线 A、0、B 三点的位置。然后将经纬仪安置于 0 点，测量 $\angle A0B$，其值与 $90°$ 之差不得超过 $\pm20''$。

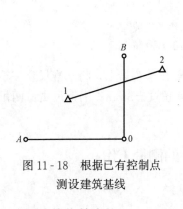

图 11-18　根据已有控制点
测设建筑基线

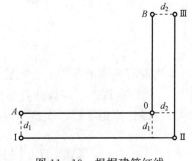

图 11-19　根据建筑红线
测设建筑基线

二、民用建筑物的定位

民用建筑物的定位，就是将建筑物外廓各轴线的交点，测设于地面上，然后根据这些点进行细部放样，可以采用以下方法进行定位。

（一）根据已有的建筑物定位

如图 11-20 所示，宿舍楼为已知建筑物，教学楼为拟建建筑物，修建教学楼时，要求教学楼的南墙面与宿舍楼的南墙面齐平，宿舍楼的东墙面与教学楼的西墙面之间的距离为 14m，教学楼的外墙厚 37cm，外墙面距外廓（墙）轴线的距离为 0.24m，外廓轴线的尺寸关系已标注在图中，现要求测设教学楼外廓轴线的交点 M、N、P、Q。

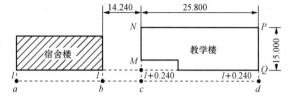

图 11-20　根据已有的建筑物定位

测设时，首先沿宿舍楼的东、西墙用钢尺延长一小段距离 l 得 a、b 两点。将经纬仪安置在 a 点，瞄准 b 点，从 b 点沿 ab 方向量出 14.240m 得 c 点，从 c 点继续沿 ab 方向量取 25.800m 得 d 点。将经纬仪分别安置在 c、d 点上，分别后视 a 点，将照准部沿顺时针方向转动 90°，从 c、d 点分别沿经纬仪视线方向量出 $l+0.240$m，得 M、Q 两点，再继续沿经纬仪视线方向量出 15.000m 得 N、P 两点。最后应检查 NP 的距离是否等于 25.800m，相对误差应小于 1/5000，另外，还要检查 $\angle N$ 和 $\angle P$ 是否等于 90°，误差应小于 $1'$。

（二）根据建筑基线定位

如图 11-21 所示，$A0B$ 为建筑基线，①、②、③和Ⓐ、Ⓑ、Ⓒ是总平面图上某建筑物外廓轴线，各轴线交点的距离以及建筑物离建筑基线的距离是已知的。根据建筑基线可以进行建筑物的定位，定位方法采用直角坐标法。定位完成后，还要用钢尺检测各轴线交点间的距离，其误差不得超过设计长度的 1/2000，并用经纬仪检查各交点的角度是否等于 90°，误差不得超过 $1'$。

三、龙门板和轴线控制桩的设置

民用建筑物施工的第一步是基础开挖，基础开挖时，所测设的轴线交点桩将被挖掉。因此，在施工阶段，为了能及时恢复各轴线的位置，一般把民用建筑物定位时所测设的轴线延长到开挖线以外 2m 的地方，并设置标志。轴线延长的方法有龙门板法和轴线控制桩法，龙门板法一般适用于小型民用建筑物的轴线延长。

龙门板的设置如图 11-22 所示，A、B、C、D 为轴线交点桩。首先在这些轴线交点桩的延长线以外适当的地方设置龙门桩。龙门桩要钉得牢固、竖直、两桩的连线尽量与该轴线垂直，桩的外侧面应与基槽平行。

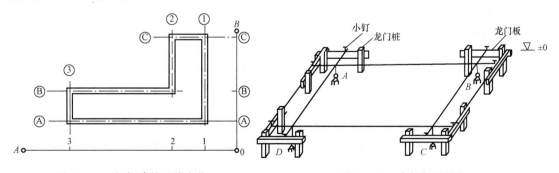

图 11-21　根据建筑基线定位　　　　　　图 11-22　龙门板的设置

然后根据施工现场附近的水准点，用水准仪将室内地坪的设计高程±0测设到各龙门桩上，并作标记。若施工现场地面起伏较大，也可测设比±0高或低一整厘米数的高程线。根据龙门桩上的标记，把龙门板钉在龙门桩上，使龙门板的顶部高程正好为±0。龙门板钉好后，用水准仪检测龙门板的顶部高程，其偏差应小于3mm。

龙门板设置好以后，应将建筑物的定位轴线投测于龙门板上，并钉上小钉。

为了节省木材，在轴线延长线上钉木桩，并用混凝土包裹木桩，称为轴线控制桩，轴线控制桩应设在开挖线以外不受施工影响的地方，基础开挖完后，可以用轴线控制桩恢复相应轴线的位置，有条件的地方也可以将轴线延长到已有建筑物的外墙上。

四、基础施工测量

基础开挖前，根据龙门板或轴线控制桩上对应的轴线位置及基础宽度，并顾及基础开挖时边坡的尺寸，在地面上放出基础开挖边线的位置，并撒上白灰，以便施工开挖。

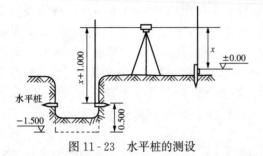

图 11-23　水平桩的测设

当基槽开挖到接近设计深度时，应使用水准仪在基槽壁每隔3m测设水平桩，如图11-23所示，在基槽拐角处还应加设水平桩，水平桩桩面的设计高程一般离槽底0.5m，以便控制槽底的开挖高程。

第五节　高层建筑物及复杂民用建筑物的施工测量

一、高层建筑物的施工测量

高层建筑的特点是层数多，尤其是在繁华地段建筑群中施工时，场地狭窄，施工测量难度大。在施工过程中，对建筑物各部位水平位置、垂直度和高程的精度要求较高。

高层建筑物的施工方法较多，目前常用的施工方法有两种。一种是滑模施工，即分层滑升逐层现浇楼板；另一种是预制构件装配式施工。国家建筑施工规范中对上述高层建筑物的施工质量标准见表11-1。

表 11-1	高层建筑物施工质量标准				（mm）
施工方法	竖向偏差限值		高程偏差限值		
	各 层	总累计	各 层	总累计	
滑模施工	5	$H/1000(<50)$	10	50	
装配式施工	5	20	5	30	

高层建筑物的施工测量主要包括建立控制网、基础定位及轴线点投测和高程传递等工作。建立控制网及基础定位的方法前面已经作了介绍，在此不再重复。

（一）轴线点投测

低层建筑物的轴线投测，一般采用吊锤法，即从楼边缘悬吊5～8kg重的锤球，使锤球对准基础上所标定的轴线位置，锤球线在楼边缘的位置即为楼层轴线端点的位置，然后在此位置作出标记。

高层建筑物的轴线投测，一般采用经纬仪引桩法（有条件时可使用激光铅垂仪投测法）。

采用经纬仪引桩法时，先在离建筑物较远的地方（应大于 1.5 倍的建筑物高度）设置轴线控制桩，如图 11 - 24 所示的 A、B 位置。然后在轴线控制桩上安置经纬仪，盘左照准底部的轴线标志如 C_1 和 C，固定照准部，向上抬高望远镜，照准楼边或柱边标定一点，盘右采用同样的方法操作一次，又可标定一点，如两点不重合，取其中点作为轴线端点，如 $C_{1中}$ 和 $C_中$，轴线两端点投测完后，再弹墨线标明轴线的位置。

当楼层逐渐升高时，望远镜的仰角越来越大，投测精度将逐渐降低。此时，可将原轴线控制桩引测到附近大楼的楼顶上如 A_1 点或地面上更远的地方如 B_1 点，然后根据 A_1 和 B_1 点继续向上投测轴线。

当建筑场地狭窄无法延长轴线时，可采用侧向借线法，如图 11 - 25 所示，将轴线向建筑物外侧平移一小段距离如 1m，得平移轴线的交点 a、b、c、d，在施工楼层的四角用脚手架支出操作平台，然后将经纬仪安置在地面 c 点和 b 点上，分别瞄准 d 点，采用盘左盘右取平均的方法在操作平台上定出 d_1 点，同法在其他操作平台上定出 a_1、b_1、c_1 点，再以 a_1b_1、b_1d_1、d_1c_1、c_1a_1 为基础，向内量 1m，则得到该楼层轴线的位置。

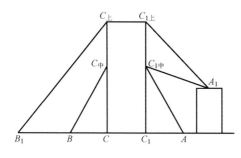

图 11 - 24　经纬仪引桩法

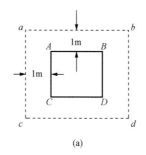
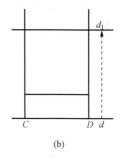

图 11 - 25　侧向借线法
（a）立面图；（b）平面图

（二）高程传递

高程传递就是从底层±0.000 高程点沿建筑物的外墙、边柱或电梯间用钢尺向上量取楼层的高程。一幢高层建筑物至少要由三个底层高程点向上传递高程。由下层传递上来的同一层几个高程点，必须用水准仪进行检核，看它们是否在同一水平面上，其误差不得超过 3mm。

二、复杂民用建筑物的施工测量

随着城市建设的发展，具有复杂造型的建筑物相继出现，复杂造型包括圆形、椭圆形、双曲线型。对于这类建筑物，应根据现场施工条件，由相应曲线的数学表达式，确定放样方案。一般先放样建筑物的主轴线，然后放样细部点。下面以椭圆形造型为例介绍这类建筑物的放样方法。

（一）直线拉线法

椭圆的几何特性是曲线上任意一点到两焦点的距离之和等于定值，因此，焦点 F_1 和 F_2 是放样椭圆的两个主点。直线拉线法放样椭圆如图 11 - 26 所示。

首先在实地放样椭圆两个焦点 F_1 和 F_2 的位置，然后准备一根长度为 $2a$（a 为椭圆的长半径）的细钢丝，将

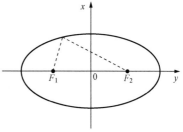

图 11 - 26　直线拉线法放样椭圆

细钢丝的两端固定在 F_1 点和 F_2 点，用测钎套住细钢丝，拉紧在地面移动划线，并在地面上按一定的间隔设置标志。直线拉线法一般适用于地面平坦的场合。

（二）直角坐标法

直角坐标法放样椭圆如图 11-27 所示，通过椭圆中心建立平面直角坐标系，椭圆的长轴和短轴即为坐标系的 y 轴和 x 轴。令 $x=0$，1，2，…，M，并代入椭圆方程，分别求出相应的 y 值，将结果列表，然后用直角坐标法放样出这些点的位置。

（三）中心极坐标法

中心极坐标法放样椭圆如图 11-28 所示，以 x 轴为起始方向，每隔一定的 θ 角，计算椭圆上放样点到椭圆中心的距离 D

$$D = \sqrt{\cfrac{1}{\left(\cfrac{\cos\alpha}{a}\right)^2 + \left(\cfrac{\sin\alpha}{b}\right)^2}} \qquad (11-5)$$

式中：α 为 x 轴与 D 之间的夹角，且 $\alpha=k\theta$（$k=0$，1，2，…）。

放样时，以中心点 0 为测站点，以 D 为极距，每隔 θ 角拨角放一点，使用这种方法可以放出全部椭圆。

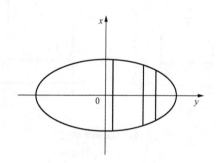 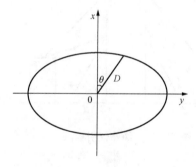

图 11-27　直角坐标法放样椭圆　　　　图 11-28　中心极坐标法放样椭圆

习　题

11-1　简述建筑方格网主轴线的测设方法。

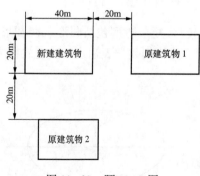

图 11-29　题 11-5 图

11-2　简述厂房矩形控制网的测设方法。

11-3　简述柱基基坑的测设方法。

11-4　进行民用建筑物的定位时，设置龙门板或轴线控制桩的作用是什么？

11-5　如图 11-29 所示，已给出了新建建筑物外廓轴线的尺寸关系及新建建筑物外墙面与原建筑物外墙面的尺寸关系（新建建筑物外墙面与外廓轴线的距离为 0.24m），试简述测设新建建筑物外廓轴线交点的方法，并绘出草图。

第十二章　大坝施工测量

　　兴修水利，需要进行防洪、灌溉、排涝、发电、航运等综合治理。水利工程中，由若干个建筑物组成的统一整体，称为水利枢纽。图 12-1 为一水利枢纽的示意图，其主要组成部分包括拦河大坝、电站、放水涵洞、溢洪道。

　　拦河大坝是重要的水工建筑物，大坝按坝型分分为土坝、堆石坝、重力坝和拱坝等。修建大坝需按施工顺序进行相应的测量工作，包括布设平面和高程控制网、确定坝轴线的位置、布设坝身控制网、放样清基开挖线、放样坝体细部点等。对于不同坝型及不同规模的大坝，施工放样的精度和要求有所不同。本章分别就土坝及混凝土重力坝的施工放样方法进行介绍。

图 12-1　水利枢纽示意图

第一节　土坝的控制测量

　　土坝是一种较为普遍的坝型。新中国成立后，我国修建的数以万计的大坝中，中小型土坝占 90% 以上。根据土料在坝体的分布及其结构的不同，其类型又有多种。图 12-2 是一种黏土心墙土坝的示意图。

　　土坝的控制测量是根据基本网确定坝轴线的位置，然后以坝轴线为依据布设坝身控制网，用于坝体的细部放样。

一、坝轴线的确定

　　对于中小型土坝的坝轴线，一般由工程设计人员和勘测人员组成选线小组，深入现场进行实地勘察，根据实地的地形和地质条件，经过方案比较，直接在现场选定。

　　对于大型土坝以及与混凝土坝衔接的土质副坝，一般经过现场踏勘、图上规划等多次调查研究和方案比较，确定建坝位置，并在坝址地形图上结合枢纽的整体布置，将坝轴线标注在地形图上，如图 12-3 所示的 M_1M_2。为了将图上设计好的坝轴线 M_1M_2 标定在实地上，可根据预先建立的施工控制网，用角度交会法将 M_1 和 M_2 放样到地面上。放样时，先根据控制点 A、B、C（见图 12-3）的坐标和坝轴线两端点 M_1 和 M_2 的设计坐标算出交会角 β_1、β_2、β_3 和 γ_1、γ_2、γ_3，然后将经纬仪安置在 A、B、C 点，测设交会角，用三个方向进行交会，在实地定出 M_1 和 M_2。

　　坝轴线的两端点 M_1 和 M_2 在现场标定后，应使用永久性标志作出标记。为了防止施工时端点遭到破坏，应将坝轴线的端点延长到两面山坡上，如图 12-3 中的 M_1'、M_2'。

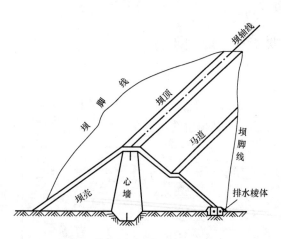

图 12 - 2　黏土心墙土坝结构示意图

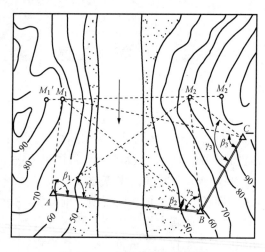

图 12 - 3　坝轴线测设示意图

二、坝身控制网的测设

坝身控制网一般由若干条平行于坝轴线的控制线和垂直于坝轴线的控制线组成，坝身控制网的测设一般在清理基础前进行。

（一）平行于坝轴线的控制线的测设

平行于坝轴线的控制线一般布设在坝顶上下游线、上下游坡面变化处、下游马道中线，也可以按一定的间隔（如 10、20、30m 等）布设，以便控制坝体的填筑。

测设平行于坝轴线的控制线时，分别在坝轴线的端点 M_1 和 M_2 安置经纬仪，用测设 $90°$ 的方法各作一条垂直于坝轴线的横向基准线（如图 12 - 4 所示），然后沿此基准线量取各平行控制线距坝轴线的距离，得各平行线的位置，用方向桩在实地标定。

（二）垂直于坝轴线的控制线的测设

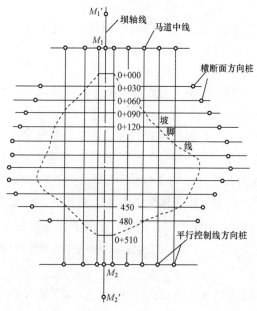

图 12 - 4　土坝坝身控制线示意图

垂直于坝轴线的控制线，一般按 20、30m 或 50m 的间距布设。其测设步骤如下：

1. 沿坝轴线测设里程桩

由坝轴线的一端，如图 12 - 4 中的 M_1，在坝轴线上定出坝顶与地面的交点，将该交点作为零号桩，即桩号为 0＋000。测设零号桩的方法是：在 M_1 点安置经纬仪，瞄准另一端点 M_2，得坝轴线方向，用高程放样的方法，根据附近水准点上水准尺的后视读数 a、水准点的高程 H_{BM} 及坝顶的设计高程 $H_顶$，求得水准尺上的前视读数 $b＝H_{BM}＋a－H_顶$，再将水准尺沿坝轴线方向移动（由经纬仪控制），当水准仪读得的前视读数为 b 时，立尺点即为零号桩。然后由零号桩起，沿坝轴线方向按选定的间距（图 12 - 4 中间距为 30m）量距，钉下 0＋030、0＋060、0＋090…里程桩，直到另一端坝顶与地面的交点为止。

2. 测设垂直于坝轴线的控制线

将经纬仪安置在各里程桩上，瞄准 M_1 或 M_2，转 90°即可定出垂直于坝轴线的一系列平行线，并在上下游施工范围以外用方向桩标定在实地上，作为测量横断面和进行细部点放样的依据，这些方向桩也称为横断面方向桩。

三、高程控制网的建立

用于土坝施工放样的高程控制网，可由基本网和若干个临时作业水准点组成，其中基本网由若干个永久性水准点组成。基本网布设在施工范围以外，并与国家水准点连测，组成闭合或附合水准路线。土坝高程控制网如图 12‑5 所示，用三等或四等水准测量的方法施测。

临时水准点直接用于坝体的高程放样，一般布置在施工范围以内不同高度的地方，并尽可能做到安置 1～2 次仪器就能放样高程。临时水准点应根据施工进程及时设置，应附合到永久水准点

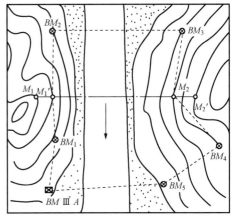

图 12‑5　土坝高程控制网

上，一般按四等或一般水准测量的方法施测，并定期检测其稳定性。

第二节　土坝清基开挖与坝体填筑的施工测量

一、清基开挖线的放样

为了使坝体与岩基能够很好结合，坝体填筑前，必须对基础进行清理。为此，应放出清基开挖线，即坝体与原地面的交线。

清基开挖线的放样精度要求不高，可用图解法求得放样数据在现场放样。为此，先沿坝轴线测量纵断面，即测定坝轴线上各里程桩的高程，绘出纵断面图，求出各里程桩的中心填土高度，再在每一里程桩进行横断面测量，绘出横断面图，最后根据里程桩的高程、里程桩的中心填土高度及坝面坡度，在横断面图上套绘大坝的设计断面。土坝清基的放样数据如图 12‑6 所示。从图中可以看出，R_1、R_2 为坝壳上下游清基开挖点，n_1、n_2 为心墙上下游清基开挖点，它们与坝轴线的距离分别为 d_1、d_2、d_3、d_4，可从图上量得，用这些数据即可在实地放样。由于清基有一定的深度，开挖时必须有一定的放坡，因此 d_1 和 d_2 应根据清基开挖深度适当加宽放样，用白灰连接各断面的清基开挖点，即为大坝的清基开挖线。

二、坡脚线的放样

清基以后应放出坡脚线，以便坝体的填筑。坝体和清基后地面的交线即为坡脚线，下面介绍两种放样方法。

（一）横断面法

仍用图解法获得放样数据。首先恢复坝轴线上的所有里程桩，然后进行纵横断面测量，绘出清基后的横断面图，套绘土坝设计断面，获得类似图 12‑6 的坝体与清基后地面的交点 R_1 及 R_2（上下游坡脚点），d_1 及 d_2 即分别为该断面上、下游坡脚点的放样数据。在实地将这些点标定出来，分别连接上下游坡脚点即得上下游坡脚线，如图 12‑4 所示虚线。

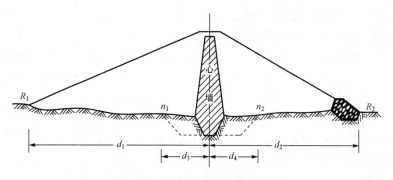

图 12-6 土坝清基的放样数据

（二）平行线法

如图 12-7 所示，AA' 为平行于坝轴线的控制线，假设该控制线距坝顶边线的距离为 25m，若坝顶高程为 80m，边坡坡比为 1：2.5，则 AA' 控制线与坝坡面相交的高程为 $80-25×\frac{1}{2.5}=70$m。放样时在 A 点安置经纬仪，瞄准 A' 定出控制线方向，用水准仪在经纬仪视线内探测高程为 70m 的地面点，该点就是所求的坡脚点。连接各坡脚点即得坡脚线。

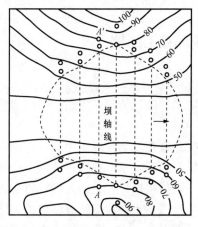

图 12-7 用平行线法进行
坝脚线的放样

三、边坡放样

坝体坡脚放出之后，即可填土筑坝，为了标明上料填土的界线，每当坝体升高 1m 左右，就要用木桩（称为上料桩）将边坡的位置标定出来，标定上料桩的工作称为边坡放样。

边坡放样前，先要确定上料桩至坝轴线的水平距离（坝轴距）。由于坝面有一定的坡度，随着坝体的升高，坝轴距将逐渐减小，因此，事先要根据坝体的设计数据算出坡面上不同高程的坝轴距，为了使经过压实和修理后的坝坡面恰好是设计的坡面，一般应加宽 1～2m 填筑，上料桩就应标定在加宽的边坡线上（见图 12-8 中的虚线处）。因此，各上料桩的坝轴距比按设计所算得的数值要大 1～2m，并将其编成放样数据表，供放样时使用。

边坡放样时，一般在填土处以外预先埋设轴距杆。如图 12-8 所示。轴距杆距坝轴线的距离主要考虑便于量距、放样，如图 12-8 中为 55m。为了放出上料桩，应使用水准仪测出坡面边沿处的高程，根据此高程从放样数据表中查出坝轴距，设为 53.5m，此时，从轴距杆向坝轴线方向量取 $55.0-53.5=1.5$（m），即为上料桩的位置。当坝体逐渐升高，轴距杆的位置不便使用时，可将其向里移动，以方便放样。

四、坡面修整

大坝填筑至一定高度且坡面压实后，还要进行坡面的修整，使其符合设计要求。此时可用经纬仪按测设坡度线的方法求得修坡量（削坡或回填）。如将经纬仪安置在坡顶（若设站点的实测高程与设计高程相等），依据大坝边坡的坡比（如 1：2.5）算出边坡的倾角（即

21°48′），将经纬仪的望远镜向下
倾斜，使竖直角为−21°48′，则得
到平行于设计边线的视线，然后
沿边坡竖立水准尺，读取中丝读
数 s，用仪器高 i 减 s 得修坡量。
坡面修整放样如图12-9所示。若
设站点的实测高程 $H_{测}$ 与设计高
程 $H_{设}$ 不相等，则可按下式计算
修坡量 Δh 为

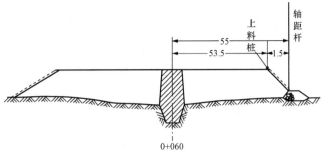

图 12-8　土坝边坡放样示意图

$$\Delta h = (i - s) + (H_{测} - H_{设}) \tag{12-1}$$

为便于对坡面进行修整，一般沿边坡观测 3～4 个点，求得修坡量，以此作为修坡的依据。

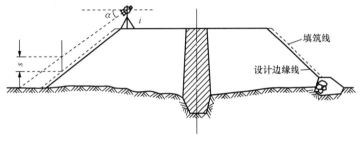

图 12-9　坡面修整放样

第三节　混凝土坝的施工控制测量

混凝土坝的结构和使用的建筑材料相对于土坝而言要复杂些，其放样精度要求比土坝
高。混凝土坝施工平面控制网一般按两级布设，但不多于三级，精度要求最末一级控制网的
点位中误差不得超过±10mm。

一、基本平面控制网

基本平面控制网为首级平面控制网，一般布设成三角网，并应尽可能将坝轴线的两个端
点纳入网中作为网的一条边，一般按三等以上三角测量的要求施测，大型混凝土坝的基本平
面控制网兼作变形监测网，精度要求更高，需按一、二等三角测量的要求施测。为了减少仪
器对中误差的影响，三角点一般建造钢筋混凝土观测墩，并在观测墩的墩顶埋设强制对中设
备，以便安置仪器和觇标。

二、坝体控制网

混凝土坝一般采用分层和分块的方法施工，坝体细部点的放样一般使用方向线交会法和
前方交会法。为此，坝体放样的控制网（称为定线网）可布设成矩形网和三角网两种形式，
前者以坝轴线为基础，根据坝体分块的尺寸建立，后者则由基本网加密建立。

（一）矩形网

图 12-10（a）为直线型混凝土重力坝分层分块示意图，图 12-10（b）为以坝轴线 AB
为基础布设的矩形网，它是由若干条平行和垂直于坝轴线的控制线组成，格网的尺寸按施工
分块的大小确定。

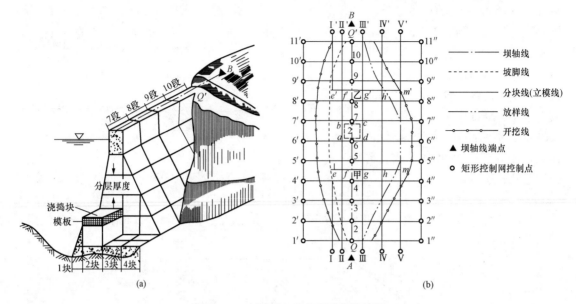

图 12-10　混凝土重力坝的坝体控制

（a）直线型混凝土重力坝分层分块示意图；（b）矩形网

测设时，将经纬仪安置在坝轴线的一个端点 A，照准坝轴线的另一个端点 B，在坝轴线上选甲、乙两点，通过这两点测设与坝轴线相垂直的方向线，由甲、乙两点开始，分别沿与坝轴线垂直的方向按分块的宽度定出 e、f、g、h、m 以及 e′、f′、g′、h′、m′ 等点，最后将 ee′、ff′、gg′、hh′、mm′ 方向线延伸到开挖区外的山坡上，并在山坡上设置 I、II、III、IV、V 和 I′、II′、III′、IV′、V′ 等放样控制点。

然后在坝轴线方向上，按坝顶的设计高程，找出坝顶与地面相交的两点 Q 与 Q′，再沿坝轴线按分块的长度定出坝基点 2、3、…、10，通过这些点分别测设与坝轴线相垂直的方向线，并将这些方向线延长到上、下游围堰上或两侧山坡上，并在围堰或山坡上设置 1′、2′、…、11′ 及 1″、2″、…、11″ 等放样控制点。

在测设矩形网的过程中，测设直角时须用盘左盘右取平均，丈量距离时应进行相应的校核，以免发生差错。

（二）三角网

图 12-11 为由基本网的一边 AB（拱坝坝轴线两端点）加密建立的定线三角网 ADCBFEA。坝体细部点的坐标一般为施工坐标，因此应根据设计图纸求算施工坐标原点的测量坐标和施工坐标纵轴在测量坐标中的坐标方位角，将 A、D、C、B、F、E 的测量坐标换算成施工坐标。

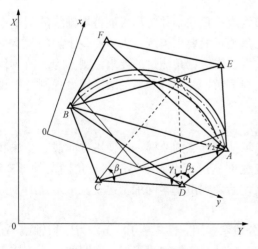

图 12-11　定线三角网

三、高程控制

高程控制一般分两级布设。基本网是整个

水利枢纽的高程控制，根据工程的不同精度要求，按二等或三等水准测量的方法施测，基本网应布设在施工区域以外稳定的地方，一般布设成闭合水准路线或水准网，并与国家水准点连测。作业水准点以基本网为基础进行加密，随施工进程布设在施工区内，为细部点的高程放样服务。作业水准点应尽量布设成闭合或附合水准路线，应定期检测其稳定性。

第四节 混凝土坝清基开挖线的放样

清基开挖线是确定对大坝基础清除基岩表层松散物的范围，它的位置根据坝两侧坡脚线、开挖深度和坡度决定。标定开挖线一般采用图解法。和土坝一样先沿坝轴线进行纵横断面测量并绘出纵横断面图，根据设计横断面在相应横断面图上定出坡脚点，获得坡脚线及开挖线，如图 12 - 10（b）所示。

实地放样时，可采用与土坝开挖线放样相同的方法，在各横断面上由坝轴线向两侧量距得开挖点。

第五节 混凝土重力坝的立模放样

一、坡脚线的放样

基础清理完毕，就可以进行坝体的立模浇筑。立模前，首先找出上、下游坝坡面与岩基的接触点，即分跨线上下游坡脚点。坡脚线的放样方法很多，这里主要介绍逐步趋近法。

如图 12 - 12 所示，欲放样上游坡脚点 a，先从设计图上查得坡顶 B 的高程 H_B、坡顶距坝轴线的距离 D，设计的上游坡度 $1:m$，为了在基础面上标出 a 点，可先估计基础面的高程为 H'_a，则坡脚点距坝轴线的距离可计算为

$$S_1 = D + (H_B - H'_a)m \tag{12-2}$$

求得距离 S_1 后，可由坝轴线沿该断面量一段距离 S_1 得 a_1 点，用水准仪实测 a_1 点的高程 H_{a_1}，若 H_{a_1} 与原估计的 H_a' 相等，则 a_1 点即为坡脚点 a。否则，应根据实测的 a_1 点的高程，再求距离得

$$S_2 = D + (H_B - H_{a_1})m \tag{12-3}$$

再从坝轴线起沿该断面量出 S_2 得 a_2 点，并实测 a_2 点的高程，按上述方法继续进行，逐次接近，直至由量得的坡脚点到坝轴线间的距离，与计算所得距离之差在 1cm 以内时为止（一般作三次趋近即可达到精度要求）。同法可放出其他各坡脚点，连接上游（或下游）各相邻坡脚点，即得上游（或下游）坡面的坡脚线，据此即可按 $1:m$ 的坡度竖立坡面模板。

二、直线型重力坝的立模放样

在坝体分块立模时，应将分块线投影到基础面上或已浇好的坝块面上，模板架立在分块线上，因此分块线也叫立模线，立模后立模线将被覆盖，因此，立模前应在立模线内侧弹出平行线，称为放样线［如图 12 - 10（b）中 abcd 内的虚线］，用于立模放样和检查校正模板的位置。放样线与立模线之间的距离一般为 0.2～0.5m。

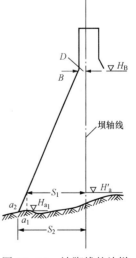

图 12 - 12 坡脚线的放样

（一）方向线交会法

如图 12-10（b）所示的混凝土重力坝，已按分块要求布设了矩形控制网，可用方向线交会法测设立模线。如要测设分块 2 的顶点 b 的位置，可在 $7'$ 安置经纬仪，瞄准 $7''$ 点，同时在 Ⅱ 点安置经纬仪，瞄准 Ⅱ′ 点，两台经纬仪视线的交点即为 b 点的位置。在相应的控制点上，用同样的方法可交会出该分块其他三个顶点的位置，得出分块 2 的立模线。

（二）前方交会法

如图 12-13 所示，由 A、B、C 三个控制点用前方交会法可测设某坝块的四个角点 d、e、g、f，它们的坐标由设计图纸查得。如欲测设 g 点，可算出 β_1、β_2、β_3，便可在实地定出 g 点的位置，依次可放出其他三个角点的位置。

方向线交会法简易方便，放样速度快，但往往受到地形限制，或因坝体浇筑逐步升高，挡住方向线的视线不便放样，因此，实际工作中可根据现场条件，把方向线交会法和前方交会法结合使用。

三、拱坝的立模放样

一般采用前方交会法。图 12-14 为某水利枢纽工程的拦河大坝拱坝，该坝坝型为拱坝，坝迎水面的半径为 243m，以 115° 的夹角组成一圆弧，弧长为 487.732m，分为 27 跨，按弧长编成桩号，桩号从 0+13.268～5+01.000（加号前为百米）。施工坐标为 $X0Y$，以圆心 0 与 12、13 分跨线（桩号 2+40.000）为 X 轴，为避免坝体细部点的坐标出现负值，令圆心 0 的坐标为（500.000，500.00）。

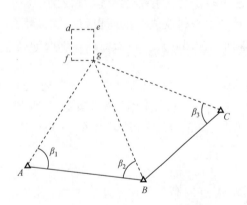

图 12-13　前方交会法立模放样

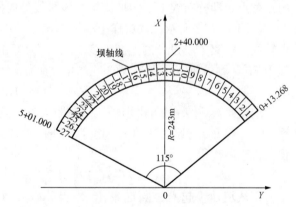

图 12-14　拱坝分跨示意图

现以第 11 跨的拱坝立模放样为例介绍放样数据的计算，如图 12-15 所示。图中示出的是第 11、12 跨坝体分跨分块图，图上尺寸从设计图中获得，一跨分三块浇筑，中间第二块在浇筑一、三块后浇筑，因此只需放出一、三块的放样线（图中虚线所示 $a_1a_2b_2c_2d_2d_1c_1b_1$ 及 $a_3a_4b_4c_4d_4d_3c_3b_3$）。放样数据计算时，应先算出各放样点的施工坐标，然后计算交会所需的放样数据。

（一）放样点施工坐标的计算

由图 12-15 可知，放样点的坐标可按计算式计算为

$$\left.\begin{aligned}
x_{ai} &= x_0 + \left[R_i + (\mp 0.5)\right]\cos\varphi_a \\
y_{ai} &= y_0 + \left[R_i + (\mp 0.5)\right]\sin\varphi_a
\end{aligned}\right\} \tag{12-4}$$

$$x_{bi} = x_0 + \left[R_i + (\mp 0.5)\right]\cos\varphi_b$$
$$y_{bi} = y_0 + \left[R_i + (\mp 0.5)\right]\sin\varphi_b$$
$$(12 - 5)$$

$$x_{ci} = x_0 + \left[R_i + (\mp 0.5)\right]\cos\varphi_c$$
$$y_{ci} = y_0 + \left[R_i + (\mp 0.5)\right]\sin\varphi_c$$
$$(12 - 6)$$

$$x_{di} = x_0 + \left[R_i + (\mp 0.5)\right]\cos\varphi_d$$
$$y_{di} = y_0 + \left[R_i + (\mp 0.5)\right]\sin\varphi_d$$
$$(12 - 7)$$

上述四式中 0.5m 为放样线与圆弧立模线的距离；中括号内正负号的取法为：当 $i=1$，3 时，取"−"；当 $i=2$，4 时，取"+"

$$\varphi_a = \left[l_{12} + l_{11} - 0.5\right] \times \frac{1}{R_1} \times \frac{180}{\pi}$$

$$\varphi_b = \left[l_{12} + l_{11} - 0.5 - \frac{1}{3}(l_{11} - 1)\right] \times \frac{1}{R_1} \times \frac{180}{\pi}$$

$$\varphi_c = \left[l_{12} + l_{11} - 0.5 - \frac{2}{3}(l_{11} - 1)\right] \times \frac{1}{R_1} \times \frac{180}{\pi}$$

$$\varphi_d = \left[l_{12} + l_{11} - 0.5 - \frac{3}{3}(l_{11} - 1)\right] \times \frac{1}{R_1} \times \frac{180}{\pi}$$

根据上述各式算得第三块放样点的坐标如表 12 - 1 所示。

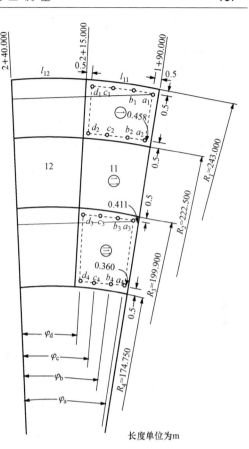

长度单位为m

图 12 - 15　拱坝立模放样数据计算

表 12 - 1　　　　　　　　　　　　第三块放样点的坐标

放样点	a_3	b_3	c_3	d_3	a_4	b_4	c_4	d_4	交会角
x	695.277	696.499	697.508	698.303	671.626	672.700	673.587	674.286	$\varphi_a = 11°40'17''$ $\varphi_b = 9°47'07''$
y	540.338	533.889	527.402	520.886	535.453	529.784	524.084	518.375	$\varphi_c = 7°53'56''$ $\varphi_d = 6°00'45''$

由于 a_i、d_i 位于径向放样线上，只有 a_1 与 d_1 至径向立模线的距离为 0.5m，其余各点（a_2、a_3、a_4 及 d_2、d_3、d_4）到径向分块线的距离，可由 $\frac{0.5}{R_1} \times R_i$ 求得，分别为 0.458、0.411m 及 0.360m。

（二）交会放样点的数据计算

图 12 - 15 中，a_i、b_i、c_i、d_i 等放样点是用角度交会法测设到的。例如，拱坝细部点的放样如图 12 - 16 所示。图中放样点 a_4，是由标 2、标 3、标 4 三个控制点，由 β_1、β_2、β_3 交会得到的，标 1 也是控制点，它们的坐标是已知的，如果它们的坐标是测量坐标，则应换算成施工坐标，以便计算放样数据。在这里控制点标 1 作为定向点，即仪器安置在标 2、标 3、标 4，瞄准标 1 为测交会角的起始方向。交会角 β_1、β_2、β_3 根据放样点计算的坐标及控制点

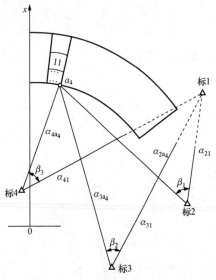

图 12 - 16　拱坝细部点的放样

的坐标由反算公式求得，在图 12 - 16 中，标 2、标 3、标 4 的坐标与标 1 的坐标计算定向方位角 α_{21}、α_{31}、α_{41}，与放样点 a_4 的坐标计算放样点的方位角 α_{2a_4}、α_{3a_4}、α_{4a_4}，相应方位角相减，得 β_1、β_2、β_3 的角值。

　　放样点测设完毕，应丈量放样点间的距离，是否与计算距离相等，以资校核。

　　（三）混凝土浇筑高度的放样

　　模板立好后，还要在模板上标出浇筑高度。立模前先由最近的作业水准点（或邻近已浇好的坝块上所设置的临时水准点）在仓内测设两个临时水准点，待模板立好后由作业水准点或临时水准点按设计高度在模板上标出若干点，并以规定的符号标明，用于控制浇筑高度。

习　　题

12 - 1　简述土坝坝身控制网的测设方法。

12 - 2　简述混凝土重力坝坡脚线的放样方法。

第十三章 输电线路设计测量

第一节 概 述

输电线路在勘测设计阶段中所进行的测量工作，称为输电线路设计测量。随着线路勘测设计阶段的不同，输电线路设计测量一般分为线路初勘测量、终勘测量和杆塔定位测量三个部分。

在线路初步设计阶段，需要进行线路初勘测量。其主要任务是根据地形图上初步选择的路径方案，进行现场实地踏勘或局部测量，以便确定最合理的路径方案，为初步设计提供必要的测绘资料。

在线路施工图设计阶段，需要进行线路终勘测量。其主要任务是根据批准的初步设计方案，在现场进行选线测量、定线测量、交叉跨越测量、平断面测量，并绘制平断面图，为施工图设计提供必要的资料。

杆塔定位测量是在施工之前进行的测量工作。其主要任务是根据平断面图上排定的杆塔位置，现场验证或调整图上杆塔的定位方案，最后在地面上标定出杆塔的中心桩，以便日后进行施工。

对于 220kV 及以下的输电线路，由于设计技术和杆塔形式已基本定型化。为了加快工程进度，往往把终勘测量和杆塔定位测量合并为一道工序，即在平断面测量时，根据现场绘制的平断面图，立即在图上排定杆塔的位置并确定杆塔的形式，然后就地将平断面图上的杆塔位置标定在地面上。这种把终勘测量和杆塔定位测量结合起来的测量方法称为现场一次终勘测量。采用现场一次终勘测量可以减少杆塔定位测量时往返现场的时间，明显地缩短设计周期。另外，若在现场排定杆塔的位置并确定杆塔的形式遇到问题时可以就地解决，避免了因终勘测量漏测或失误等原因造成室内杆塔定位的返工。所以，采用现场一次终勘测量，不但能提高终勘测量的效率，而且还能保证设计质量。但是，对于电压等级较高的线路，或地形复杂、交叉跨越较多、受客观制约因素较多的线路，不宜采用现场一次终勘测量。因为对于这类输电线路，测量的内容较多，需要验算的项目也较多，难于在现场立即确定杆塔的位置和杆塔的形式，所以对于这类输电线路，宜将终勘测量和杆塔定位测量分开进行。这样，既不影响施工工期，又能保证线路设计的合理性。

第二节 线路的初勘测量

在输电线路的起讫点之间选择一条能满足各种技术条件、经济合理、运行安全、施工方便的线路路径是线路初勘测量的主要任务，所以线路初勘测量也称为选择路径方案测量。

线路路径的选择是输电线路设计中一项十分重要的工作环节，它关系到线路建设和运行是否经济合理、安全可靠。所以，在选线工作中，测量人员要根据工程任务书的要求，首先做好资料的收集和室内选线等准备工作，然后根据室内选择的路径方案到现场选择、确定路径方案，并补充收集资料，为初步设计提供必要的测绘资料。

一、收集资料

当线路设计任务书下达后，测量人员需要收集以下资料：

（1）线路可能经过地区的地形图。一般用 1/100000 或 1/200000 的地形图作为路径方案比较图；1/50000 的地形图作为路径图；1/10000 的地形图作为局部地段路径方案比较图或作为输电线路与通信线路相对位置图；1/2000 或 1/5000 的地形图作为厂矿、城镇规划区、居民区及拥挤地段的路径放大图。

（2）线路可能经过地区已有的平面及高程控制点资料。

（3）了解线路两端变电站（或发电厂）的位置，进出线回路数和每回路的位置，变电站（或发电厂）附近地上、地下设施以及对线路端点杆塔位置的要求。

（4）了解沿线路附近的通信线路网，并绘制输电线路与通信线路的相对位置图，以便计算输电线路对通信线路的干扰影响。

（5）了解沿线路厂矿企业、城市的发展规划，收集沿线路机场、电台、军事设施、公路、铁路、水利设施等资料，了解它们对线路路径的要求。

二、室内选线

室内选线又称图上选线。它是根据线路的起讫点和收集的资料在地形图或航摄像片图上选择线路的路径。

室内选线由设计和测量人员共同进行。测量人员应协助设计人员在地形图上标出线路的起讫点、中间点和拟建巡线站、检修站的位置，标出城镇发展规划、新建和拟建厂矿企业及其他建筑物的范围，标出已运行的输电线路的路径、电压、回路数以及主要杆塔形式。然后，把拟设计线路的起点、中间点和终点相连，根据相连线路所经过地区的地形、地质、交通及交叉跨越情况，通过比较，从中选择出较好的路径方案，并用不同的颜色将各种路径方案的走向标记在地形图上，并注明线路的全长。

选线时，要全面考虑国家和地方的利益以及输电线路对沿线地上、地下建筑物的影响，认真分析地形、地质、交通、水文、气象等条件，尽可能使线路接近于直线，使线路沿缓坡或起伏不大的地区布置。

为了减少狂风和暴风雨对输电线路的影响，输电线路不宜设在高山顶、分水岭和陡坡上。

所选择的路径除应满足现行规定的相关技术要求外，还应尽量使选择的线路路径长度最短，少占农田，转角、跨越少，避开居民区、大森林以及地质恶劣地带。此外，为了便于施工和检修，线路路径应尽量布置在靠近公路、铁路、水路等交通方便的地带。

室内选线完成后，由专人与沿线有关单位和部门进行协商，征求他们对图上选线方案的意见和要求，经双方共同协商后，将一致同意的线路路径标注在地形图上，并签订协议备案。

三、现场选择路径方案

现场选择路径方案是初勘测量的主要工作，也称为踏勘选线。它是根据室内选择的路径方案，到现场实地察看，鉴定图上所选路径是否畅通无阻、是否满足选线技术要求。通过反复比较，以便确定经济合理的路径方案。

实地察看时，应把沿线察看和重点察看相结合。沿线察看一般可根据实地的地物，先确定转角点的位置，然后目测两转角点之间沿线的路径情况。当线路较长或遇到障碍物时，若两转角点不能通视，可在线路中间的高处，目测线路前后通过的情况。在城市规划区、居民区、拥挤地段以及地形、地质、水文、气象条件比较复杂的地段，或对线路走向要求严格的地方，应重点察看。若采用目测方法难以确定路径时，可采用仪器定线的方法测量路径的准确位置，然后判断是否满足有关要求，必要时收集或测绘大跨越平断面图或重要交叉跨越平断面图、发电厂或变电站两端进出线平面图、拥挤地段平面图等。若发现图上对路径有影响的地物与实际情况不符时，应现场修测地形图。

现场实地察看时，应详细记录各个路径方案的优缺点，并提出可行的修改方案。根据踏勘选线的结果和路径协议情况，测量人员要协同设计人员，修改图上选线方案，并再次对各方案进行技术、经济比较，最后确定一条经济合理、施工方便、运行安全的路径方案，并将选好的路径标注在地形图上作为初步设计方案，然后将初步设计方案报上级有关部门审批。

第三节　选　线　测　量

一、选线测量的主要工作

选线测量是线路终勘测量的先行工作，其主要工作是根据批准的初步设计路径方案，在地面上选定转角点的位置，钉转角桩。转角桩桩顶应与地面齐平，并在桩旁插红白旗作为标志。如遇树木、房屋等障碍物，转角点之间不能通视时，可在线路路径方向上另选方向点竖立标志，用来作为定线测量的方向目标。

由于输电线路在转角点转向，所以转角点的选择极其重要。技术上要求线路的转角点要少、转角要小，而且避免与前后相邻杆塔的距离出现过大或过小的档距，另外，为了便于施工，转角点应选在易于开挖和安装杆塔的地方，而且要有一定的移动范围，以便调整线路。

转角桩的桩号应按顺序编排，通常用"J"表示。如 J9 表示第九个转角桩。为了防止转角桩日后遗失，一般在转角点沿路径前后 10m 处钉方向线桩，桩旁钉一书写"方"字的边桩。为了便于转角杆塔的施工和安装，在转角的角平分线 5m 处钉分角线桩，桩旁钉一书写"分"字的边桩。

选线测量除了确定线路方向之外，还应及时消除沿线的障碍物，以便保证线路前后方向通视，为定线测量创造条件。另外，当发现初勘测量选择的路径不够合理，或现场出现新的建筑物或其他设施时，应根据实际情况重新选线，调整初步设计的路径方案。

在拥挤地段或规划区，对线路的转角点及路径位置要求较严格时，选线测量可采用仪器定线确定转角点和线路方向。

二、选线测量的方法

（一）目测选线

利用室内选线确定的路径图，在现场找出转角点的实地位置。

由于平原和丘陵地段均能满足输电线路的基本要求，因此，一般不必采用仪器选线。此时，可根据实地地形、地物相对位置关系，找出转角点的位置，并检查路径走向是否合理。

（二）仪器选线

在地形复杂地段，一般采用经纬仪进行选线测量。其常用方法有以下几种。

1. 越角选线法

一般情况下，转角点之间距离往往很长，有时可达 15～30km，它们之间不能直接通视。

当选线人员确定了某一转角点的位置后，可在该转角点设立标志，然后直接到线路前进方向距转角点 2～3km 处，选一线路路径上的制高点，用经纬仪后视转角点，用仪器检查这段路径的地形、地物、交叉跨越以及线路至建筑物的距离等情况，随后倒转望远镜，又可观察线路前进方向的路径情况。若前后无特殊障碍物，结合已掌握的地形资料，证明路径前后方向基本正确时，即可确定这段路径。若路径上有不合适的地方，可移动仪器重新选线，直到满意为止。

2. 角度修正法

如图 13-1 所示，当测到 A 处遇到障碍物时，欲不增加转角点，必须自邻近的转角点 J7

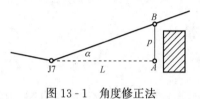

图 13-1 角度修正法

将线路的方向作适当的改变，线路才能绕过障碍物。为了避免往返走路，此时可垂直原路径 J7A 量取 BA 线段，B 点的位置应能使新路径 J7B 避开障碍物。从地形图上量取 J7A 的长度，现场量取 BA 的长度，计算改正角 α，即

$$\alpha = \frac{p\rho'}{L} \qquad (13-1)$$

式中：α 为线路的改正角，以 $'$（分）为单位；$\rho' = 3438'$。

根据改正角即可确定线路方向。

3. 交角法

当线路通过山区、拥挤地段或大跨越地段时，若选线人员对前面一段路径走向没有把握，或为了避开建筑物等设施，选线人员可以事先到前面踏勘，然后从前面复杂的地段向回测定直线，与原线路交会出转角点，这种选线法称为交角法。采用交角法时，应注意转角点必须选在平坦开阔地带，否则所交会出来的转角点往往不会令人满意。

第四节 定 线 测 量

一、定线测量的主要工作

定线测量应在选线测量之后进行。其主要工作是按照选线测量确定的路径，将线路路径落实到地面上。除了在地面上标定线路的起点、终点和中间点的桩位外，一般还应每隔 400～600m 在地面上标定一个直线桩，为了便于以后进行平断面测量和交叉跨越测量，在直线桩之间或直线桩与转角桩之间根据需要增设测站桩和交叉跨越桩等桩点，同时测出转角点的转角大小，测出上述各方向桩的高程和各桩点之间的水平距离，以此作为平断面测量、交叉跨越测量和杆塔定位测量的控制数据。

定线测量应尽量做到线位结合，即在定线测量的同时，要考虑到实地地形能满足立杆塔的可能性。

此外，在线路路径上标定的直线桩、测站桩、交叉跨越桩等均应分别按顺序编号。各种桩的符号以汉语拼音的第一个大写字母表示，如 Z 表示直线桩、C 表示测站桩、JC 表示交

叉跨越桩。

二、定线测量的方法

定线测量须根据路径上障碍物的多少以及地形复杂程度而采用不同的方法，常用的方法有以下几种。

（一）前视法定线

如果相邻的转角点 J4、J5 互相通视，可在 J4 点安置经纬仪，在 J5 点竖立标杆，然后用望远镜照准前视点 J5 的标杆，固定照准部，此时观测者通过望远镜利用竖直的竖直面，指挥定线扶杆人员在选定的路径附近移动标杆，直至标杆与十字丝竖丝重合，即可直接标定出路径方向桩的位置，然后用标杆尖端在桩顶上钻一小孔，并在孔中钉一小钉作为标志。小钉钉好后，必须重复照准一次，以防有误。

（二）分中法定线

采用正倒镜两次观测，以两次观测前视点的中分位置作为方向桩，以此确定直线的延长线，这种方法称为分中法定线。其施测方法如下：

如图 13-2 所示，已知 A 点和 T 点在同一条直线上，若从 T 点延长 AT 直线，这时可将经纬仪安置在 T 点上，盘左后视 A 点，固定照准部，倒转望远镜，定出前视方向 B 点；然后盘右再后视 A 点，固定照准部，倒转望远镜，定出前视方向 C 点。若经纬仪视准轴与横轴垂直，则 B、C 两点重合，否则取 B、C 两点连线的中点 D 作为 AT 直线的延长线，并在 D 点埋设方向桩。

方向桩的位置应选在便于安置仪器和便于观测、且不易丢失的地方。方向桩一般选在山岗、路边、沟边、树林、坟地等非耕种地带。

（三）三角法定线

若线路上有障碍物不能通视时，可采用三角法间接定线，如图 13-3 所示，AB 直线的延长线被建筑物挡住，此时可在 B 点安置经纬仪，后视 A 点，测设 $\angle ABC = 120°$，在视线方向上定出 C 点，BC 的长度以能避开建筑物为原则。然后安置经纬仪于 C 点，后视 B 点，测设 $\angle BCD = 60°$，量 CD 的长度等于 BC 的长度；再安置经纬仪于 D 点，后视 C 点，测设 $\angle CDE = 120°$，定出 E 点，则 DE 即为 AB 的延长线。

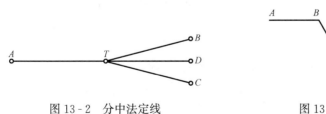

图 13-2 分中法定线   图 13-3 三角法定线

在施测过程中，各点的水平角应采用测回法观测一个测回，边长应往返丈量，且往返丈量的相对误差应小于 1/2000，且边长不得小于 20m。

（四）坐标定线法

坐标定线法用于线路中线的位置必须用坐标控制的地段，如线路在出发电厂或进、出变电站的规划走廊区以及城市规划区和建筑物拥挤地段等。当线路通过上述区域时，可根据线路附近现有控制点的坐标以及线路进出上述区域杆塔的设计坐标值反算出水平角和水平距离，根据控制点的坐标采用极坐标法在实地测设杆塔的位置。

三、线路转角测量

线路上的转角点，均需进行水平角测量，以便进行转角杆塔的设计，同时检查方向点是否偏离直线方向。

水平角一般采用 DJ6 型经纬仪观测，用测回法观测一个测回。若任务书对方向点、转角点的平面位置精度有要求时，应按规定执行。有条件时，转角点应与已有的控制点连测，以便取得线路在地形图上的准确位置。

需要说明的是：所谓线路转角是指按线路前进方向，转角桩的前一直线的延长线和后一

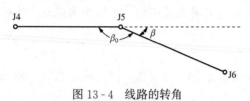

图 13 - 4　线路的转角

直线所夹的水平角。在前一直线延长线右边的角称右转角，在左边的角称左转角。如图 13 - 4 所示 β 为右转角，线路转角测量一般应观测线路前进方向的右角 β_0，若 $\beta_0 < 180°$ 时，则右转角 $\beta = 180° - \beta_0$；若 $\beta_0 > 180°$ 时，则左转角 $\beta = \beta_0 - 180°$。

四、距离、高程测量

在定线测量时，测量人员还应及时测量出方向桩点间的水平距离和方向桩的高程，以作为后面工序的控制数据。

各桩点之间的水平距离和高差，一般采用经纬仪视距测量法施测。为了保证测量的精度，应采用对向观测或同向两次观测，取两次观测的平均值作为最后结果，两次测距的相对误差应小于 1/300；另外，竖直角应采用盘左、盘右观测，且竖盘指标差变动范围应小于 $25''$。

若桩点间距离较远，可采用测距仪或全站仪测距，并用三角高程测量法测定桩点的高程。

第五节　平断面测量

平断面测量分为平面测量和断面测量。在定线测量的同时，测绘出沿线路路径方向的带状平面图、中线纵断面图、部分边线断面图及与线路路径垂直方向的部分横断面图是平断面测量的主要任务。其主要工作如下。

一、复核定线测量的数据

在进行线路的平、断面测量之前，首先应复核定线测量所埋设的方向桩之间的水平距离、高差，转角点的转角度数。若与定线测量的数据相吻合时，则取定线测量的数据作为控制数据。复核的方法与定线测量时采用的方法相同。

二、线路平面测量

进行线路平面测量时，一般对线路中心两侧各 50m 范围内的建筑物、经济作物、自然地物以及与线路平行的弱电线路，应测绘其平面位置；对房屋或其他设施应标记与线路中心线的距离及其高度。

线路中心线两侧 30m 内的地物一般用仪器实测，对于不影响排定杆塔位的地物或在线路中心线两侧 30～50m 之间的地物可不必实测，而用目测方法勾绘其平面图。

当输电线路与弱电线路平行接近时，为了计算干扰影响，需测绘出其相对位置图。在线

路中心两侧 500m 以内时，一般用仪器实测其相对位置；在 500m 以外时，可在 1/10000 或 1/50000 地形图上调绘其相对位置。

若变电站线路进、出线两端没有规划时，还应测绘进、出线平面图。将变电站的门形构造、围墙，线路的进、出线方向以及进、出线范围内的地物、地貌均应测绘在进、出线平面图上。进、出线平面图的比例尺为 1/500～1/5000，其施测方法和技术要求与地形测量相同，只是不注记高程。

三、线路断面测量

在定线测量的同时，沿线路路径中心线及局部路径的边线或垂直于线路的方向，测量地形起伏变化点的高程和水平距离，以显示该线路的地形起伏状况，这种测量工作称为线路断面测量。其中：沿线路路径中心线施测，称为纵断面测量；沿路径两边线方向施测，称为边线断面测量；沿垂直于路径方向施测，称为横断面测量。断面测量可采用视距测量的方法测定断面点的距离和高程。

(一) 纵断面测量

测量线路纵断面是为了绘制线路纵断面图，以供设计时排定杆塔的位置，使导线弧垂离地面或对被跨越物的垂直距离满足设计规范的要求。

1. 断面点的选择

线路纵断面图的质量取决于断面点的选择。断面点测得越多，则纵断面图越接近实际情况，但工作量太大；若断面点测得过少，则很难满足设计要求。在具体施测过程中，通常以能控制地形变化为原则，选择对排定杆塔位置或对导线弧垂有影响、能反映地形起伏变化的特征点作为断面点。对地形无显著变化或对导线没有影响的地方，可以不测断面点；而在导线弧垂对地面距离有影响的地段，应适当加密断面点，并保证其高程误差不超过 0.5m。

一般而言，对于沿线的铁路、公路、通信线路、输电线路、水渠、架空管道等各种地上、地下建筑物和陡崖、冲沟等与该输电线路交叉处以及树林、沼泽、旱地的边界等，都必须施测断面点。在丘陵地段，地形虽有起伏，但一般都能立杆塔，因此，除明显的洼地外，岗、坡地段都应施测断面点。对于山区，由于地形起伏较大，应考虑到相应地段立杆塔的可能性，在山顶处应按地形变化选择断面点，而山沟底部对排定杆塔影响不大，因此可适当减少或不测断面点。在跨河地段的断面，断面点一般只测至水边。

若路径或路径两旁有突起的怪石或其他特殊的地形情况，往往导致导线弧垂对这些点的安全距离不能满足设计要求，这些点称之为危险断面点。在断面测量时应及时测定危险断面点的位置和高程，供设计杆塔时作为决定杆塔高度的参数。

2. 施测方法

纵断面测量是以方向桩为控制点，沿线路路径中心线采用视距测量的方法，测定断面点至方向桩间的水平距离和断面点的高程。为了保证施测精度，施测时应现场校核，防止漏测和测错；另外，断面点宜就近桩位施测，不得越站观测；视距长度一般不应超过 200m，否则应增设测站点。

(二) 边线断面测量

在设计排定线路杆塔位置时，除了考虑线路的中心导线弧垂对地面的安全距离外，还应考虑线路两侧的导线（边线）弧垂对地面的距离是否满足要求。线路两侧导线的断面称为边

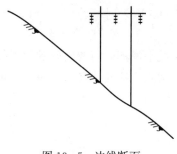

图 13 - 5 　边线断面

线断面。边线断面如图 13 - 5 所示。从图中可以明显看出，当线路通过山区且坡度变化地段时，边线断面往往决定杆塔的设计高度。因此，设计上要求，当边线地面高出中线地面 0.5m 时，应施测边线断面。

边线断面测量应与线路纵断面测量同时进行。在测出线路中线某断面点后，扶尺者从该点沿垂直线路方向向外量出一个线间距离，立尺测出其高程即为边线断面点的地面高程。

（三）横断面测量

当线路通过大于 1：5 的斜坡地带或接近陡崖、建筑物时，应测量与线路路径垂直方向的横断面，以便在设计杆塔位置时，充分考虑边导线在最大风偏后对斜坡地面或对突出物的安全距离是否满足要求。为此，横断面测量前应根据实地地形、杆塔位置和导线弧垂等情况，认真选定施测横断面的位置和范围。施测时，将经纬仪安置在线路方向桩上，先测定横断面与中线交点的位置和高程，然后将经纬仪安置在横断面与中线的交点上，后视某一方向桩，再将照准部转动 90°，固定照准部，采用与纵断面测量相同的方法测出高于中线地面一侧的横断面。其施测宽度一般为 20～30m。

四、线路平断面图的绘制

沿输电线路中心线、局部边线及垂直于线路中心线方向，按一定比例尺绘制的线路断面图和线路中心线两侧各 50m 范围内的带状平面图，称为线路平断面图。它是线路终勘测量的重要成果，是设计和排定杆塔位的主要依据。

（一）线路断面图的绘制

线路断面图包括线路纵断面图、局部边线断面图和横断面图。

1. 线路纵断面图的绘制

根据纵断面测量的记录，计算出各断面点之间的水平距离，依据水平距离、高程按一定的比例逐点将断面点展绘在坐标方格纸上，然后再将各断面点连接起来，就得到了线路纵断面图。绘图比例尺横向通常采用 1：5000，表示水平距离；纵向通常采用 1：500，表示高程。

线路平断面图如图 13 - 6 所示。在纵断面图上，除应显示线路中线方向的地貌起伏状况和高程外，还应注明方向桩的类型、方向桩的高程、相邻方向桩间的距离，注明相关交叉跨越物的名称、里程、高程或高度，线路与高压线路、通信线路交叉时还应分别注明高压线路电压的伏数和通信线路的级别。另外，危险断面点在纵断面图上也应绘出，表示方法为→。其中，→上方表示危险断面点的高程，→下方表示危险断面点至测站的距离，→指向测站方向。

对精度要求较高的大跨越地段，为了保证杆塔高度及位置的准确性，线路纵断面图的横向比例尺可采用 1：2000，纵向比例尺可采用 1：200。另外，当线路路径很长时，纵断面图可以分段绘制，连接处尽量选在转角点。

2. 局部边线断面图的绘制

根据边线断面点的高程，将边线断面点绘在相应的中线断面点所在点的竖线上。用虚线或点划线连接边线断面点，即得边线断面图。在边线断面图中，一般用点划线"·—·—"表示右边线断面图，用虚线"-----"表示左边线断面图。

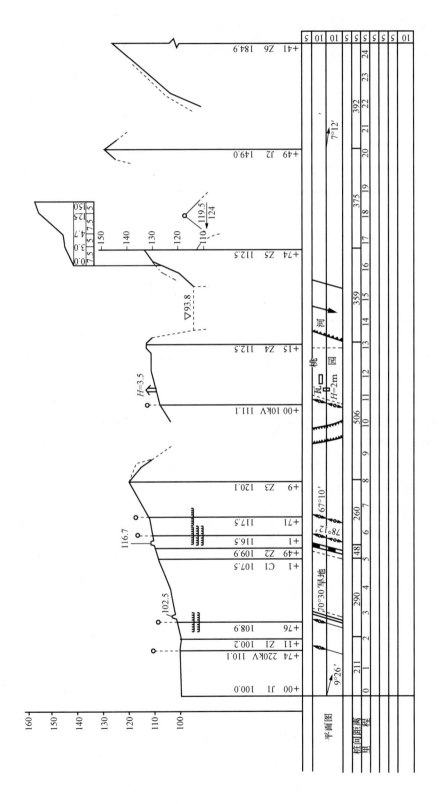

图 13 - 6　线路平面断面图

3. 横断面图的绘制

横断面图的纵向、横向绘图比例尺相同，且与纵断面图的纵向比例尺一致。通常采用 1：500 的比例尺将横断面图绘制在纵断面图的上方，如图 13-6 所示。横断面图上的中线点应与施测处的中线点在纵断面图的同一位置上。

（二）线路平面图的绘制

为了掌握线路走向范围内的地物、沟坎和地质情况，在纵断面图的下面，根据需要对应绘出线路中线两侧各 50m 范围内的带状平面图。平面图的比例尺应与纵断面图的横向比例尺相同，一般采用 1：5000 的比例尺绘制。如图 13-6 所示，线路转角点的位置、转角方向和转角度数，交叉跨越物的位置、长度及其线路的交叉角度，线路中线附近的建筑物、经济作物、自然地物及冲沟、陡坡等位置都应在平面图上表示出来。

第六节　交叉跨越测量

当输电线路与河流、输电线路、通信线路、铁路、公路、架空索道、房屋等地上或地下建筑物交叉跨越时，为了保证线路导线与被跨越物的距离满足设计要求，必须进行交叉跨越测量，以便合理地选择跨越地点和设计跨越杆塔。当线路跨越河流时，除进行跨越河流的平断面测量外，还应测定线路与河流的交叉角，测出历年最高洪水位和常年洪水位以及航道的位置。

若跨越的河流较大，应在跨越处测绘沿路径中线各 100m 宽的带状地形图，测图比例尺为 1/500～1/1000。

当线路与铁路、公路交叉时，应测定线路与铁路、公路中心线的交叉角及路基的宽度，测量交叉处的路堤、路堑的高度和铁轨顶部的高程、公路路面的高程，测出交叉点到铁路、公路最近里程桩的距离。

当线路跨越或穿过已有输电线路时，除要测定线路与已有输电线路的交叉角和交叉点地面高程外，还应测量交叉点到已有输电线路两边杆塔的距离，测量中线交叉点处已有输电线路的最高线或最低线的线高。

施测交叉点处已有输电线路的线高时，可将经纬仪安置在离交叉点较近的方向桩上，如图 13-7 所示，用钢尺量出方向桩到交叉点的距离，再用三角高程测量的方法测定输电线路的线高。

当线路跨越通信线路时，应测定线路与通信线路的交叉角，测量中线交叉点处通信线路的线高。当线路与地下电缆、管道交叉时，应准确测量其在地下的位置和高程。

当线路跨越或靠近房屋时，应测量交叉点的屋顶高程，并注记屋顶的建筑材料；当线路跨越架空索道等其他设施时，应测量交叉点处被跨越物的顶部高程和范围；当线路通过林区时，应测量主要树种的高度并注记其名称。交叉跨越测量通常与平断面测量同时进行。

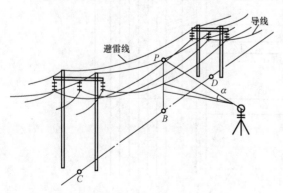

图 13-7　交叉跨越测量

第七节　杆塔定位测量

杆塔定位测量是把平断面图上确定的杆塔的位置通过一定的测量手段测设到实地上，以便日后进行施工。如前所述，这项工作有时与线路终勘测量一并进行，有时待施工图设计批准后，在施工之前再到现场进行。杆塔定位测量可根据不同的具体情况，分别采用先测后定或边测边定两种方法进行定位。

一、先测后定法

当线路通过交叉跨越复杂且高差较大的特殊地带时，往往会出现较多的杆塔定位方案。为了使定位方案经济合理，可采用先测后定法进行杆塔定位测量。这种测量方法的优点是在工期许可的条件下，有利于对定位方案作全面的考虑，避免在现场出现定位反复调整的现象。

所谓先测后定法，就是在定线测量的同时，测绘出几个耐张段（即相邻两耐张杆塔之间的水平距离）或全线的平断面图，获取较全面、系统的资料，对可能立杆塔的地段做到心中有数，并做好记录。然后在平断面图上试排杆塔位，进行定位方案的比较及各项验算，最后选出一个在技术、经济上比较合理的定位方案。然后根据图上确定的定位方案到现场进行验证，查看杆塔位的施工、运行条件，并按实际情况对室内定位方案进行调整。最后在实地测设出杆塔位中心桩、施测档距（即相邻两杆塔之间的水平距离）、杆塔位高程、施工基面值及补测危险断面点，并将危险断面点添绘于平断面图上。

（一）图上定位

在线路平断面图上，选择杆塔类型，用模板排定杆塔位置的工作，称为杆塔定位。这种用模板确定杆塔位置，只能知道导线对地距离是否满足要求，但不能知道导线风偏后对杆塔的空气间隙是否满足要求，也不知道导线避雷线是否上拔、绝缘子串的机械强度是否满足要求等。因此，杆塔定位后，还必须进行一系列的校验工作，称为定位校验。

经过定位校验后，当各方面都能满足设计要求时，才能在平断面图上确定杆塔的位置（杆塔图上定位），如图 13-8 所示。此时应在图上绘出每档内的导线弧垂曲线（上曲线）和导线对地的安全地面线（下曲线），并标注：杆塔类型、编号、档距、高差、耐张段长度、代表档距及弧垂模板 K 值等数据。

（二）测设杆塔位中心桩

图上定位完成后，即可到现场将排定的杆塔位置测设到实地上，并埋设杆塔中心桩作为标记。在测设时，若发现图上排定的杆塔位有不妥之处，应及时进行调整，并将调整的结果标记在平断面图上。

1. 直线杆塔位中心桩的测设

测设直线杆塔位中心桩时，一般应在最近的方向桩或转角桩上进行。根据图上定位时标注的里程，计算出杆塔位至邻近方向桩的水平距离，然后用前视法或分中法定出杆塔位中心桩的方向，再测设杆塔位中心桩。如图 13-8 所示，5 号杆塔位的里程为 $12 \times 100 + 40 = 1240$（m），直线桩 Z4 的里程为 $13 \times 100 + 15 = 1315$（m），则 5 号杆塔位至直线桩 Z4 的水平距离为 75m。将经纬仪安置在 Z4 直线桩上，照准 Z3 直线桩，沿此方向测设 75m 水平距离，即在地面上测设出 5 号杆塔位，然后埋设 1m 长的大木桩标定其位置，该桩点就是 5 号直线杆塔位的中心桩。

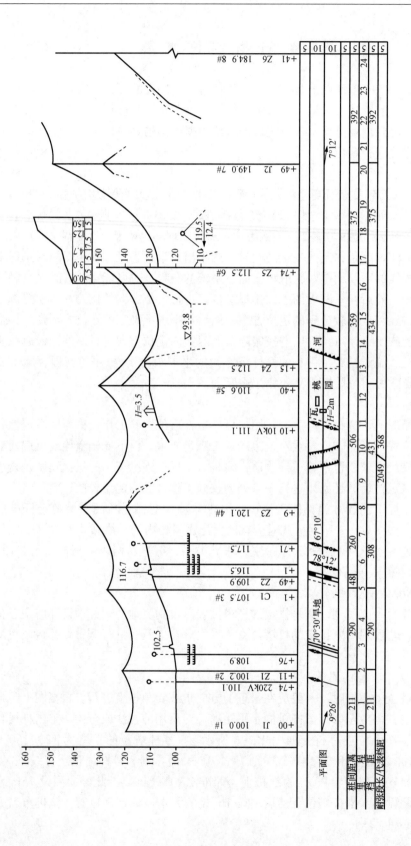

图 13-8　平断面图上确定杆塔位置

2. 转角杆塔位桩的测设

对于转角杆塔位桩，一般应测设位移桩，下面分别介绍杆塔中心位移的概念和位移桩的测设方法。

（1）转角杆塔中心的位移。对于一般的转角杆塔，当转角杆塔的横担为等长宽或不等长宽时，为了使横担两侧导线延长线的交点仍落在线路转角桩上，以保证原设计角度不变，避免两侧直线杆塔承受的角度荷载发生变化，转角杆塔中心桩必须沿内角平分线方向位移一段距离，以确定其实际中心。

1）由等长宽横担所引起的位移：如图 13-9 所示，β 为线路的转角，D 为横担两侧悬挂点之间的宽度。0 为杆塔实际中心的位移桩，J 为转角桩，则由横担宽度所引起的位移 S_k 为

$$S_k = \frac{D}{2}\tan\frac{\beta}{2} \tag{13-2}$$

2）由不等长宽横担所引起的位移：如图 13-10 所示。其外角横担长，内角横担短。位移时，既要考虑横担宽度的影响，又要考虑横担不等长的影响。由前者引起的位移与等长宽横担相同，由后者引起的位移为

$$S_b = \frac{1}{2}(L_w - L_n) \tag{13-3}$$

则总的位移为

$$S = S_k + S_b = \frac{D}{2}\tan\frac{\beta}{2} + \frac{1}{2}(L_w - L_n) = \frac{1}{2}\left(D\tan\frac{\beta}{2} + L_w - L_n\right) \tag{13-4}$$

式中：L_w 为外角横担长；L_n 为内角横担长。

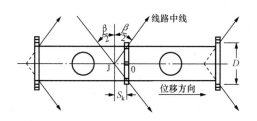

图 13-9 由等长宽横担所引起的位移

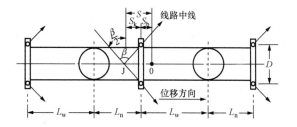

图 13-10 由不等长宽横担所引起的位移

（2）转角杆塔位移桩的测设。如图 13-11 所示，在转角桩 J2 上安置经纬仪，照准直线桩 Z6，然后将照准部沿顺时针方向转动 $\frac{1}{2}$（$180°-\beta$），从转角桩开始沿经纬仪视线方向量水平距离 S，即得杆塔的位移桩 0。

（三）施测档距和杆塔位高程

当杆塔位中心桩定出后，即可施测档距和杆塔位的高程，并与相邻的方向桩进行复核。若不相符，应进行复测，并以复测值作为最后结果。

（四）测量施工基面值

在一般平地上的杆塔位，其基础埋深（设计坑深）自杆塔位中心桩处的地面算起。当杆塔位在有坡度的地方时，如果仍按上

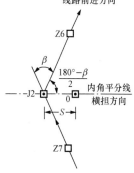

图 13-11 转角杆塔位移桩的测设

述方法计算，则导致坡下的基础坑深不够，往往造成杆塔部分基础露出地面而不稳定。因此，在有坡度的杆塔位处，为了保证基础上部有足够的土壤体积，满足基础受上拔力或倾覆力时的稳定要求，基础埋深应从施工基准面起算。

1. 施工基准面的概念

施工基准面是计算基础埋深和确定杆塔高度的起始基准面。如图 13 - 12 所示，对受上拔力的基础，过土壤上拔角 θ_s（对受倾覆力的基础，则为土壤抗剪角 θ_k）的斜面与天然地面相交得一交线，通过该交线的水平面即为施工基准面。

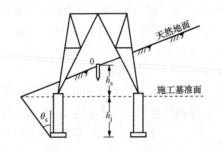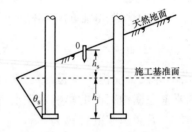

图 13 - 12　施工基面值

杆塔位中心桩处的地面 0 点至施工基准面的高差 h_s 称为施工基面值。施工基面值应在现场根据杆塔类型施测确定。当杆塔位于大坡度的地方时，其施工基面值过大，为了

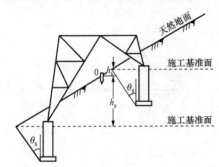

图 13 - 13　不等长腿的施工基面值

减少施工挖方量，可采用不等长腿，其长短腿基础各有一个施工基面值。如图 13 - 13 所示，以杆塔位中心桩处的地面 0 点为准，在 0 点之上的短腿施工基面值 h_s 为正，而在 0 点之下的长腿施工基面值 h_s 为负。

2. 施工基面值的测定

（1）铁塔施工基面值的测定。如图 13 - 14 所示，当塔腿根开 K（即相邻基础中心之间的水平距离）相等时，杆塔位中心桩 0 至塔腿 A、B、C、D 的水平距离为

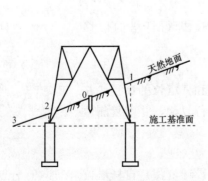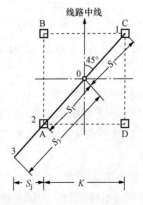

图 13 - 14　铁塔施工基面值的测定

$$S_1 = \frac{\frac{K}{2}}{\sin 45°} = \frac{\sqrt{2}}{2}K \tag{13-5}$$

0 点至测点 3 的水平距离为

$$S_3 = \frac{\frac{K}{2} + S_j}{\sin 45°} = \sqrt{2}\left(\frac{K}{2} + S_j\right) \tag{13-6}$$

式中：S_j 为确定测点 3 的一个经验值，在直线铁塔中 S_j 一般取 2～2.5m，在非直线铁塔中 S_j 一般取 3～3.5m。

施测时，将经纬仪安置在杆塔位中心桩 0 上，用望远镜照准相邻直线桩，然后将照准部沿顺时针方向转动 45°，用视距法测出水平距离 S_1，定出 1 点，并测出 0、1 两点间的高差 h_{01}，倒转望远镜以同样的方法测定 2、3 两点至 0 点的水平距离和高差 h_{02}、h_{03}。

如图 13-15 所示，测点 1 是四腿中最高的一个，测点 2 是四腿中最低的一个。测点 1、2 的高差用于决定是否采用高低塔腿。测点 3 是塔腿对角线方向上最低的一点，用于确定施工基面值。测点 3 应根据基础的宽度和埋深以及土壤的特性来确定。一般在直线铁塔中，S_j 取 2～2.5m；在非直线铁塔中，S_j 取 3～3.5m。

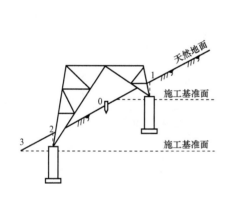
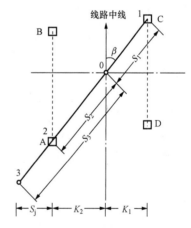

图 13-15　不等长腿铁塔施工基面值的测定

图 13-15 是塔腿高差较大的情况，这种情况除按上述步骤施测外，还需测绘塔腿断面图。如图 13-16 所示为不等长腿铁塔塔腿断面图，可以确定高低腿的高差和施工基面值。

（2）双杆施工基面值的测定。如图 13-17 所示，双杆的两腿连线垂直于线路中线，其施工基面值的施测距离为

$$S_3 = \frac{K}{2} + S_j \tag{13-7}$$

双杆施工基面值的施测方法与铁塔基本相同，只是在照准相邻直线桩后，应将照准部沿顺时针方向旋转 90°后再进行施测。

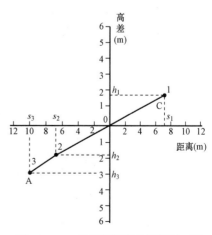

图 13-16　不等长腿铁塔塔腿断面图

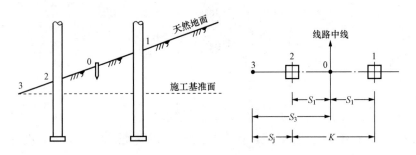

图 13 - 17　双杆施工基面值的测定

（五）补测危险断面点

当杆塔位置确定后，应使用视距法补测测站点至危险断面点的水平距离及危险断面点的高程。当上述工作完成后，即可填写杆塔位明细表，并整理平断面图。

二、边测边定法

当线路沿线高差较小、交叉跨越较少且杆塔类型较少、施工要求较急时，可采用边测边定法，即边测绘平断面图边定杆塔位。边测边定法一般分为两个小组，即定线组和定位组，人手紧缺时也可将两个小组合并为一个小组。其工作程序如下：

（1）先由定线组按选线时所确定的线路方向定出线路中心线，测设直线桩和转角桩，并测出各桩点之间的水平距离和高差，然后由定线组从起始桩点开始，沿线路方向测绘出 1～2 档的平断面图。

（2）估计代表档距，求出弧垂模板 K 值，选出与 K 值相应的弧垂模板，在平断面图上比拟出杆塔的大致位置，并根据弧垂曲线补测测站点至危险断面点的水平距离及危险断面点的高程，并将所测数据添绘到平断面图上，最后比拟选定杆塔的位置。

（3）仔细查看杆塔位处的施工和运行条件，并对杆塔进行各项条件的检查和验算，当满足设计要求时，方可进行定位测量，即测设杆塔位的中心桩，施测档距、高差、施工基面值等，并将所测数据添绘到平断面图上。

（4）继续向前进行平断面测量，并定位杆塔位。在进行过程中，若发现已确定的杆塔位或杆塔高度与前、后档的配合不适宜时，应立即返回进行调整。在测完 1、2 个耐张段后，应进行校核和验算，并反复进行定位方案的比较，若发现原定方案不够经济合理，应再次返回，以新的定位方案修改原定方案。

习　题

13 - 1　在输电线路勘测设计阶段要进行哪些测量工作？其目的是什么？

13 - 2　选线测量的主要任务是什么？

13 - 3　如何进行定线测量？

13 - 4　简述分中法进行定线测量的方法。

13 - 5　如何测量桩间的距离和高差？

13 - 6　如何进行平断面测量？

13 - 7　纵断面测量时，如何选择断面点？

13-8　什么情况下应测边线断面、横断面？怎样施测？

13-9　怎样绘制线路平断面图？

13-10　当线路与输电线路交叉时，应怎样进行交叉跨越测量？

13-11　何谓杆塔定位测量？简述先测后定法进行杆塔定位测量的步骤。

13-12　何谓转角杆塔的位移？怎样测定转角杆塔的位移桩？

13-13　何谓施工基准面、施工基面值？怎样测定施工基面值？

第十四章　输电线路施工测量

输电线路在施工过程中所进行的测量工作，称为输电线路施工测量。其主要工作包括线路复测、杆塔基础分坑测量、拉线坑位的测设和弧垂观测等工作。

第一节　线　路　复　测

杆塔定位测量时在地面上埋设的杆塔位中心桩是进行杆塔施工及安装的依据。在设计交桩后，为了防止勘测有失误或杆塔位中心桩因外界因素发生移动、丢失，在施工开始前，必须根据设计图纸对杆塔位中心桩的位置、直线的方向、转角的角度、档距和高程以及重要交叉跨越物的高度和危险断面点等进行全面复测。若复测结果与设计数据的误差不超过表 14-1 复测值的允许误差的规定，即认为合格；若超限，应做好记录，查明原因，将结果上报有关技术部门，并会同设计单位予以纠正。当杆塔位中心桩丢失时，应根据线路杆塔位明细表或线路平断面图上设计的档距值进行补测，重新标定桩位。

表 14-1　　　　　　　　　　　　复测值的允许误差

复测项目	使用仪器	观测方法	允许误差
直线杆塔位中心桩沿线路方向的偏移值	DJ6 经纬仪	分中法	50mm
转角杆塔桩的角度		测回法	1′
档距		视距法	1‰（相对误差）
高程			0.5m

在线路复测中，复测项目的测量方法、步骤和技术要求同杆塔定位测量。此外，还应注意以下事项：

（1）复测所用的仪器和工具必须经过检验和校正，不合格时严禁使用。

（2）在雨雾、大风、大雪等恶劣天气下，不得进行复测工作。

（3）各类桩上标记的文字或符号模糊不清或遗漏时，必须重新标记清楚，并拔掉废置无用的桩，以防误认为杆塔位中心桩。

（4）复测前要先检查杆塔位中心桩是否稳固，如有松动现象，应先钉稳固再复测。

（5）为了保证复测的准确性，标尺应扶直，其倾斜角应不大于 30′。

（6）为了保证线路连续正确，在每个施工区段复测时，必须将测量范围延长到相邻施工区段内相邻的两个杆塔位中心桩。

（7）复测时，若发现中心桩不宜作杆塔位，应报有关技术部门与设计单位，经研究后，重新确定杆塔位置。

（8）补测的杆塔位中心桩要牢固，必要时可采用一定的保护措施。特别是在城镇或交通拥挤地区，应在杆塔位中心桩周围埋设保护桩，或与当地群众签订护桩合同，以防中心桩丢失或碰动。

（9）复测时应做好记录，以便于修改相关图纸、出竣工图及以后的查阅。

第二节 杆塔基础分坑测量

杆塔基础分坑测量，是根据设计的杆塔基础施工图，把杆塔基础坑的位置测设到指定位置上，并钉木桩作为挖坑的依据。由于杆塔基础有多种类型，其基础分坑测量的方法也就不同。杆塔基础分坑测量的步骤一般分为三步，即分坑数据的计算、基础坑位的测设和基础坑位的检查。本节只介绍几种常用杆塔基础分坑测量的方法。

一、直线双杆基础分坑测量

（一）分坑数据的计算

分坑数据包括坑口宽、坑底宽及坑位距离，分坑数据根据杆塔基础施工图中所标注的基础根开、基础底座宽、坑深及安全坡度（根据土壤安全角所决定的坑的坡度）等数据计算得出。

1. 坑口、坑底宽

分坑测量的分坑数据如图 14-1 所示。图中：D_j 为基础底座宽；H_s 为设计坑深；D_c 为坑下操作预留的空间，一般为 0.2～0.3m。则

坑底宽为

$$D_d = D_j + 2D_c \tag{14-1}$$

坑口宽为

$$D_k = D_d + 2K_aH_s \tag{14-2}$$

式中：K_a 为安全系数。

2. 坑位距离

图 14-2 所示为直线双杆基础分坑测量示意图，其坑口内侧、坑底内侧、坑底外侧和坑口外侧至杆位中心桩的水平距离分别为

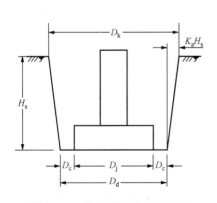

图 14-1 分坑测量的分坑数据

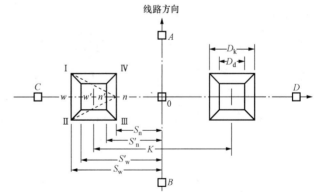

图 14-2 直线双杆基础分坑测量示意图

$$S_n = \frac{1}{2}(K - D_k) \tag{14-3}$$

$$S'_n = \frac{1}{2}(K - D_d) \tag{14-4}$$

$$S'_\mathrm{w} = \frac{1}{2}(K + D_\mathrm{d}) \tag{14-5}$$

$$S_\mathrm{w} = \frac{1}{2}(K + D_\mathrm{k}) \tag{14-6}$$

式中：S'_n、S'_w 为检查坑底时所用的数据。

（二）基础坑位的测设

（1）如图 14-2 所示，在杆位中心桩 O 上安置经纬仪，前视或后视相邻杆塔位中心桩，沿中心线方向埋设 A、B 辅助桩，然后将照准部转动 90°，在垂直于中线方向上埋设 C、D 辅助桩，供检查坑底和校正杆塔使用。

（2）转动照准部，用望远镜照准 C 桩，用皮尺或钢尺自杆位中心桩 O 沿经纬仪视线方向量取水平距离 S_n 与 S_w，分别得 n、w 两点。

（3）在尺上取 $w\,\mathrm{I} + \mathrm{I}\,n = \frac{1}{2}D_\mathrm{k} + \frac{\sqrt{5}}{2}D_\mathrm{k}$ 长度，使其零端置于 w 点，另一端放在 n 点，然后在 $0.5D_\mathrm{k}$ 处将尺拉紧，即测设了坑位桩 I。用类似的方法可测设坑位桩 II、III、IV。最后画出四个坑位桩的连线即得坑口位置。

（4）按以上方法可测设另一坑口的位置。基础坑位测设之后，应复查一次，以免因坑位有误造成返工。

这里需要说明的是，每一种类型的杆塔基础，其坑位测设的方法有很多种，应根据实际地形选择测设坑位的最佳方法。

（三）基础坑的检查

当基础坑挖好以后，应对各坑位的方向和水平距离、坑口和坑底的宽度以及坑深进行全面的检查，以保证各部分尺寸符合相关要求。其检查步骤如下：

1. 检查坑位的方向和距离及坑口的宽度

按测设坑位的方法进行检查，若检查数据与计算数据相符时，即可进行下面的检查。

2. 检查坑底的宽度

如图 14-2 所示，将皮尺的零点置于杆位中心桩 O 点上，在辅助桩 C 上拉紧皮尺，然后在尺上 S'_n 与 S'_w 处悬挂垂球引到坑下得 n'、w' 两点。取尺为 $\frac{1}{2}D_\mathrm{d} + \frac{\sqrt{5}}{2}D_\mathrm{d}$，按测设坑位桩的方法进行检查。若检查结果小于计算数据时，应立即进行修整。

3. 检查坑深

坑深的检查如图 14-3 所示，将水准仪安置于杆塔位中心桩 O 点上，量取仪器高 i（O 点至水准仪目镜中心的距离），在两坑底的中心和四个角点分别竖立水准尺。水准仪瞄准水准尺：若视线在水准尺上的读数均为 $i + H_\mathrm{s}$，则表明坑深满足设计要求，且坑底平整；若尺上读数小于 $i + H_\mathrm{s}$ 时，表示坑深不够；若尺上读数大于 $i + H_\mathrm{s}$ 时，则表示坑深超挖。

杆塔基础坑底应平整，且坑深误差为 +100～ -50mm 之间，当基础坑深误差在允许范围内时，应以最深一基础坑为标准平整其他坑。若坑深误差超过允许值时，应按以下规定处理：对钢筋混

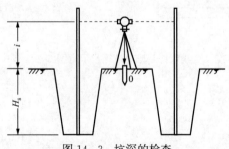

图 14-3　坑深的检查

凝土电杆基础坑，其深度误差在＋100～＋300mm 之间时，超深部分以填土夯实处理；如深度误差在＋300mm 以上时，超深部分以铺石灌浆处理；对铁塔基础坑，当坑深误差超过＋100mm时，其超深部分应以铺石灌浆处理。

二、直线四腿铁塔基础分坑测量

直线四腿铁塔基础有三种类型，即正方形基础、矩形基础和不等高塔腿基础。这里仅介绍正方形基础（见图 14 - 4）及矩形基础分坑测量的方法。

（一）正方形基础分坑测量

1. 分坑数据的计算

坑口、坑底宽计算同直线双杆。

由于正方形基础的根开相等，坑口宽 D_k 也相等，线路中心线与基础坑对角线的水平夹角 β 为 45°，杆塔位中心桩 0 至坑口内角 n、坑底内角 n'、坑底外角 w'、坑口外角 w 的水平距离分别为

$$S_n = \frac{\frac{1}{2}(K - D_k)}{\sin 45°} = \frac{\sqrt{2}}{2}(K - D_k) \qquad (14 - 7)$$

$$S'_n = \frac{\frac{1}{2}(K - D_d)}{\sin 45°} = \frac{\sqrt{2}}{2}(K - D_d) \qquad (14 - 8)$$

$$S'_w = S'_n + \sqrt{2}D_d = \frac{\sqrt{2}}{2}(K + D_d) \qquad (14 - 9)$$

$$S_w = S_n + \sqrt{2}D_k = \frac{\sqrt{2}}{2}(K + D_k) \qquad (14 - 10)$$

式中：S'_n 和 S'_w 为用于检查坑底的尺寸。

2. 基础坑位的测设

（1）将经纬仪安置在塔位中心桩 0 点上，按直线双杆基础坑埋设辅助桩的方法，在中线方向和垂直于中线的方向上埋设 A、B、C、D 四个辅助桩，以供校核使用。

（2）用望远镜照准 A 桩后，沿顺时针方向转动照准部 45°，沿视线方向钉辅助桩 a，倒转望远镜，沿视线方向钉辅助桩 b。然后再将照准部沿顺时针方向转动 90°，用同样的方法沿视线方向钉辅助桩 c 和 d。a、b、c、d 桩，即是测设坑位时的坑位控制桩，又是基础找平时的水平桩。

（3）以塔位中心桩 0 为零点。沿 0a 方向量出水平距离 S_n、S_w，钉坑位的内外角桩 n、w。然后，在皮尺上取 $2D_k$ 长，将零点置于 n 桩上，另一点置于 w 桩上，将尺的 0.5 处拉紧，分别在对角线 0a 两侧钉 m、p 坑位桩。四个坑位桩

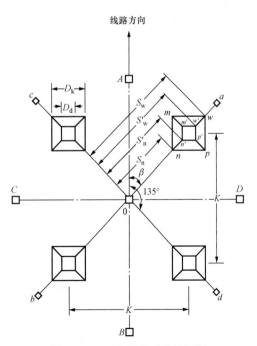

图 14 - 4　正方形基础分坑测量

的连线即为该坑的坑口位置。

（4）转动照准部，用望远镜依次照准 c、b、d 方向，按上述方法测设其余坑口位置。

3. 基础坑检查

先按测设坑位的方法检查坑位方向、距离及坑口宽度。然后沿杆塔位中心桩 0 和辅助桩

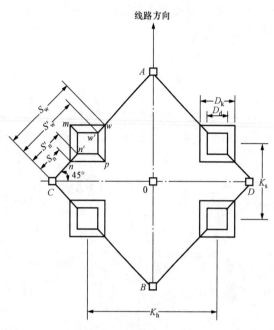

图 14-5　矩形基础分坑测量

拉直线，从中心桩 0 沿直线量出距离 S'_n 和 S'_w，分别在其端点悬挂垂球，利用垂球尖在坑底得到 n' 和 w' 两点。取尺长为 $2D_d$，用测设坑位桩的方法检查坑底 m'、p' 两角点。最后按检查直线双杆基础坑深的方法，检查四个坑的深度。

（二）矩形基础分坑测量

1. 分坑数据的计算

这种基础的特点是坑口宽度相等，根开不等。其垂直于中线方向的根开 K_h 大于顺中线方向的根开 K_s，如图 14-5 所示。

先按式（14-1）和式（14-2）计算坑底、坑口宽，然后计算坑口对角线与中线的夹角。由于 $A0 = 0B = C0 = 0D = 0.5$（$K_h +K_s$），所以线路中线与各坑口对角线的水平夹角均为 $45°$。以 C（或 D）点为零点，该点至坑口近角 n、坑底近角 n'、坑底远角 w'、坑口远角 w 的水平距离分别为

$$S_n = \frac{\frac{1}{2}(K_s - D_k)}{\sin 45°} = \frac{\sqrt{2}}{2}(K_s - D_k) \tag{14-11}$$

$$S'_n = \frac{\frac{1}{2}(K_s - D_d)}{\sin 45°} = \frac{\sqrt{2}}{2}(K_s - D_d) \tag{14-12}$$

$$S'_w = S'_n + \sqrt{2}D_d = \frac{\sqrt{2}}{2}(K_s + D_d) \tag{14-13}$$

$$S_w = S_n + \sqrt{2}D_k = \frac{\sqrt{2}}{2}(K_s + D_k) \tag{14-14}$$

2. 基础坑位的测设

在杆塔位中心桩 0 上安置经纬仪，前视或后视相邻杆塔位中心桩，在中线方向和垂直于中线方向上分别量出水平距离 $A0 = 0B = C0 = 0D = 0.5$（$K_h + K_s$），测设 A、B、C、D 四个辅助桩，然后分别以 C、D 桩为零点，在 CA、CB、DA、DB 四条方向线上量取 S_n、S_w 值，并按测设正方形基础坑位桩的方法测设四个坑口位置。

3. 基础坑检查

分别以 C、D 桩为零点，依次在 CA、CB、DA、DB 方向上拉线量距，并按检查正方形基础的坑口、坑底宽和坑深的方法检查各坑口、坑底尺寸和各坑的深度。

三、转角杆塔基础分坑测量

转角杆塔有两种，即无位移杆塔和有位移杆塔，分别见图 14-6 和图 14-7。其分坑方法如下。

（一）测设辅助桩

如图 14-6 所示，测设无位移转角杆塔辅助桩时，先在转角桩 J 上安置经纬仪，用望远镜照准线路前进方向相邻杆塔位中心桩，按顺时针方向测设出 $\frac{1}{2}(180° - \beta)$ 角（β 为线路的转角），沿视线方向钉辅助桩 A，倒转望远镜沿视线方向钉辅助桩 B，然后水平转动照准部 90°，沿正倒镜视线方向分别钉出 C、D 辅助桩。

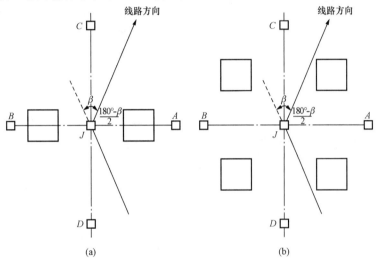

图 14-6 无位移转角杆塔

（a）双杆；（b）四腿铁塔

图 14-7 是有位移转角铁塔，其辅助桩测设方法是：先按测设无位移转角杆塔辅助桩的方法，测设出 A、B 辅助桩，并沿 JA 方向自 J 桩量出位移距离 S_y，在地面上钉出杆塔位中心桩 0。然后将经纬仪安置在 0 点上，用望远镜照准辅助桩 A，再水平转动照准部 90°，沿正倒镜方向分别钉出 D、C 辅助桩。

（二）分坑测量

如图 14-6 及图 14-7 所示，以互相垂直的两条直线 AB 和 CD 为分坑基准线，根据四个辅助桩 A、B、C、D，按相应直线杆塔基础的分坑测量步骤和方法进行分坑测量。若坑口宽不等时，大坑应在转角外侧，小坑应在转角内侧。

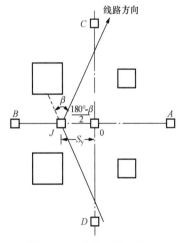

图 14-7 有位移转角杆塔

第三节 拉线坑位的测设

输电线路的施工包括杆塔基础开挖、竖杆、挂线等主要工序。基坑开挖后，拉线杆塔在组立之前，要正确地测设拉线坑的位置，使拉线与杆塔的夹角符合设计要求，以保证杆塔的稳定性。同时还要计算拉线的长度，以作为拉线下料的依据。

拉线有多种形式，其中最常见的有 V 形和 X 形拉线，下面分别介绍这两种拉线坑位的测设方法。

一、V 形拉线的坑位测设及长度计算

图 14 - 8 所示为直线双杆 V 形拉线图。四条拉线的上部用金具连接在杆包箍上，下部用金具与拉线棒相接。

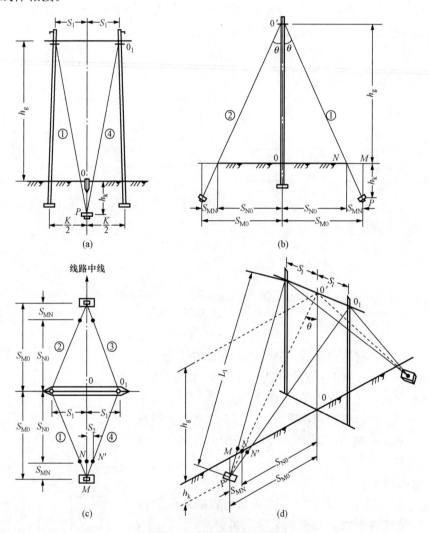

图 14 - 8　直线双杆 V 形拉线
（a）沿线路方向看；（b）沿与线路垂直的方向看；（c）从上往下看；（d）立体效果

拉线坑的位置恰好在线路中线上，且随地形的起伏而沿线路中线移动，因此拉线的长度也随之增长或缩短，但只要拉线平面与杆平面的夹角 θ 保持不变，就能使拉线满足设计要求。

（一）拉线长度的计算

如图 14 - 8（a）、（b）所示，N 为拉线平面中线与地面的交点。它和杆塔中心桩 0 在同一竖面上。根据设计数据，即拉线坑深 h_k、拉线与杆轴线交点至地面的高度 h_g、拉线平面

与杆平面的夹角 θ、拉线与杆轴线交点至杆中线的水平距离 S_1，可计算出施工所用的有关数据。

拉线坑口中心 M 点至 0 点，N 点至 0 点，N 点至 M 点间的水平距离分别为

$$S_{M0} = (h_k + h_g)\tan\theta \tag{14 - 15}$$

$$S_{N0} = h_g\tan\theta \tag{14 - 16}$$

$$S_{MN} = h_k\tan\theta \tag{14 - 17}$$

由相似三角形成比例的关系得，N 点至拉线棒出土点 N' 的水平距离为

$$S_2 = \frac{S_1 S_{MN}}{S_{M0}} \tag{14 - 18}$$

最后由图 14-8（d）得拉线全长（其中包括拉线棒和连接金具的长度）的计算式为

$$L_1 = \sqrt{S_{M0}^2 + (h_g + h_k)^2 + S_1^2} \tag{14 - 19}$$

从计算出的 L_1 值中减去拉线棒和连接金具的长度，就是拉线的实际长度。

（二）拉线坑位的测设

如图 14-8（c）所示，将经纬仪安置在杆塔中心桩 0 上，用望远镜照准线路方向的辅助桩，从 0 点起沿视线方向，量出水平距离 S_{M0} 和 S_{N0} 得 M、N 两点。根据 M 点按坑口的长、宽尺寸，用直线双杆基础的分坑测量方法测设出拉线坑位。同时由 N 点起，沿横线路方向分别量出水平距离 S_2 定出拉线棒出土点 N'。按同样方法测设另一侧的拉线坑位。

二、X 形拉线的长度计算及坑位测设

（一）拉线长度的计算

在 X 形拉线 14-9（a）、（b）中，已知 S_1、h_g、h_k 和拉线与杆轴线的夹角 θ，以及图（c）中所示的水平距离 S_z、拉线与横担的水平夹角 β，根据以上数据可计算出拉线坑位及拉线长度等施工所用数据。

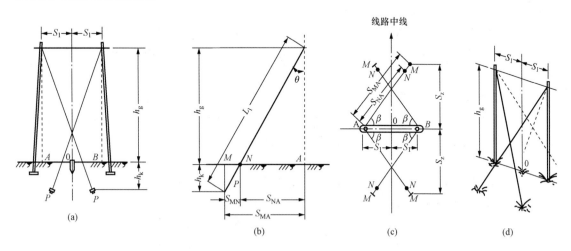

图 14-9　X 形拉线

（a）沿线路方向看；（b）沿与线路垂直的方向看；（c）从上往下看；（d）立体效果

由图（b）、（c）可知，拉线与杆轴线的交点至拉线坑口中心 M 的水平距离为

$$S_{MA} = (h_g + h_k)\tan\theta = \frac{S_z}{\sin\beta} \tag{14 - 20}$$

A 点至拉线棒出土点 N 的水平距离为

$$S_{NA} = h_g \tan\theta \tag{14-21}$$

点 M、N 之间的水平距离为

$$S_{MN} = h_k \tan\theta \tag{14-22}$$

拉线全长（包括拉线棒和连接金具）为

$$L_1 = \sqrt{S_{MA}^2 + (h_g + h_k)^2} = \frac{h_g + h_k}{\cos\theta} \tag{14-23}$$

这里需要指出的是：图 14-9（b）所示为 X 形拉线中的一条拉线与杆轴线的剖面图，它与 V 形拉线的横向侧面图 14-8（b）相似，且由该图得出的各种计算式也对应相似，但实际上它们是不同的，要注意区分它们的不同点，以免混淆出错。

（二）拉线坑位测设

（1）如图 14-9（c）所示，在 0 点安置经纬仪，用望远镜照准线路中线方向，再转动照准部 90°，沿视线方向自 0 点向两侧量出水平距离 S_1，测设出 A、B 两点。

（2）将仪器移至 A 点上，瞄准 B 点，然后逆时针转动照准部测设出 β 角，沿视线方向自 A 点量出水平距离 S_{MA} 和 S_{NA} 得到 M、N 点，再根据 M、N 点按 V 形拉线坑位测设的方法，测设该拉线的坑位。

（3）继续按顺时针方向转动照准部 2β，沿视线方向依上法测设第二条拉线的坑位。

（4）再将仪器移至 B 点上，按上述方法测设另外两条拉线的坑位。

第四节　弧　垂　观　测

弧垂也称为弛度，是指相邻两杆塔之间的导线（或避雷线）上某点至悬挂点连线的垂直距离。

当线路的杆塔组立完毕后，在悬挂导线时要做紧线工作。紧线时，为了保证导线对地或对交叉跨越物有足够的距离，需要观测导线弧垂的大小，使其满足设计要求，以保证线路的安全运行。

一、弧垂观测档的选择

在架线前，应根据设计部门编制的线路杆塔位明细表或线路平断面图中各耐张段的档数、档距及悬挂点高差，选择各耐张段中的弧垂观测档。

对一个耐张段里只有一档的孤立档，它本身就是观测档。但对于一个耐张段里有多档的连续档，并非每档都要观测弧垂，而是从该耐张段中选择一个或几个观测档来观测弧垂。为了使该紧线段里各档的弧垂都能达到平衡，对弧垂观测档的选择应符合下列要求：

（1）紧线段在 5 档及以下时，应靠近紧线段的中间选择一档作为弧垂观测档。

（2）紧线段在 6～12 档时，应靠近其两端各选一档作为弧垂观测档。

（3）紧线段在 12 档以上时，应在紧线段的两端及中间各选一档作为弧垂观测档。

（4）弧垂观测档宜选档距较大和悬挂点高差较小的线档。若地形特殊应适当增加观测档。

二、弧垂观测及观测数据的计算

弧垂观测的方法很多，一般常用的有等长法（也称平行四边形法）、异长法、角度法和平视法。在观测弧垂之前，应参阅线路平断面图，了解地形及弧垂等情况，结合实际情况选择适当的弧垂观测方法，并根据线路杆塔位明细表等技术资料，计算出相应的观测数据，最后进行弧垂观测。

（一）等长法

如图 14-10 所示，自观测档内两侧杆塔架空导线悬挂点 A、B 向下量出 a、b 两段垂直距离，且使 a、b 等于所要测定的弧垂 f（即 $a=b=f$）。紧靠 a、b 下端 A_1、B_1 处各绑一块觇板。紧线时，通过两块觇板进行测量，使导线弧垂恰好与视线相切时，就测定了导线的弧垂。

等长法适用于弧垂观测档内架空导线悬挂点间高差不太大的场合。

（二）异长法

如图 14-11 所示，架空导线悬挂点为 A、B，架空导线的切线与杆塔相交于 A_1、B_1，A_1A、B_1B 间的垂直距离分别为 a、b，f 为所要观测的弧垂。

首先，根据观测档两侧架空导线悬挂点的高差选择适当的 a 值，由悬挂点 A 向下量出垂直距离 a 得 A_1 点，在 A_1 点下方绑一觇板。然后，由公式 $b=(2\sqrt{f}-\sqrt{a})^2$ 计算 b，由悬挂点 B 向下量出垂直距离 b 得 B_1 点，在 B_1 点下方绑一觇板。紧线时，通过两块觇板进行观测，当架空导线弧垂稳定且与视线相切时，就测定了导线的弧垂。

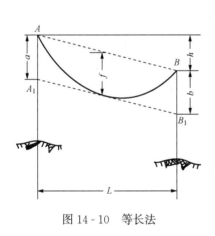

图 14-10　等长法

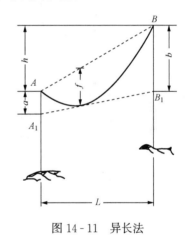

图 14-11　异长法

异长法适用于弧垂观测档两端杆塔高度不等，且弧垂最低点不低于两杆塔中部的连线。在选取 a、b 两数值时，应注意两数值不要相差太大。通常选取 b 等于 $2\sim3a$。

（三）角度法

角度法是用经纬仪观测弧垂的一种方法。根据经纬仪安置的位置不同，角度法分为档端角度法、档内角度法和档外角度法三种。观测导线弧垂时，应根据地形条件和实际情况选择适当的观测方法。

1. 档端角度法

档端角度法是指将经纬仪安置于导线悬挂点的垂直下方，根据计算的弧垂观测角来观测导线弧垂。其观测步骤如下：

（1）如图 14-12 所示，将经纬仪安置在任一杆塔导线悬挂点 A 的垂直下方，量出仪器高 i 和悬挂点 A 至仪器横轴中心的垂直距离 a。

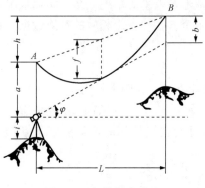

图 14-12 档端角度法

（2）测量悬挂点 A、B 的高差 h 和档距 L。

（3）由导线的设计弧垂 f 计算 b，即

$$b = (2\sqrt{f} - \sqrt{a})^2 = 4f - 4\sqrt{fa} + a$$

（14-24）

（4）由 a、b、h 和 L、f 计算弧垂观测角 φ，即

$$\varphi = \tan^{-1}\frac{\pm h + a - b}{L} = \tan^{-1}\frac{\pm h + 4\sqrt{fa} - 4f}{L}$$

（14-25）

若仪器安置在低悬挂点一侧，h 取正号；若仪器安置在高悬挂点一侧，h 取负号；计算出的 $\varphi > 0°$ 为仰角，$\varphi < 0°$ 为俯角。

（5）紧线时，将望远镜照准线路紧线方向，调节望远镜制动、微动螺旋使竖盘读数恰好为竖直角等于 φ 处，固定照准部和望远镜；待架空导线弧垂稳定且与视线相切，此时导线的弧垂正好为 f。若三相导线为水平排列时，可先测中线弧垂，然后再测两边导线的弧垂。

采用档端角度法观测导线弧垂时，为了不使弧垂误差太大，观测前应测定经纬仪竖盘指标差；另外，a 值一般应小于 $3f$。根据异长法计算公式 $b = (2\sqrt{f} - \sqrt{a})^2$ 可知，当 $a = 4f$ 时，$b = 0$，即视线与导线悬挂点重合。由此可知，当 $a \geq 4f$ 时，就不能用档端角度法观测弧垂。

2. 档内角度法

档内角度法是指在弧垂观测档内导线正下方安置经纬仪，根据计算的弧垂观测角来观测导线的弧垂。其观测方法如下：

（1）如图 14-13（a）所示，根据线路纵断面图和实际地形选定弧垂观测点，在选定的观测点上安置经纬仪，量出仪器高 i 和测站点至导线悬挂点 A 的水平距离 L_1，测出悬挂点 A 至仪器横轴中心的垂直距离 a 和悬挂点 A、B 两点间的高差 h。

$$a = L_1 \tan\varphi_1$$
$$h = (L - L_1)\tan\varphi_2 - a$$

（2）如图 14-13（b）所示，由 a、h、L、L_1 和设计弧垂 f 可计算弧垂观测角 φ，即

$$\tan\varphi = \frac{h + a - b}{L - L_1}$$

（14-26）

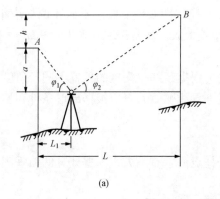 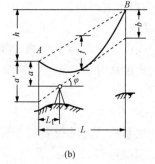

(a) (b)

图 14-13 档内角度法

（a）选定弧垂观测点；（b）弧垂观测

其中
$$b = (2\sqrt{f} - \sqrt{a'})^2, \quad a' = a + L_1\tan\varphi$$

将 b 代入式（14-26）可得到以下一元二次方程

$$\tan^2\varphi + \frac{2}{L}\left(4f - h - \frac{8fL_1}{L}\right)\tan\varphi + \frac{1}{L^2}\left[(4f - h)^2 - 16fa\right] = 0$$

解方程得

$$\varphi = \tan^{-1}\frac{-b' + \sqrt{b'^2 - 4c}}{2} \tag{14-27}$$

其中
$$b' = \frac{2}{L}\left(4f - h - \frac{8fL_1}{L}\right), \quad c = \frac{1}{L^2}\left[(4f - h)^2 - 16fa\right]$$

若仪器靠近低悬挂点一侧，h 为正；若仪器靠近高悬挂点一侧，h 为负。计算出的 φ 角为正值，表示观测角为仰角；计算出的 φ 角为负值，表示观测角为俯角。

（3）紧线时按档端角度法进行弧垂观测。由于仪器安置在导线的正下方，紧线时，应防止导线起落碰撞仪器和观测人员。

3. 档外角度法

档外角度法是指将经纬仪安置在弧垂观测档外导线正下方，根据设计的弧垂观测值来进行导线弧垂观测，其观测方法和步骤与档内角度法基本相同。

（1）根据线路纵断面图和实际地形在观测档外导线正下方选定观测点。如图 14-14（a）所示。在观测点上安置经纬仪，量出仪器高 i 和观测点到悬挂点 A 的水平距离 L_1，计算悬挂点 A 到仪器横轴中心的垂直距离 $a = L_1\tan\varphi_1$，测出悬挂点 A、B 两点的档距 L 并计算 A、B 两点的高差，即

$$h = (L + L_1)\tan\varphi_2 - a$$

式中：φ_1 及 φ_2 为瞄准 A 点和 B 点观测的竖直角。

（2）如图 14-14（b）所示，由 a、h、L、L_1、f 计算 φ，即

$$\varphi = \tan^{-1}\frac{-b + \sqrt{b^2 - 4c}}{2}$$

其中
$$b = \frac{2}{L}\left(4f - h - \frac{8fL_1}{L}\right), c = \frac{1}{L^2}\left[(4f - h)^2 - 16fa\right]$$

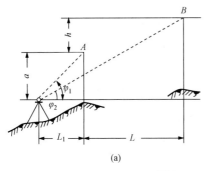 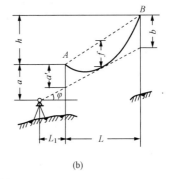

图 14-14 档外角度法

(a) 选定弧垂观测点；(b) 弧垂观测

若仪器靠近低悬挂点一侧，h 为正。若仪器靠近高悬挂点一侧，h 为负；计算出的 φ 角为正值表示观测角为仰角，计算出的 φ 角为负值表示观测角为俯角。

（四）平视法

平视法是指使用经纬仪或水准仪在望远镜视线水平时观测弧垂的一种方法，适用于线路经过高山、深谷、架空导线高差大、档距大等情况，前面几种方法无法进行弧垂观测时，可采用平视法。其观测步骤如下：

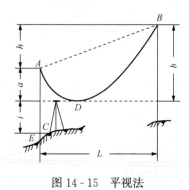

图 14-15　平视法

（1）如图 14-15 所示，由设计的导线弧垂 f、观测档导线悬挂点高差 h，分别按下列公式计算 a、b，即

$$a = f\left(1 - \frac{h}{4f}\right)^2, \quad b = f\left(1 + \frac{h}{4f}\right)^2$$

计算高、低侧悬挂点至导线弧垂最低点 D 的铅垂距离。

（2）在低侧悬挂点处选定弧垂观测站 C 点，预定仪器高为 i，按 $H_C = H_A - a - i$ 计算设站点 C 的高程。

（3）测设弧垂观测站的位置。以 E 点为后视点，沿 EC 方向进行高程放样。当测设到某点高程等于 H_C 时，该点即为弧垂观测站 C 点的位置。

（4）安置仪器于 C 点，使仪器高等于 i，照准中线方向，使望远镜视线水平。

（5）紧线时，待架空导线稳定且与望远镜水平视线相切时，此时导线弧垂就是要测设的弧垂 f。

三、弧垂检查

架线弧垂应在挂线后随即检查。其检查结果应符合下列规定：

（1）架线弧垂误差应在 $+5\%$ ～ -2.5% 范围内，正误差最大值应不大于 500mm；当弧垂大于 30m 时，其误差应不大于 $\pm 2.5\%$。按大跨越设计的跨越档，其误差应在 2% ～ -2.5% 范围内。

（2）导线或避雷线各相的弧垂应力要一致，在满足第一条弧垂允许误差要求时，各相间弧垂的允许相对误差应不超过表 14-2 的规定。

表 14-2　　　　　　　　　　导线或避雷线各相间弧垂允许相对误差

排列形式	一般的档距	弧垂大于 30m 的线档	按大跨越设计的跨越档
水平排列	200mm	1%	1%
非水平排列	300mm	1.5%	1%

习　题

14-1　为什么要进行线路复测？其内容、要求及注意事项是什么？

14-2　如何进行直线双杆基础的坑位测设及坑位检查？

14-3　如何进行直线正方形铁塔基础的坑位测设及坑位检查？

14-4　如何进行直线矩形铁塔基础的坑位测设及坑位检查？

14-5　转角杆塔基础坑位应如何测设？

14-6　如何测设 V 形及 X 形拉线的坑位？

14-7　何谓导线的弧垂？弧垂观测的方法有哪几种？简述其观测方法及适用范围。

第十五章 变 形 观 测

第一节 一般建筑物的变形观测

建筑物在施工及初期使用阶段，建筑物在自身荷重和外力作用下，将发生不同程度的变形。当变形超过一定的限度，将威胁到建筑物的安全。对于高层建筑物、重要建筑物及基础较差的建筑物，在施工及使用初期，需要进行相应的变形观测，以便及时发现问题并采取相应的措施，保证建筑物的施工安全和运行安全。

一、沉降观测

沉降观测就是观测建筑物上所布设的观测点沿竖直方向的下沉量。

（一）水准基点的布设

水准基点是沉降观测的基准点，一般由三个水准点组成，以便检核其稳定性。水准基点应设置混凝土标石，并埋设在沉降范围以外稳定的地方，埋设深度应在冰冻线以下 0.5m。水准基点距沉降观测点的距离不宜超过 100m。

（二）沉降观测点的布设

沉降观测点的数量和位置应能全面反映建筑物的下沉情况，一般根据建筑物的大小、基础的地质条件及基础的形式确定。对于民用建筑，一般沿房屋的周围每 6~12m 设置一个沉降观测点，在房屋转角及沉降缝两侧也应设置沉降观测点。对于工业厂房，除在承重墙及厂房转角处设置沉降观测点外，在容易发生沉降变形的地方如设备基础、伸缩缝两旁、基础形式改变处及基础条件变化的地方也应设置沉降观测点。沉降观测点的设置如图 15 - 1 所示。

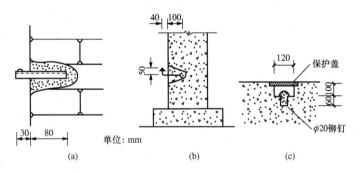

图 15 - 1 沉降观测点的设置

（a）墙上观测点；（b）钢筋混凝土柱上的观测点；（c）基础上的观测点

（三）沉降观测的时间

在增加较大的荷重之后（如浇灌基础、安置预制板、安装厂房屋架及设备等）都要进行沉降观测。施工过程中，若中途停工时间较长，在停工后及复工前应进行沉降观测；当基础附近地面荷载突然增加或出现大的挖方以及暴雨和地震后，也要进行沉降观测。

建筑物竣工后，要根据沉降量的大小，定期进行沉降观测，开始可隔 1~2 个月观测一次，以每次沉降量在 5~10mm 以内为限度，否则，应增加观测次数。以后，随着沉降量的减小，可改为 2~3 个月观测一次，直到沉降量不超过 1mm，方可停止观测。

（四）沉降观测的技术要求

沉降观测的实质是根据水准基点的高程，用精密水准仪定期进行水准测量，测出建筑物上沉降观测点的高程，从而计算其下沉量。

水准基点是观测沉降观测点沉降量的高程控制点，因此，应经常检查水准基点的高程有无变动。沉降观测一般用 DS1 型水准仪，读数时应读基辅分划，基辅分划读数之差应小于 0.5mm，基辅分划所测得的高差之差小于 0.7mm，应进行往返观测。沉降观测应在成像清晰、稳定的条件下进行，同时应尽量在不转站的情况下测出各沉降观测点的高程，前后视观测尽量使用同一根水准尺，水准尺离仪器的距离不得超过 50m，且前后视距差应小于 2m。对于连续生产的设备基础和动力设备基础，高层钢筋混凝土框架结构及地基土质不均匀区的重要建筑物，沉降观测时，往返观测其较差不得超过 $\sqrt{n}$ mm（其中 n 为测站数）；对一般厂房的基础或构筑物，往返观测其较差不得超过 $2\sqrt{n}$ mm。

（五）沉降观测的成果整理

每次观测完成后，应检查记录和计算是否准确，精度是否满足相关要求，然后将各次沉降观测点的高程填入沉降观测成果表中，并计算沉降观测点相邻两次观测的沉降量及累计沉降量，见表 15-1。

为了清楚地表示沉降、荷重、时间三者之间的关系，可分别绘制时间与沉降及时间与荷重之间的关系曲线图，如图 15-2 所示，以便掌握和分析建筑物的变形情况。

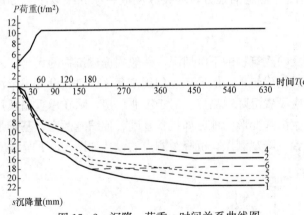

图 15-2　沉降、荷重、时间关系曲线图

二、倾斜观测

建筑物的不均匀沉降将导致建筑物的倾斜，建筑物越高，倾斜就越明显。倾斜观测的方法较多，常用的方法有投点法和水平角观测法。

（一）投点法

若建筑物周围比较空旷，可以采用投点法进行倾斜观测，如图 15-3 所示。设建筑物的高度为 h，分别在两墙面延长线方向上设置观测点 A、B，A、B 两点距墙角的距离一般为 $1.5h \sim 2.0h$。在地面附近的墙角处分别沿两墙面水平设置直尺。在 A 点安置经纬仪，盘左瞄准建筑物顶部墙角，向下转动望远镜，瞄准直尺并读取读数 L_A，盘右重复前述操作，得到读数 R_A，则盘左盘右两次在直尺上读数的平均值 l_A 为

$$l_A = \frac{1}{2}(L_A + R_A) \tag{15-1}$$

在 B 点安置经纬仪，重复 A 点的操作过程，得到盘左盘右两次在另一直尺上读数的平均值 l_B 为

$$l_B = \frac{1}{2}(L_B + R_B) \tag{15-2}$$

若 A、B 两点第一次在直尺上读数的平均值分别为 l_A^1、l_B^1，则观测到的位移分量分别为

$$\Delta u = l_A - l_A^1 \tag{15-3}$$

表 15 - 1

沉 降 观 测 成 果 表

观测日期 年月日	荷重 (t/m²)	观测点 1 高程 (m)	1 本次下沉 (mm)	1 累计下沉 (mm)	2 高程 (m)	2 本次下沉 (mm)	2 累计下沉 (mm)	3 高程 (m)	3 本次下沉 (mm)	3 累计下沉 (mm)	4 高程 (m)	4 本次下沉 (mm)	4 累计下沉 (mm)	5 高程 (m)	5 本次下沉 (mm)	5 累计下沉 (mm)	6 高程 (m)	6 本次下沉 (mm)	6 累计下沉 (mm)
1997.4.20	4.5	50.157	±0	±0	50.154	±0	±0	50.155	±0	±0	50.155	±0	±0	50.156	±0	±0	50.154	±0	±0
5.5	5.5	50.155	−2	−2	50.153	−1	−1	50.153	−2	−2	50.154	−1	−1	50.155	−1	−1	50.152	−2	−2
5.20	7.0	50.152	−3	−5	50.150	−3	−4	51.151	−2	−4	50.153	−1	−2	50.151	−4	−5	50.148	−4	−6
6.5	9.5	50.148	−4	−9	50.148	−2	−6	50.147	−4	−8	50.150	−3	−5	50.148	−3	−8	50.146	−2	−8
6.20	10.5	50.145	−3	−12	50.146	−2	−8	50.143	−4	−12	50.148	−2	−7	50.146	−2	−10	50.144	−2	−10
7.20	10.5	50.143	−2	−14	50.145	−1	−9	50.141	−2	−14	50.147	−1	−8	50.145	−1	−11	50.142	−2	−12
8.20	10.5	50.142	−1	−15	50.144	−1	−10	50.140	−1	−15	50.145	−2	−10	50.144	−1	−12	50.140	−2	−14
9.20	10.5	50.140	−2	−17	50.142	−2	−12	50.138	−2	−17	50.143	−2	−12	50.142	−2	−14	50.139	−1	−15
10.20	10.5	50.139	−1	−18	50.140	−2	−14	50.137	−1	−18	50.142	−1	−13	50.140	−2	−16	50.137	−2	−17
1998.1.20	10.5	50.137	−2	−20	50.139	−1	−15	50.137	±0	−18	50.142	±0	−13	50.139	−1	−17	50.136	−1	−18
4.20	10.5	50.136	−1	−21	50.139	±0	−15	50.136	−1	−19	50.141	−1	−14	50.138	−1	−18	50.136	±0	−18
7.20	10.5	50.135	−1	−22	50.138	−1	−16	50.135	−1	−20	50.140	−1	−15	50.137	−1	−19	50.136	±0	−18
10.20	10.5	50.135	±0	−22	50.138	±0	−16	50.134	−1	−21	50.140	±0	−15	50.136	−1	−20	50.136	±0	−18
1999.1.20	10.5	50.135	±0	−22	50.138	±0	−16	50.134	±0	−21	50.140	±0	−15	50.136	±0	−20	50.136	±0	−18

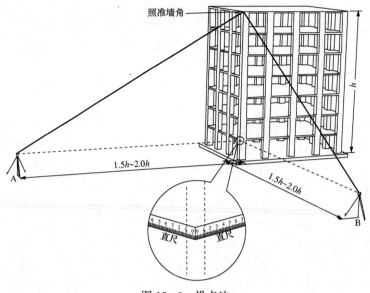

图 15 - 3　投点法

$$\Delta v = l_B - l_B^1 \tag{15 - 4}$$

倾斜度 i 及倾斜方向 α 的计算式为

$$i = \frac{\sqrt{\Delta u^2 + \Delta v^2}}{h} \tag{15 - 5}$$

$$\tan\alpha = \frac{\Delta v}{\Delta u} \tag{15 - 6}$$

（二）水平角观测法

对于塔形及圆形建筑物，可以采用水平角观测法进行倾斜观测，如图 15 - 4 所示。图中为圆形建筑物，其高度为 h，上部圆心为 $0T$，下部圆心为 $0B$，下部半径为 R，在纵横两轴线的延长线上设置观测点 A、B（A、B 两点距圆形建筑物的距离一般为 $1.5h\sim2.0h$），测量 A、B 两点到圆形建筑物下部的最短距离 d_A、d_B。在圆形建筑物的下部及上部分别标定

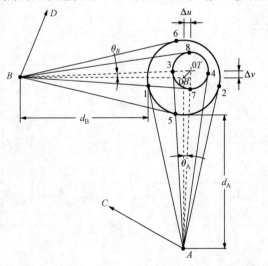

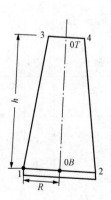

图 15 - 4　水平角观测法

1、2、5、6 及 3、4、7、8 两组观测点，每组观测点应等高，且 A1、A2、B5、B6 为下部圆的切线方向，A3、A4、B7、B8 为上部圆的切线方向，并在适当的位置选择通视良好的目标 C、D。

在 A 点安置经纬仪，以 C 点为零方向，采用方向观测法依次观测 1、2、3、4 点 3～4 个测回，分别计算各方向的平均值 l_1'、l_2'、l_3'、l_4'，则

$$\angle 0BA0T = \theta_A = \frac{l_1' + l_2' - l_3' - l_4'}{2} \tag{15-7}$$

同理，在 B 点安置经纬仪，以 D 点为零方向，采用方向观测法依次观测 5、6、7、8 点 3～4 个测回，分别计算各方向的平均值 l_5'、l_6'、l_7'、l_8'，则

$$\angle 0BB0T = \theta_B = \frac{l_5' + l_6' - l_7' - l_8'}{2} \tag{15-8}$$

0B 到 0T 的位移分量分别为

$$\Delta u = \frac{\theta_A'}{\rho''}(d_A + R) \tag{15-9}$$

$$\Delta v = \frac{\theta_B'}{\rho''}(d_B + R) \tag{15-10}$$

倾斜度 i 及倾斜方向 α 可由式（15-5）及式（15-6）计算。

第二节　大坝变形观测

大坝建成以及水库蓄水并投入运行后，由于基础及地基本身形状的改变，在外力及坝体内部应力的作用下，大坝将会产生位移及沉降，称为大坝的变形。一般情况下，这种变形较为缓慢，在一定范围内是允许的，如果变形超出某一限度，将影响到大坝的稳定和安全，甚至造成大坝失事。因此，需要对大坝进行经常的、系统的观测，以判断其运行状况是否正常，并根据观测中发现的问题，分析原因，及时采取必要的措施，以保证大坝的安全运行。另外，通过长期的变形观测，可以检验大坝设计理论的准确性，并为设计和科研提供相关资料。大坝变形观测的内容较多，本节主要介绍大坝的水平位移观测及垂直位移观测。大坝水平位移观测的经纬仪一般为 DJ07 型或 DJ1 型经纬仪，而大坝垂直位移观测的水准仪一般为 DS05 型或 DS1 型水准仪。大坝变形观测的精度根据大坝的类型确定，一般而言，混凝土坝的变形观测精度高于土石坝的变形观测精度，高坝的变形观测精度高于低坝的变形观测精度。

一、大坝水平位移观测

（一）视准线法

用视准线法观测大坝的水平位移（见图 15-5），首先要在观测断面两端的山坡上设置工作基点 A 和 B，然后将经纬仪安置在 A 点（或 B 点），瞄准 B 点（或 A 点），构成视准线 AB。由于 A、B 两点位于观测断面两端的山坡上，不受大坝变形的影响，视准线 AB 可以认为

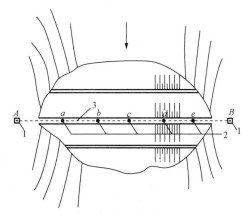

图 15-5　视准线法观测大坝的水平位移
1—工作基点；2—位移标点；3—视准线

固定不变，因此可作为观测坝体变形的基准线。沿视准线按设计间隔在大坝上设置水平位移标点 a、b、c、d、e、…。随后测出 a、b、c、d、e、…各标点到视准线的距离 l_{a0}、l_{b0}、l_{c0}、l_{d0}、l_{e0}、…，作为观测的初始值。观测时，将经纬仪安置在 A 点，用盘左的位置瞄准 B 点上的觇标，构成视准线，固定经纬仪的照准部，瞄准离 A 点 1/2 大坝长度范围内的位移标点。观测时，观测者用旗语或对讲机指挥位移标点处的持标者移动活动觇标，使觇标中心线与经纬仪望远镜的竖丝重合，由持标者读取活动觇标上的标尺读数，然后持标者移动活动觇标，再次让观测者指挥持标者移动活动觇标，使觇标中心线与经纬仪望远镜的竖丝重合，持标者再次读取活动觇标上的标尺读数，然后计算两次读数的平均值。再用盘右的位置进行相同的观测，最后取盘左盘右观测的平均值作为第一测回的观测值。随后，按同样的方法观测第二个测回，两测回的观测值之差不应大于 4mm，若满足要求，取两测回观测值的平均值作为最后结果，最后结果减去初始值即为位移标点沿与视准线垂直方向的水平位移。离 A 点 1/2 大坝长度范围内位移标点的水平位移观测完毕后，再将经纬仪安置在 B 点，瞄准 A 点上的觇标，按同样的方法观测离 B 点 1/2 大坝长度范围内位移标点的水平位移。

（二）小角法

用小角法观测水平位移（见图 15-6），也要在观测断面两端的山坡上设置工作基点 A 和 B，然后分别将经纬仪安置在 A 点和 B 点，观测大坝一半长度范围内位移标点的位移量。如图 15-6 所示，在 A 点安置经纬仪，瞄准 B 点，将水平度盘的读数配成 0°，构成视准线

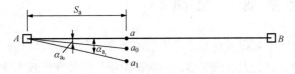

图 15-6　小角法观测大坝的水平位移

AB。转动经纬仪的照准部，瞄准位移标点 a_0，读出 Aa_0 方向线与视准线 AB 之间的夹角 α_{a_0}。由于 α_{a_0} 较小，因此 a_0 点偏离视准线 AB 的距离 aa_0 可近似计算为

$$aa_0 = \frac{\alpha_{a_0} S_a}{206265} \tag{15-11}$$

式中：S_a 为 A 点距位移标点的距离；α_{a_0} 的单位为″（秒）；206265 为一个常数，为 1 弧度的秒值。

当大坝发生变形时，位移标点由 a_0 点移至 a_1 点，则位移标点沿与视准线垂直方向的水平位移为

$$a_0 a_1 = \frac{S_a}{206265}(\alpha_{a_1} - \alpha_{a_0}) \tag{15-12}$$

式中：α_{a_1} 为 Aa_1 方向线与视准线 AB 之间的夹角，(″)（秒）。

（三）前方交会法

当大坝长度超过 500m 时，用视准线法及小角法观测水平位移其精度较低，而对于曲线形大坝，用视准线法及小角法无法进行水平位移观测，此时可采用前方交会法观测大坝的水平位移。

前方交会法是在大坝下游两岸山坡上选择两个或三个工作基点，工作基点应有足够的稳定性，如图 15-7 中的 A 点及 B 点。A 点及 B 点的坐标可采

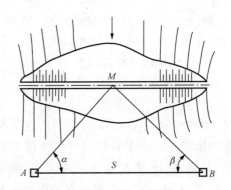

图 15-7　前方交会法观测大坝的水平位移

用假定坐标，其中 x 方向尽量与水流方向一致。在 A 点和 B 点分别安置经纬仪，观测水平角 α 和 β，根据 A 点及 B 点的坐标即可采用前方交会法计算 M 点的坐标。假设首次观测的 M 点的坐标为 x_0、y_0，而本次观测的 M 点的坐标为 x_M、y_M，则 M 点本次相对于首次沿 x 方向和 y 方向的位移量分别为

$$\delta x = x_M - x_0 \tag{15-13}$$
$$\delta y = y_M - y_0 \tag{15-14}$$

M 点本次相对于首次的水平位移为

$$\delta = \sqrt{\delta x^2 + \delta y^2} \tag{15-15}$$

二、大坝垂直位移观测

大坝垂直位移观测主要测定大坝沿铅垂方向的变动情况，一般采用精密水准测量的方法进行大坝垂直位移观测。

（一）测点的布设

用于垂直位移观测的测点一般分为水准基点、工作基点（又称起测基点）和垂直位移标点三种。

1. 水准基点

水准基点是垂直位移观测的基准点，一般埋设在大坝以外地基坚实稳固且不受大坝变形影响和便于引测的地方。为了校核水准基点是否发生变动，水准基点一般应埋设三个以上。

2. 工作基点

由于水准基点一般离大坝较远，为方便观测，通常在每排位移标点的延长线上，即大坝两端的山坡上，选择地基坚实的地方埋设工作基点作为施测位移标点垂直位移的依据，工作基点的高程与该排位移标点的高程相差不宜过大。工作基点可按一般水准点的要求进行埋设。

3. 垂直位移标点

为了便于将大坝的水平位移及垂直位移结合起来分析，在水平位移标点上，一般埋设半球形的铜质标志作为垂直位移标点，对于特殊部位，应加设垂直位移标点。

（二）观测方法及精度要求

进行垂直位移观测时，首先应校测工作基点的高程，然后再由工作基点测定各位移标点的高程。将位移标点首次测得的高程与本次测得的高程相比较，其差值即为两次观测时间间隔内位移标点的垂直位移量。一般规定垂直位移向下为正，向上为负。

1. 工作基点的校测

工作基点的校测是由水准基点出发，测定各工作基点的高程，用于校核工作基点是否发生变动。水准基点与工作基点一般应构成水准环线。施测时，对于土石坝按二等水准测量的精度要求施测，其环线闭合差不得超过 $\pm 4\sqrt{L}$mm（其中 L 为环线的长度，km）；对于混凝土坝应按一等水准测量的精度要求施测，其环线闭合差不得超过 $\pm 2\sqrt{L}$mm。

2. 垂直位移标点的观测

垂直位移标点的观测是从工作基点出发，测定各位移标点的高程，再附合到另一工作基点上（也可往返施测或构成闭合环形）。对于土石坝，可按二等水准测量的要求施测；对于混凝土坝，应按一等水准测量的精度要求施测。

习　题

15-1　建筑物沉降观测的目的是什么？

15-2　建筑物倾斜观测的方法有哪几种？各适用于什么场合？

15-3　大坝水平位移观测的方法有哪几种？各有什么特点？

15-4　进行大坝垂直位移观测时，设置水准基点和工作基点的目的是什么？

第十六章　3S 及北斗导航技术简介

所谓 3S 是指 GPS（授时与测距导航系统/全球定位系统）、RS（遥感）、GIS（地理信息系统）的总称。

第一节　GPS 简介

GPS 是授时与测距导航系统/全球定位系统的简称，其英文名称为 Navigation System Timing and Ranging/Global Positioning System。该系统由美国从 20 世纪 70 年代开始研制，历时 20 年，耗资 200 亿美元，于 1994 年全面建成。实际应用表明，GPS 具有全天候、高精度、自动化、高效益等显著特点，深受广大用户的信赖，并成功应用于大地测量、工程测量、航空摄影测量、运载工具的导航与管制、资源勘察、地球动力学等多个领域，给测绘学科带来了一场深刻的技术革命。随着全球定位系统的不断改进以及软件和硬件的不断完善，其应用领域也正在不断拓展，遍及国民经济各个部门，并逐步深入人们的日常生活。

与经典的测量技术相比，全球定位系统主要有如下特点：

（1）测站之间无需通视。GPS 测量不要求测站之间相互通视，因而不需要建造觇标，这一优点可以大大减少测量工作的经费和时间，同时也使观测点位的选择变得更为灵活。为了保证 GPS 卫星信号的接收不被遮挡，测站的上空必须有足够的开阔度。

（2）高精度的三维定位。GPS 可以精密测定测站的平面坐标和大地高。实验表明：在小于 50km 的基线上，其相对定位精度可达到 $1\sim2\times10^{-6}$；而在 $100\sim500$km 的基线上，其相对定位精度可达到 $10^{-6}\sim10^{-7}$。随着观测技术与数据处理方法的不断改进，可望在大于 1000km 的距离上，相对定位精度可达到或优于 10^{-8}。

（3）观测时间短。利用经典的静态定位方法，完成一条基线的相对定位所需要的观测时间，根据精度要求的不同，一般需要 $1\sim3$h。为了进一步缩短观测时间，提高作业速度，近年来出现的短基线（例如不超过 20km）快速 GPS 相对定位技术，其观测时间仅需数分钟。实时动态 GPS 定位技术（RTK）在一定范围内可提供厘米级的实时三维定位结果，同时观测时间仅需几秒钟。

（4）操作简便。GPS 测量的自动化程度较高，观测时，测量员的主要任务是安置并开关仪器，量取仪器高，监视仪器的工作状态等。GPS 接收机自动完成观测工作，包括卫星的捕获，跟踪观测和记录等。GPS 接收机质量轻、体积小，携带也方便。

（5）全天候作业。GPS 接收机可以在任何地点（卫星信号不被遮挡的情况下），任何时间连续地进行观测，一般不受天气状况的影响。

一、GPS 系统的组成

GPS 系统包括三大部分，即空间部分——GPS 卫星星座、地面控制部分——GPS 地面监控系统、用户设备部分——GPS 接收机。

（一）GPS 卫星星座

GPS 系统的卫星星座部分由 21 颗工作卫星和 3 颗在轨备用卫星组成，如图 16 - 1 所示。

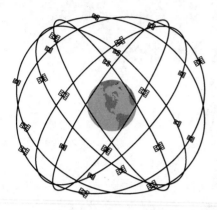

图 16-1　GPS 卫星星座

24 颗卫星均匀分布在 6 个近圆形的轨道面内，每个轨道面内有 4 颗卫星。卫星高度为 20200km，卫星轨道面相对于地球赤道面的倾角为 55°，各轨道平面升交点的赤经相差 60°，卫星运行周期为 11h58min（半个恒星日）。在地平线以上的卫星数目随时间和地点而异，最少为 4 颗，最多为 11 颗。

GPS 卫星主体呈圆柱形，直径为 1.5m，质量为 774kg。主体两侧配有能自动对日定向的双叶太阳能集电板，为保证卫星正常工作提供足够的电源。每颗卫星装有 4 台高精度的原子钟（2 台铷钟，2 台铯钟），频率稳定度为 $10^{-13} \sim 10^{-12}$，为 GPS 测量提供高精度的时间标准。

GPS 卫星的主要功能是接收、储存和处理地面监控系统发来的导航电文及其他相关信息，向用户连续不断地发送导航及定位信息，并提供时间标准、卫星本身的实时空间位置，接收并执行地面监控系统发送的控制指令，如调整卫星姿态、启用备用时钟及备用卫星。

（二）GPS 地面监控系统

地面监控系统由一个主控站、三个注入站和五个监测站组成。

主控站的作用是收集、处理本站和监测站收到的全部资料，编算出每颗卫星的星历和 GPS 时间系统，将预测的卫星星历、钟差、状态数据以及大气传播改正编制成导航电文传送到注入站。主控站还负责纠正卫星的轨道偏离，必要时让备用卫星取代失效的工作卫星。

注入站的作用是将主控站发来的导航电文注入相应卫星的存储器中。每天注入 3 次，每次注入 14 天的星历。此外，注入站能自动向主控站发射信号，每分钟报告 1 次自己的工作状态。导航电文是 GPS 用户所需要的一项重要信息，通过导航电文才能确定出 GPS 卫星在各时刻的具体位置，因此注入站的作用非常重要。

监测站的主要任务是为主控站编算导航电文提供原始观测数据。每个监测站上都有 GPS 接收机对所见卫星作伪距测量和积分多普勒观测，采集环境要素等数据，经初步处理后发往主控站。

（三）GPS 接收机

GPS 的空间部分和地面控制部分，为用户广泛利用该系统进行导航和定位提供了基础。而用户要实现利用 GPS 进行导航和定位的目的，还需要 GPS 接收机。GPS 接收机的作用是接收 GPS 卫星发射的信号，获得必要的导航和定位信息及观测量，经数据处理后获得观测时刻接收机天线相位中心的位置。

用户设备部分主要由 GPS 接收机硬件和数据处理软件组成。对于工程测量而言，一般采用精度较高的双频接收机，从成本价格出发，也可选用较为便宜的单频接收机。所有 GPS 接收机生产厂家一般都随机提供相应的数据处理软件包，但其作用是有限的。国际上有一些科研机构为了克服商用数据处理软件的不足，已经开发了多种解算精度较高的 GPS 数据处理软件包。一些 GPS 接收机能够接收 GPS、俄罗斯的 GLONASS 及中国的北斗卫星信号，使测量精度和测量效率得到大大提高。

二、GPS 定位的基本原理

GPS 定位的基本原理是测量学中的空间距离交会方法。GPS 定位的方法有多种。按观测值的不同，分为伪距观测定位和载波相位测量定位；按使用同步观测的接收机数和定位解算方法分，分为单点定位和相对定位；按接收机的运动状态分，分为静态定位和动态定位。

（一）伪距法单点定位

伪距就是卫星到接收机的距离观测值，即由卫星发射的测距码信号到达 GPS 接收机的传播时间乘以光速所得的距离，由于伪距观测值所确定的卫星到测站的距离，不可避免地含有大气传播延迟、卫星钟和接收机同步误差等因素的影响。为了与卫星到接收机之间的真实距离相区别，这种含有误差影一响的距离观测值，通常称为"伪距"，并把它视为 GPS 定位的基本观测值。

伪距法单点定位就是利用 GPS 接收机在某一时刻同步测定 GPS 接收机天线的相位中心至 4 颗以上 GPS 卫星的伪距以及从卫星导航电文中获得的卫星位置，采用距离交会法求出天线相位中心的三维坐标。由于一般卫星接收机采用石英振荡器，计时精度较低，加之卫星从 20000km 以上的高空向地面传输信号，空中经过电离层、对流层，会产生时延，所以接收机观测的距离含有相应的误差，若接收机观测的距离（伪距）用 $\bar{\rho}$ 表示，则其数学模型为

$$\rho = \bar{\rho} + \delta\rho_{ion} + \delta\rho_{trop} - cv_{t^a} + cv_{t^b} \tag{16-1}$$

其中
$$\rho = \left[(X_{Si} - X_G)^2 + (Y_{Si} - Y_G)^2 + (Z_{Si} - Z_G)^2\right]^{1/2}$$

式中：X_G、Y_G、Z_G 为待测点（天线相位中心）的三维坐标；X_{Si}、Y_{Si}、Z_{Si} 为 GPS 卫星的空间坐标，其值由卫星导航电文计算得到；$\delta\rho_{ion}$ 为电离层延迟改正；$\delta\rho_{trop}$ 为对流层延迟改正；v_{t^a} 为卫星钟差改正；v_{t^b} 为接收机钟差改正；c 为电磁波在真空中的传播速度。

其中 $\delta\rho_{ion}$、$\delta\rho_{trop}$ 可以采用模型计算求出，v_{t^a} 可用卫星星历文件中提供的卫星钟修正参数求出。由式（16-1）知，方程中有 4 个未知数，即 X_G、Y_G、Z_G、v_{t^b}。所以 GPS 三维定位至少需要四颗卫星，即至少需要 4 个同步伪距观测值来实时求解 4 个未知参数，如图 16-2 所示。当地面高程已知时，也可用三颗卫星进行定位。

由于大气延迟、卫星钟差、接收机钟差等误差的影响，伪距法单点定位精度一般不高。

（二）载波相位测量与相对定位

在伪距法单点定位中所用的测距码的波长较长，导致伪距测量的精度不高。而 GPS 卫星发射的载波波长远小于测距码的波长，如果将载波作为测距信号进行相位测量，就可以达到较高的测距精度。

如图 16-3 所示，假设接收机在 t_0 时刻跟踪卫星信号，并开始进行载波相位测量，假设接收机本机振荡器能够产生一个频率和初相位与卫星载波信号完全一致的基准信号，那么，如果 t_0 时刻接收机基准信号的相位为 $\Phi^0(R)$，它接收到的卫星载波信号的相位为 $\Phi^0(S)$，假

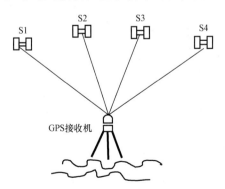

图 16-2　GPS 伪距法单点定位原理

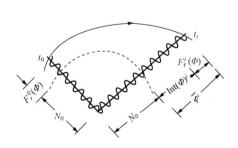

图 16-3　载波相位测量

设这两个相位之间相差 N_0 个整周信号和不足一个整周信号 $F_r^0(\Phi)$，则可求出 t_0 时刻接收机到卫星的距离，即

$$\rho = \lambda\left[\Phi^0(R) - \Phi^0(S)\right] = \lambda\left[N_0 + F_r^0(\Phi)\right] \tag{16-2}$$

式（16-2）中 λ 为载波的波长，由于卫星信号并不是绕接收机做圆周运动，因此，差频信号的相位值将随着时间 t 而变化，接收机可用一个计数器便把差频信号相位变化的整周数记录下来，不足一周的相位也可以实测出来。为此，载波相位测量值可以表示为

$$\varphi = N_0 + \text{Int}(\Phi) + F_r(\Phi) = N_0 + \bar{\varphi} \tag{16-3}$$
$$\bar{\varphi} = \text{Int}(\Phi) + F_r(\Phi)$$

式中：$\bar{\varphi}$ 可由接收机直接测量得到；N_0 称为整周未知数，只要观测是连续的，则所有的载波相位测量值中都含有相同的 N_0。

设在标准时刻 T_a、星钟读数为 t^a 时刻，卫星发射载波的相位为 $\Phi(t^a)$，该信号在标准时刻 T_b 到达接收机。信号到达接收机时的相位保持不变，即 $\Phi(t^a)$，对应于标准时刻 T_b，接收机时钟读数为 t^b，此时接收机产生的基准信号的相位为 $\Phi(t^b)$，则载波相位测量值为

$$\varphi = \Phi(t^b) - \Phi(t^a) \tag{16-4}$$

其中，$t^b = T_b - v_{t^b} = T_a + (T_b - T_a) - v_{t^b}$，$t^a = T_a - v_{t^a}$。

对于稳定性较好的振荡器，则有

$$\varphi(t + \Delta t) = \varphi(t) + f\Delta t \tag{16-5}$$

则得
$$\begin{aligned}\varphi &= \Phi(t^b) - \Phi(t^a) = \Phi(T_a) + f(T_b - T_a) - fv_{t^b} - \Phi(T_a) + fv_{t^a} \\ &= f(T_b - T_a) - fv_{t^b} + fv_{t^a}\end{aligned} \tag{16-6}$$

而 $T_b - T_a = \dfrac{1}{c}(\rho - \delta\rho_{\text{ion}} - \delta\rho_{\text{trop}})$，则有

$$\varphi = \frac{f}{c}(\rho - \delta\rho_{\text{ion}} - \delta\rho_{\text{trop}}) - fv_{t^b} + fv_{t^a} = N_0 + \bar{\varphi}$$

即

$$\bar{\varphi} = \frac{f}{c}(\rho - \delta\rho_{\text{ion}} - \delta\rho_{\text{trop}}) - fv_{t^b} + fv_{t^a} - N_0 \tag{16-7}$$

式（16-7）两侧同乘以 $\lambda = \dfrac{c}{f}$，并记 $\bar{\rho}' = \lambda\bar{\varphi}$，得

$$\rho = \bar{\rho}' + \delta\rho_{\text{ion}} + \delta\rho_{\text{trop}} - cv_{t^a} + cv_{t^b} + \lambda N_0 \tag{16-8}$$

式（16-8）即为载波相位测量的基本观测方程，由此方程即可进行相对定位。

目前，载波相位相对定位普遍采用将相位观测值进行线性组合的方法。其具体方法有三种，即单差法、双差法、三差法。

1. 单差法

所谓单差法，就是不同的观测站同步观测同一卫星所得到的观测量之差，也就是在两台接收机之间求一次差，它是 GPS 相对定位中观测量组合的最基本形式。

如图 16-4 所示，在 t_1 时刻，测站 i 和 j 同时对卫星 p 进行载波相位观测，则有

$$\bar{\varphi}_i^p = \frac{f}{c}\left[\rho_i^p - (\delta\rho_{\text{ion}})_i^p - (\delta\rho_{\text{trop}})_i^p\right] - f(v_{t^b})_i + f(v_{t^a})^p - (N_0)_i^p$$

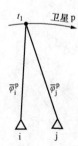

图 16-4　单差法

$$\bar{\varphi}_j^p = \frac{f}{c}\left[\rho_j^p - (\delta\rho_{\text{ion}})_j^p - (\delta\rho_{\text{trop}})_j^p\right] - f(v_{t^b})_j + f(v_{t^a})^p - (N_0)_j^p$$

将上面两式相减，并令

$$\Delta\varphi_{ij}^p = \bar{\varphi}_j^p - \bar{\varphi}_i^p$$

$$(\delta\rho_{ion})_{ij}^p = (\delta\rho_{ion})_j^p - (\delta\rho_{ion})_i^p$$

$$(\delta\rho_{trop})_{ij}^p = (\delta\rho_{trop})_j^p - (\delta\rho_{trop})_i^p$$

$$(v_{t^b})_{ij} = (v_{t^b})_j - (v_{t^b})_i$$

$$(N_0)_{ij}^p = (N_0)_j^p - (N_0)_i^p$$

则得单差法的观测方程为

$$\Delta\varphi_{ij}^p = \frac{f}{c}\rho_j^p - \frac{f}{c}\rho_i^p - \frac{f}{c}(\delta\rho_{ion})_{ij}^p - \frac{f}{c}(\delta\rho_{trop})_{ij}^p - f(v_{t^b})_{ij} - (N_0)_{ij}^p \qquad (16-9)$$

由式（16-9）知，单差法可以消除星钟误差，同时可以削弱电离层延迟改正误差、对流层延迟改正误差及卫星星历误差的影响，从而提高相对定位的精度。

2. 双差法

双差法就是在不同测站上同步观测一组卫星所得到的单差之差，也就是在接收机和卫星间求二次差。

如图16-5所示，在 t_1 时刻测站 i 和 j 同时对卫星 p 进行载波相位测量，在 t_1 时刻测站 i 和 j 同时也对卫星 q 进行载波相位测量，则对卫星 p 和卫星 q 有类似于式（16-9）的两个观测方程，将这两个观测方程相减，并令

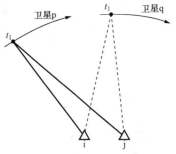

$$\Delta\varphi_{ij}^{pq} = \Delta\varphi_{ij}^q - \Delta\varphi_{ij}^p$$

$$(\delta\rho_{ion})_{ij}^{pq} = (\delta\rho_{ion})_{ij}^q - (\delta\rho_{ion})_{ij}^p$$

$$(\delta\rho_{trop})_{ij}^{pq} = (\delta\rho_{trop})_{ij}^q - (\delta\rho_{trop})_{ij}^p$$

$$(N_0)_{ij}^{pq} = (N_0)_{ij}^q - (N_0)_{ij}^p$$

$$\Delta\rho_j^{pq} = \rho_j^q - \rho_j^p$$

$$\Delta\rho_i^{pq} = \rho_i^q - \rho_i^p$$

图 16-5　双差法

则得双差法的观测方程为

$$\Delta\varphi_{ij}^{pq} = \frac{f}{c}\Delta\rho_j^{pq} - \frac{f}{c}\Delta\rho_i^{pq} - \frac{f}{c}(\delta\rho_{ion})_{ij}^{pq} - \frac{f}{c}(\delta\rho_{trop})_{ij}^{pq} - (N_0)_{ij}^{pq} \qquad (16-10)$$

由式（16-10）知，双差法消除了 i、j 测站间的相对钟差改正。

3. 三差法

三差法就是在不同的历元（ t_1 时刻和 t_2 时刻）同步观测同一组卫星所得观测量的双差之差，即在接收机、卫星和历元间求三次差。

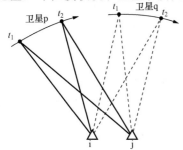

图 16-6　三差法

如图 16-6 所示，将 t_1 和 t_2 时刻的双差法观测方程两端对应相减，可得接收机 i、j 和卫星 p、q 在历元 t_1 和 t_2 间的三差法观测方程，在三差法观测方程中，不再出现整周未知数。由于三差法将观测方程经过三次求差，方程个数大大减少，使未知数的解算精度降低，因此，三差法仅用于求近似解，实际工作中一般采用双差法求解。

三、GPS 控制网的设计

GPS 控制网的设计是 GPS 测量的基础，这项工作根

据 GPS 控制网的用途和用户的基本要求进行。

（一）GPS 测量的精度指标

GPS 测量的精度指标通常用网中相邻点间的距离误差 m_D 表示，即

$$m_D = a + b \times 10^{-6}D$$

式中：D 为相邻点间的距离；a 为固定误差；b 为比例误差。

不同用途的 GPS 网，其精度不同。地壳形变和国家基本控制网为 A、B 级 GPS 控制网。其精度要求见表 16-1。

表 16-1   **A、B 级 GPS 控制网的精度要求**

级别	主要用途	固定误差 a (mm)	比例误差 b ($10^{-6}D$)
A	地壳形变测量或国家高精度 GPS 网的建立	≤5	≤0.1
B	国家基本控制测量	≤8	≤1

（二）网形设计

常规控制测量中，控制点之间的通视条件十分重要，而在 GPS 测量时，由于不需要控制点之间的相互通视，因此控制点的设计较为灵活。

GPS 测量由于采用无线电定位，受外界因素影响较大，所以在控制点的设计时应重点考虑成果的准确可靠，并有较可靠的检验方法。GPS 控制网一般应通过独立观测边构成闭合图形，以便增加检核条件，提高网的可靠性。GPS 控制网的布设通常有点连式、边连式、网连式及边点混合连接四种方式。

点连式是指相邻同步图形（多台仪器同步观测卫星获得基线所构成的闭合图形）仅用一个公共点连接。这种方法构成的图形检核条件少，一般很少使用，如图 16-7（a）所示。

边连式是指同步图形之间由一条公共边连接。这种方法边较多，非同步图形的观测基线可组成异步观测环（称为异步环）。异步环常用于观测成果质量的检查。所以边连式比点连式可靠，如图 16-7（b）所示。

网连式是指相邻同步图形之间有两个以上公共点相连接。这种方法需要 4 台以上的仪器，其几何强度和可靠性高，但花费的时间和经费也较多。一般用于布设高精度 GPS 控制网。

边点混合连接是指将点连接和边连接有机结合起来，组成 GPS 控制网，如图 16-7（c）所示。这种网布设的特点是周围的图形尽量以边连接方式，在图形内部形成多个异步环。利

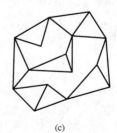

（a）   （b）   （c）

图 16-7 GPS 控制网的布设

（a）点连式（7 个三角形）；（b）边连式（15 个三角形）；（c）边点混合连接（10 个三角形）

用异步环闭合差检验保证测量的可靠性。

在低等级 GPS 测量或碎部测量时，可采用星形布设方案，如图 16-8 所示。这种方法常用于快速静态测量。其优点是测量速度快，缺点是没有检核条件。为了保证观测成果的质量，可选择两个已知点作为基准站。

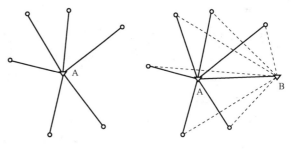

图 16-8 星形布设方案

GPS 点虽然不需要通视，但是，为了便于采用常规测量方法连测，要求控制点至少与另一控制点通视。为了便于 GPS 网的坐标转换，要求至少有三个 GPS 控制网点与地面控制网点重合。为了利用 GPS 方法进行高程测量，在测区内 GPS 点应尽量与水准点重合。GPS 点应尽量选在视野开阔及交通方便的地方，并远离高压线路、变电站及微波干扰区。

四、GPS 外业观测

（一）安置 GPS 接收机的天线

GPS 接收机的天线一般安置在三脚架上，操作过程中应严格对中整平，刮风天气安置天线时，应将天线进行三方向固定，以防天线倒地破坏；雷雨天气安置天线时，应将天线的底盘接地，以防天线受到雷击。天线安置高度不宜过低，一般距地面 1m 以上。天线的高度要求用钢尺在互为 120° 的方向量测三次，互差应小于 3mm，取平均值后记入观测手簿中。并将测站点点名记入观测手簿中。

（二）开机观测

GPS 外业观测的主要目的是捕获 GPS 卫星的信号，并对其进行跟踪、处理和量测，以获得所需要的定位信息和观测数据。

天线安置完成后，在离开天线适当位置的地面上安放 GPS 接收机，接通接收机与电源、天线、控制器的连接电缆，并经过预热和静置，即可启动接收机进行观测。

接收机锁定卫星并开始记录数据后，观测人员可按照仪器随机提供的操作手册进行输入和查询操作，在未掌握有关操作方法之前，不要随意按键和输入，在正常接收过程中禁止更改任何设置参数。

在外业观测工作中，仪器操作人员应注意以下事项：

（1）确认外接电源电缆及天线等各项连接无误后，方可接通电源，启动接收机。

（2）开机后接收机有关指示显示正常并通过自检后，方能输入有关测站和时段控制信息。

（3）接收机在开始记录数据后，应注意查看有关观测卫星数量、卫星号、相位测量残差、实时定位结果及其变化、存储介质记录等情况。

（4）一个时段观测过程中不允许进行以下操作：关闭仪器又重新启动仪器；进行自测试（发现故障除外）；改变卫星高度角；改变天线的位置；改变数据采样间隔；按动关闭文件和删除文件等功能键。

（5）在观测过程中，要特别注意供电情况，除在出测前认真检查电池容量是否充足外，作业中观测人员不得远离接收机，听到仪器的低电压报警要及时予以处理，否则可能造成仪器内部数据的破坏或丢失。对观测时段较长的观测工作，应尽量采用太阳能电池板或汽车电瓶进行供电。

（6）接收机工作过程中，不要靠近接收机使用对讲机；雷雨季节架设天线要防止雷击，雷雨过境时应关机停测，并卸下天线。

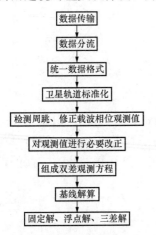

图 16-9　GPS 观测数据的
预处理流程图

（7）观测过程中要随时查看仪器内存或硬盘的容量，每日观测结束后，应及时将数据转存至计算机硬盘或软盘上，确保观测数据不丢失。

五、GPS 数据处理

（一）基线解算

对于两台及两台以上接收机同步观测值进行独立基线向量（坐标差）的平差计算，称为基线解算，也称为 GPS 观测数据的预处理。其流程如图 16-9 所示。

（二）观测成果的检验

1. 每个时段同步环检验

同一时段多台仪器组成的闭合环，坐标增量闭合差应为零。由于仪器开机时间不完全一致，会有误差。在检核中应检查一切可能的环闭合差。其闭合差分量应满足下列要求，即

$$\left.\begin{aligned}
\omega_x &\leqslant \frac{\sqrt{n}}{5}\sigma \\
\omega_y &\leqslant \frac{\sqrt{n}}{5}\sigma \\
\omega_z &\leqslant \frac{\sqrt{n}}{5}\sigma \\
\omega &\leqslant \frac{\sqrt{3n}}{5}\sigma \\
\omega &= \sqrt{\omega_x^2 + \omega_y^2 + \omega_z^2}
\end{aligned}\right\} \tag{16-11}$$

式中：σ 为相应等级的中误差；n 为同步环的点数。

2. 同步边检验

一条基线在不同时段观测多次，有多个独立基线值，这些边称为重复边。任意两个时段所得基线差应小于相应等级规定精度的 $2\sqrt{2}$ 倍。

3. 异步环检验

在构成多边形环路的基线向量中，只要有非同步观测基线，则该多边形环路称为异步环。异步环检验应选择一组完全独立的基线构成环进行检验，并符合下列要求，即

$$\left.\begin{aligned}
\omega_x &\leqslant 2\sqrt{n}\sigma \\
\omega_y &\leqslant 2\sqrt{n}\sigma \\
\omega_z &\leqslant 2\sqrt{n}\sigma \\
\omega &\leqslant 2\sqrt{3n}\sigma
\end{aligned}\right\} \tag{16-12}$$

（三）GPS 网平差

在各项检查通过之后，得到各独立基线向量和相应的协方差阵，在此基础上即可进行平

差计算。

平差计算的内容包括以下两个内容。

1. GPS 网无约束平差

利用基线处理结果和协方差阵，以网中一个点的 WGS-84 三维坐标为起算值，在 WGS-84 坐标系中进行 GPS 网的整体无约束平差。平差结果提供各控制点在 WGS-84 坐标系中的三维坐标、基线向量和三个坐标差以及基线边长和相应的精度信息。

值得注意的是，由于起始点的坐标往往采用 GPS 单点定位的结果，其值与精确的 WGS-84 地心坐标有较大的偏差，所以平差后得到的各点坐标不是真正意义上的 WGS-84 地心坐标。

无约束平差基线向量改正数绝对值应满足下列要求，即

$$\left.\begin{array}{c} V_{\Delta x} \leqslant 3\sigma \\ V_{\Delta y} \leqslant 3\sigma \\ V_{\Delta z} \leqslant 3\sigma \end{array}\right\} \tag{16-13}$$

2. 坐标参数转换或与地面网联合平差

在工程中常采用国家坐标系或地方坐标系，此时需将 GPS 网平差结果进行坐标转换。若 GPS 网无约束平差时起始点选用国家基础 GPS 控制网上的点，则可用国家 A、B 级网求定的坐标转换参数进行坐标转换得到国家坐标系的坐标。若无上述条件，可以利用网中连测时选用的原有地面控制网坐标进行三维约束平差或二维约束平差。其中原有点的已知坐标、已知距离及已知方位角应作为强制约束条件进行约束平差。平差的最终结果应是国家坐标系或地方坐标系中的三维或二维坐标。

无约束平差后，应采用网中不参与约束平差的各控制点，将其坐标与平差后该点坐标求差，进行校核。若发现有较大的误差，应检查原地面点是否有误。约束平差后的基线向量改正数与该基线无约束平差改正数的较差应满足下列要求，即

$$\left.\begin{array}{c} dv_x \leqslant 2\sigma \\ dv_y \leqslant 2\sigma \\ dv_z \leqslant 2\sigma \end{array}\right\} \tag{16-14}$$

六、天宝（Trimble）R8 RTK 测量方法简介

（一）RTK 测量的基本原理

RTK（Real Time Kinematic）是实时动态差分技术的简称。RTK 是一种利用 GPS 载波相位观测值进行实时动态相对定位的技术，其工作原理是基准站通过数据链将其观测值和测站坐标信息一起传送给流动站。流动站不仅通过数据链接收来自基准站的数据，同时还要采集流动站的 GPS 观测数据，并在系统内组成差分观测值进行实时处理，能够给出厘米级的定位结果。所以 RTK 测量至少需要 2 台 RTK 接收机，1 台作为基准站，1 台作为流动站，基准站及流动站使用的接收机一般为双频 GPS 接收机。

（二）天宝 R8 RTK 测量的主要设备

天宝 R8 RTK 测量设备由美国天宝公司生产。天宝 R8 RTK 测量的主要设备包括 1 个基准站和若干个流动站。基准站由 R8 接收机、天线、电台等设备组成，基准站的 R8 接收机及天线安置在脚架上，电台一般外挂在天线的脚架上。每个流动站由 1 台 R8 接收机组成，流动站的 R8 接收机安置在脚架或对中杆上，电台由 12V 的电瓶供电，R8 接收机由内

置电池供电，这些设备通过相应的线缆连接在一起。R8 RTK 测量的电子手簿通过蓝牙与基准站及流动站的 R8 接收机进行通信。对于建有连续运行参考站系统（Continuously Operating Reference Stations，CORS）的区域，可以省去基准站，直接用流动站进行 RTK 测量。天宝 R8 接收机如图 16 - 10 所示，电台及天线分别如图 16 - 11 和图 16 - 12 所示。

图 16 - 10　天宝 R8 接收机

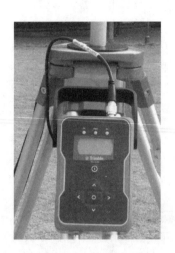
图 16 - 11　电台

图 16 - 12　天线

天宝 R8 RTK 测量的标称精度为

水平：10mm＋1ppm RMS；

垂直：20mm＋1ppm RMS。

RTK 测量的标称精度与测距仪标称精度的含义类似，如流动站至基准站的距离为 1km，则平面位置的精度为 11mm，流动站至基准站的距离为 2km，则平面位置的精度为 12mm，其他依此类推。

图 16 - 13　TSC3 电子手簿

为了保证 RTK 测量的精度，基准站应选在位置较高的空旷地带，流动站至基准站的距离最好不要超过 10km。

（三）天宝 R8 RTK 测量的基本方法

进行 RTK 测量前应给电子手簿（如图 16 - 13 所示）安装相应版本的 Trimble Access 软件［此处以 2013.30（5622）版本为例介绍相应的测量方法，该软件适用于天宝 R8 及 R10 等机型］，并完成相关的设置。

1. 新建任务

电子手簿接通电源后，电子手簿的屏幕显示如图 16 - 14 所示的界面，用电子手簿的光笔点（以下简称点）"常规测量"进入图 16 - 15 所示的界面，在图 16 - 15 所示的界面中点击"任务"进入图 16 - 16 所示的界面。

在图 16 - 16 所示的界面中点击"新任务"进入图 16 - 17 所示的界面，在图 16 - 17 所示的界面中输入任务名（类似于电脑的文件名）如 0527，点击"模板："右边的"▼"选"最后使用的任务"，点击"当地工地"进入图 16 - 18 所示的界面。

图 16-14　选择"常规测量"

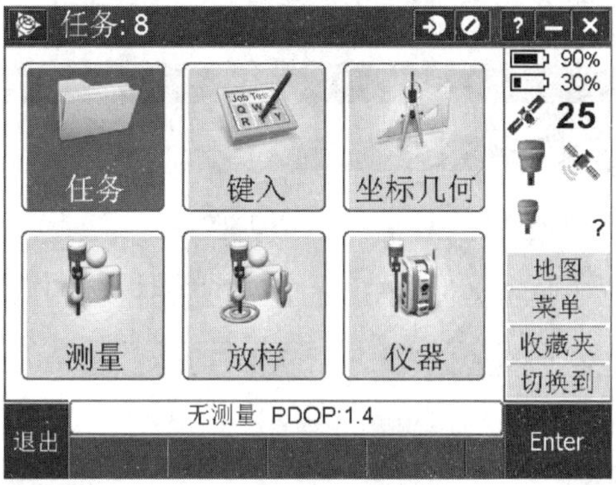

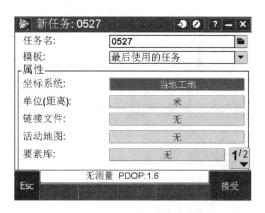

图 16-15　选择"任务"

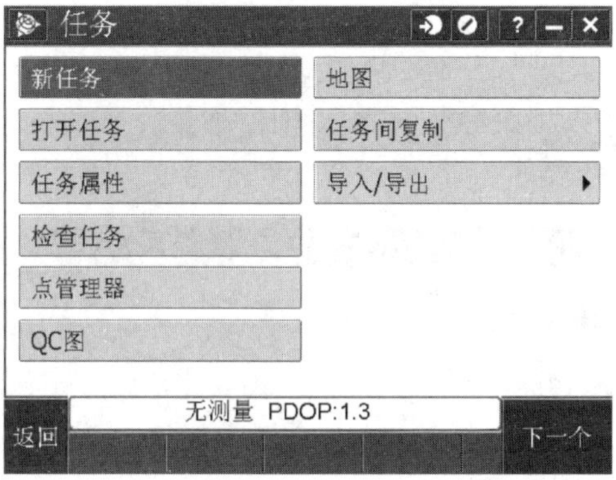

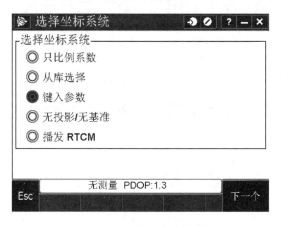

图 16-16　选择"新任务"

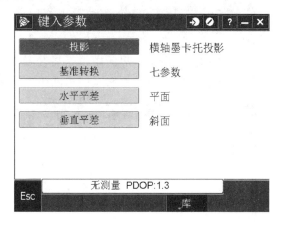

图 16-17　输入任务名

在图 16-18 所示的界面中点击"键入参数"进入图 16-19 所示的界面，在图 16-19 所示的界面中点"投影"进入图 16-20 所示的界面。

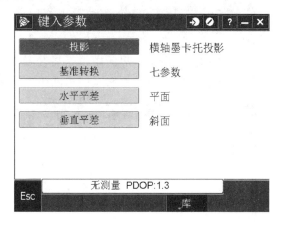

图 16-18　选择"键入参数"

图 16-19　选择"投影"

在图 16-20 所示的界面中点"▼"选"横轴墨卡托投影"，并根据实际情况输入投影参数，如图 16-20 所示的界面输入的是 1980 年国家大地坐标系的相关投影参数，测区中央子午线的经度为 114°。输入完成后点右下角的"▼"，进入图 16-21 所示的界面，在图 16-21

所示的界面中进行相应的输入，点右下角的"接受"进入图 16 - 22 所示的界面。

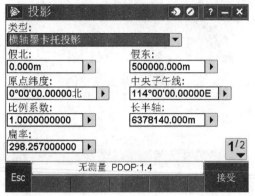

图 16 - 20　输入投影参数

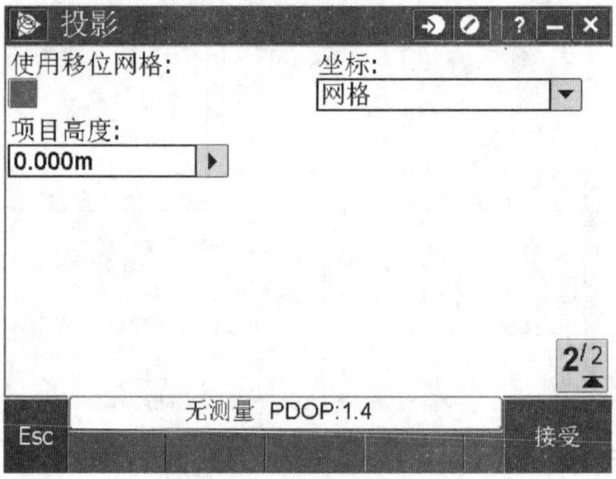

图 16 - 21　选择坐标类型

在图 16 - 22 所示的界面中点"基准转换"进入图 16 - 23 所示的界面，在图 16 - 23 所示的界面中点"▼"选"三参数"，根据实际情况输入相关参数并将 X 轴位移量、Y 轴位移量输入为 0，点右下角的"▼"进入图 16 - 24 所示的界面。

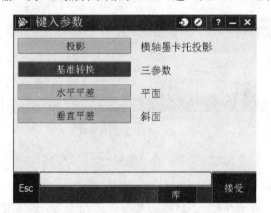

图 16 - 22　选择"基准转换"

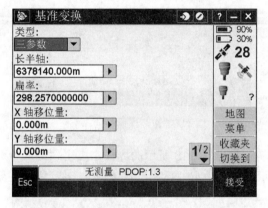

图 16 - 23　选择"三参数"并输入相关参数

在图 16 - 24 所示的界面中将 Z 轴位移量输入为 0，点右下角的"接受"进入图 16 - 25 所示的界面，在图 16 - 25 所示的界面中点"水平平差"进入图 16 - 26 所示的界面。

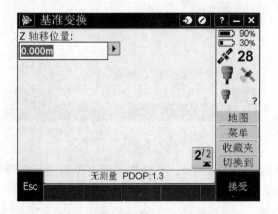

图 16 - 24　输入 Z 轴位移量

图 16 - 25　选择"水平平差"

在图16-26所示的界面中点"▼"选择"无平差",点右下角的"接受"进入图16-27所示的界面,在图16-27所示的界面中点"垂直平差",进入图16-27所示的界面,同样在图16-27所示的界面中点"▼"选择"无平差",依次点右下角的"接受""Esc"进入图16-28所示的界面。

图16-26 选择水平平差类型

图16-27 选择垂直平差类型

在图16-28所示的界面中点右下角的"▼",进入图16-29所示的界面,在图16-29所示的界面中点"地面"及右下角的"接受",完成新建任务,此时左上角显示任务名称,如图16-30所示。

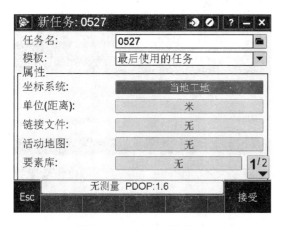

图16-28 坐标系统设置

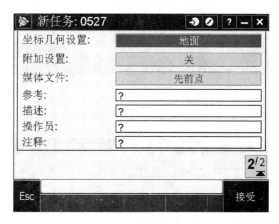

图16-29 坐标几何设置

2. 启动基准站

点图16-31所示的"测量"进入图16-32所示的界面,在图16-32所示的界面中点"RTK"进入图16-33所示的界面。

在图16-33所示的界面中点"启动基准站接收机"进入图16-34所示的界面,在图16-34所示的界面中点"点名:"右边的"▶",点"键入",输入基站点名如图16-35所示点名为base,点"此处"获得一个坐标,在图16-35所示的界面中点右下角的"存储"进入图16-36所示的界面,输入天线高,如图16-36所示的天线高为1.600m。在图16-36所示的界面中点"开始"进入图16-37所示的界面,提示"基准站已启动"。

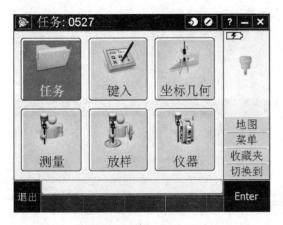

图 16 - 30 完成新建任务

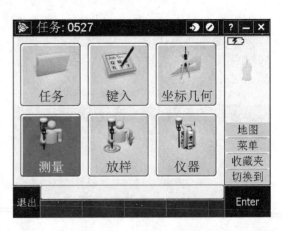

图 16 - 31 选择"测量"

图 16 - 32 选择"RTK"

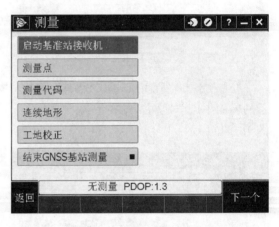

图 16 - 33 启动基准站接收机

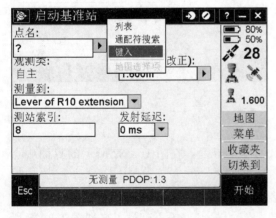

图 16 - 34 输入基站点名

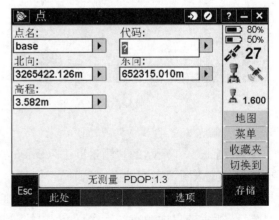

图 16 - 35 获得一个坐标

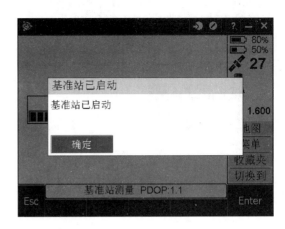

图 16-36　输入天线高　　　　　　图 16-37　提示基准站已启动

点"确定"完成基准站的启动。

3. 启动流动站

依次点"常规测量""测量"（如图 16-14 和图 16-15 所示）进入图 16-38 所示的界面，在图 16-38 所示的界面中点"RTK"，点"测量点"（如图 16-39 所示），选择差分源，等仪器达到精度后就可以开始测量了。

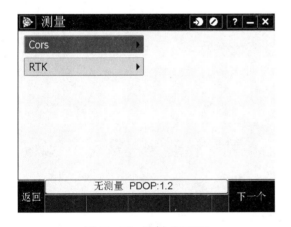

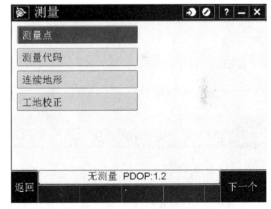

图 16-38　选择"RTK"　　　　　　图 16-39　选择"测量点"

4. 点校正

点"键入"（如图 16-15 所示）进入图 16-40 所示的界面。在图 16-40 所示的界面中点"点"进入图 16-41 所示的界面，在图 16-41 所示的界面中输入已知点的点名如 K028、北向（x 坐标）、东向（y 坐标）、高程，点右下角的"存储"，输入下一个已知点的点名、北向（x 坐标）、东向（y 坐标）、高程…。所有已知点点名、北向（x 坐标）、东向（y 坐标）、高程输入完成并点"存储"后，点左下角的"Esc"回到图 16-15 所示的界面。其中已知点的个数应不少于 3 个。

在 16-15 所示的界面，依次点"测量""RTK""工地校正"，进入图 16-42 所示的界面。在图 16-42 所示的界面中点左下角的"添加"，进入图 16-43 所示的界面，在图 16-43 所示的界面中输入网格点名（已知点名）如 K028 及 GNSS 点名如 G028，在已知点如 K028

点安置流动站接收机，点 G028 右边的 "▶"，点 "测量"，输入天线高，点右下角的 "开始"，进入图 16‑44 所示的界面。

图 16‑40　选择 "点"

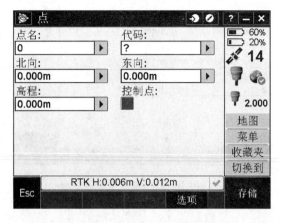

图 16‑41　输入点名、坐标及高程

图 16‑42　"无点" 提示

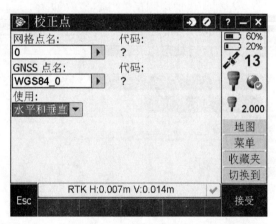

图 16‑43　输入网格点名及 GNSS 点名

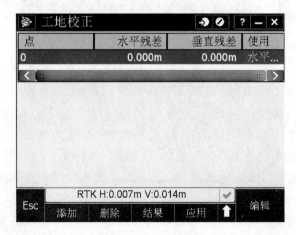

图 16‑44　显示残差

在图 16‑44 所示的界面中点左下角的 "添加" 重复上述过程，添加完所有已知点后，将出现几行点、水平残差、垂直残差等信息。如果添加了 3 个已知点，则显示这 3 个已知点的水平残差；如果添加了 4 个及 4 个以上的已知点，则显示这 4 个及 4 个以上的已知点的水平残差及垂直残差。最后点右下角的 "应用"，完成了点校正。

5. 测量点的坐标和高程

在图 16‑14 及图 16‑15 所示的界面，依次点 "常规测量" "测量" "RTK"

"测量点"，输入点名及天线高，选择观测方法，包括观测时间，点右下角的"开始"即可测量点的坐标和高程（最快只需几秒钟），如图16-45所示。

若要查看点的坐标和高程，可在图16-15所示的界面中依次点右下角的"收藏夹""点管理器"即可查看点的点名、纵横坐标及高程。也可以通过数据线将电子手簿里的数据传输到电脑里（需在电脑里装入相应的数据传输软件），在电脑里生成类似于Excel文件，其中第一列为点名，第二列至第四列分别为坐标和高程。

若采用RTK测量的数据编绘数字化地形图，则可通过格式转换或者人工的方法对传输到电脑内的数据进行处理，生成相应数字测图软件规定的数据格式。

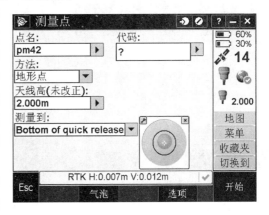

图16-45　测量点的坐标和高程

6.平面位置的放样

放样前，输入放样点的平面坐标，输入方法与点校正中输入已知点坐标的方法一样。在图16-15所示的界面中依次点"放样""RTK"，进入图16-46所示的界面，在图16-46所示的界面中点"点"进入图16-47所示的界面，在图16-47所示的界面中点"添加"，进入图16-48所示的界面，在图16-48所示的界面中选择"从列表选择"，选中要放样的点，点"添加"（如图16-49所示）、"放样"（如图16-50所示），则出现图16-51所示的界面。

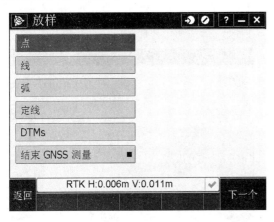

图16-46　选择"点"

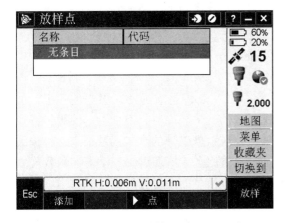

图16-47　添加"点"

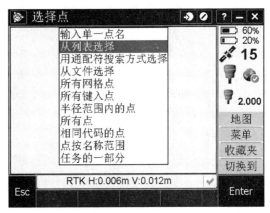

图16-48　从列表中选择"点"

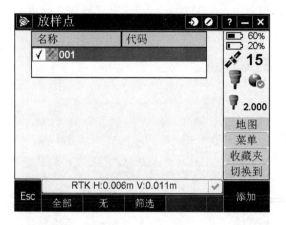

图 16-49　添加"点"

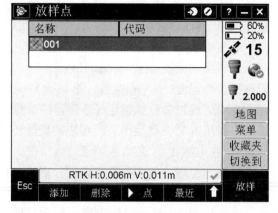

图 16-50　放样"点"

　　如果放样的点距移动站较远时，应根据电子手簿屏幕上的提示（如图 16-51 所示）移动移动站（如果图 16-51 所示显示"往南 1.002m，往西 2.821m"则流动站往南移动 1.002m，往西移动 2.821m 即可到达放样点的位置），直至出现如图 16-52 所示的界面时则为放样点的平面位置。

图 16-51　移动移动站

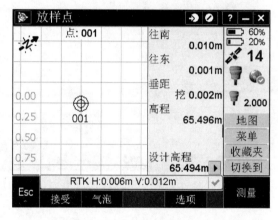

图 16-52　到达放样点的位置

第二节　RS 简 介

　　RS 技术即遥感技术，其英文名称为 Remote Sensing。遥感是遥远感知事物的意思，也就是不直接接触物体，在距离物体几千米甚至上千千米的飞机、飞船、卫星上，使用传感器接收地面物体反射或发射的电磁波信号，并以图像胶片或数据磁带的形式记录下来，传输到地面，经过信息处理、判读、分析和野外实地验证，最终服务于资源勘探、动态监测或规划决策。将这一接收、传输、处理、分析、判读和应用遥感信息的全过程称为遥感技术，遥感具有感测面积大、获取资料速度快、受地面条件限制少以及可连续进行、反复观察等优点。遥感技术之所以能够探测不同的物体，是因为物体本身具有不同的电磁波辐射或反射特性。不同的物体在一定的温度条件下发射不同波长的电磁波，他们对太阳辐射和人工发射的电磁波具有不同的反射、吸收、透射和散射特性。根据这种电磁波辐射理论，我们就可以利用各种传感器获得它们的影像信息，以达到识别物体大小、类型和属性的目的。

遥感技术系统主要由空间信息采集系统、地面接收和预处理系统、地面实况调查系统和信息分析应用系统四部分组成。

一、空间信息采集系统

空间信息采集系统主要包括遥感平台和遥感器两部分。遥感平台是装载传感器的运载工具。遥感平台的种类很多，按平台距地面高度的不同可分为地面平台、航空平台和航天平台。遥感器是收集、记录被测目标的特征信息并将这些特征信息发送至地面接收站的设备。

二、地面接收和预处理系统

遥感信息是指航空遥感或航天遥感所获取的记录在感光胶卷或磁带上的信息数据，包括被测物体的信息数据和运载工具上设备环境的数据。

（一）遥感信息的接收

遥感信息向地面传输有两种方式，即直接回收和视频传输。直接回收是指传感器将物体反射或发射的电磁波信息记录在感光胶卷或磁带上，待运载工具返回地面后再传送给地面接收站；视频传输是指传感器将接收到的物体反射或发射的电磁波信息，经过光电转换，通过无线电传送到地面接收站。

（二）遥感信息的预处理

由于受传感器的性能、遥感平台姿态的不稳定、地球曲率、大气折光及地形差别等多种因素的影响，地面接收站接收到的遥感信息总有不同程度的失真，因此，必须将接收到的信息经过一系列校正后，才能使用。遥感信息的预处理主要包括以下内容：

（1）收集传感器所接收到的遥感数据和运载工具上设备环境的数据、目标物体的光谱特性以及地面实况调查的资料，将传感器接收和记录的原始数据转换成容易使用的数据。

（2）将遥感数据进行辐射校正和几何校正以便消除图像方面的失真和干扰以及图像的几何变形。

（3）将全部数据进行压缩、存储，以便用户能快速检索到所需要的数据及图像。

三、地面实况调查系统

地面实况调查系统主要包括在空间遥感信息获取前所进行的物体波谱特征（地面反射电磁波及发射电磁波的特性）测量，以及在空间遥感信息获取的同时所进行的与遥感目的有关的各种遥测数据的采集（如区域环境和气象等数据）。

四、信息分析应用系统

信息分析应用系统是用户为一定目的而应用遥感信息时所使用的各种技术，主要包括遥感信息的选择技术、应用处理技术、专题信息提取技术、制图技术、参数计算和数据统计技术等。其中遥感信息的选择技术是指根据用户需求的目的、任务、内容、时间和条件，选择其中一种或多种信息时必须考虑的技术。

遥感技术系统中，遥感器是整个遥感技术系统的核心，体现着遥感技术的水平。近几年来，商用高分辨率卫星得到快速发展，如1999年美国发射了Ikonos卫星，空间分辨率为1m；2001年发射了QuickBird卫星，空间分辨率为0.61m。高分辨率卫星数据的出现不仅为遥感应用提供了新的数据源，而且也使遥感数据可以进入工程应用，以往只有航空遥感才可能获得的高分辨率影像，现在通过卫星也可以获得，并可应用于大比例尺地形测量；传统的遥感应用 Landsat 的 TM 数据（分辨率仅为 30m）只能监测大面积作物的生长趋势，却很难细分小块作物的种类和长势，而 QuickBird 等高分辨率卫星数据则很容易做到这一点，并将使遥感影像的解译工作变得简单、直接；同时，高分辨率卫星数据的获取不受地形条件的限制，对航空飞机难以到达的偏远山区、条件恶劣地区以及诸如南极等遥远地区均能获取相应的数据。

第三节　GIS 简　介

一、GIS 的组成

GIS 即地理信息系统，英文名称为 Geographic Information System。GIS 主要由 GIS 硬件系统、GIS 软件系统、GIS 地理空间数据以及系统的组织管理人员组成。其中，GIS 硬件系统和软件系统是 GIS 的核心部分。GIS 不同于一般的管理信息系统，它是一个集空间型、管理型于一体的信息系统，GIS 具有数据存储量大、功能繁多、处理复杂、规模宏大等特点。

（一）GIS 的硬件系统

GIS 的硬件系统主要由计算机及一些外围设备连接而成，主要包括以下几个部分：

1. 计算机系统

计算机系统是系统操作、管理、加工和分析数据的主要设备。

2. 数据输入设备

数据输入设备用于将各种需要的数据输入计算机，并将模拟数据转换成数字数据。其他一些专用设备，如数字化仪、扫描仪、解析测图仪、数字摄影测量仪、数码相机、遥感图像处理系统、机助制图系统、GPS 等，均可以通过数字接口与计算机相连接。

3. 数据存储设备

数据存储设备主要指存储数据的磁盘、磁带及光盘等。

4. 数据输出设备

数据输出设备包括图形终端显示设备、绘图机、打印机以及多媒体输出装置等。它们将以图形、图像、文件、报表等不同形式显示数据的分析处理结果。

5. 数据通信传输设备

如果 GIS 处于高速信息公路的网络系统中，或处于某些局域网络系统中，还需要增加网络连线、网卡以及其他网络专用设施。

（二）GIS 软件系统

为了实现复杂的空间数据管理功能，GIS 需要有与硬件环境相配套的多种软件功能模块。在软件层次上需要有系统软件、基础软件、基本功能软件、应用软件等多层次体系。根据 GIS 的功能，GIS 软件系统可划分为以下几个子系统。

1. 计算机系统软件和基础软件

计算机系统软件和基础软件是由计算机厂家或商家提供的操作系统以及某些基础软件。系统软件和基础软件是系统开发的基础，是 GIS 日常工作所必备的。

2. 数据输入子系统

数据输入子系统通过各种数字化设备（如数字化仪、扫描仪等）将各种已存在的地图数字化，或者通过通信设备或磁盘、磁带录入遥感数据和其他系统已存在的数据，包括用其他方式录入的各种统计数据、野外数据和仪器记录的数据。输入的数据应进行校验，即通过观察、统计分析和逻辑分析，检查数据中存在的错误，并通过适当的编辑方式加以修正。对应不同的数据输入、存储和管理方式，系统应配备有相应的支持软件。

3. 数据编辑子系统

GIS应具有较强的图形编辑功能，以便对原始数据输入错误进行编辑和修改。同时还需要进行图形修饰，为图形设计线型、颜色、符号、注记等。一般说来，GIS软件应具有以下编辑功能。

(1) 图形变换功能：开窗、放大、缩小、屏幕滚动、拖动等。

(2) 图形编辑功能：删除、增加、剪切、移动、拷贝等。

(3) 图形修饰功能：线型、颜色、符号、注记等。

(4) 拓扑功能：结点附合、多边形建立、拓扑检验等。

(5) 属性输入功能：属性连接、数据库实时输入、数据编辑修改等。

4. 空间数据库管理系统

在GIS中既有空间定位数据，又有说明地理的属性数据。对这两类数据的组织与管理并建立二者联系是至关重要的。为了保证GIS有效的工作，保持空间数据的一致性和完整性，需要设计良好的数据库结构和数据组织方法，一般采用数据库技术完成该项工作。

5. 空间查询与空间分析系统

这是GIS面向应用的一个核心部分，也是GIS区别于其他系统的一个重要方面，它应具有以下三方面的功能。

(1) 检索查询功能：包括空间位置查询、属性查询等。

(2) 空间分析功能：能进行地形分析、网络分析、叠置分析、缓冲区分析等。

(3) 数学逻辑运算功能：包括函数运算、自定义函数运算以及驱动应用模型运算。

GIS通过对空间数据及属性的检索查询、空间分析、数学逻辑运算，可以产生满足应用条件的新数据，从而为统计分析、预测、评价、规划和决策等应用服务。

6. 数据输出子系统

数据输出子系统的功能是将检索和分析处理的结果按用户要求输出，其形式可以是地图、表格、图表、文字、图像等，也可在屏幕、绘图仪、打印机或磁介质上输出。

以上六个子系统是GIS软件系统必备的功能模块。一个优秀的GIS软件系统还应具备功能较强的用户接口模块和适宜的应用分析程序。用户接口模块是保证GIS成为接收用户指令和程序、实现人机交互的窗口，使GIS成为开放式的系统。良好的应用程序，将使GIS的功能得到扩充与延伸，使之更具有实用性，这是用户最为关心的部分。

二、GIS的功能

GIS具有如下三个功能：

(1) GIS具有采集、管理、分析和以多种方式输出地理空间信息的能力，具有空间性和动态性，GIS的数据必须具有空间分布特征，具有一个特定投影和比例的参考坐标系统，基于共同的地理基础，并且是多维结构的。

(2) GIS为管理和决策服务，以地理模型方法为手段，具有区域空间分析、多要素综合分析和动态预测能力，产生决策支持信息及其他高层地理信息。

（3）GIS 由计算机系统支持进行地理空间数据管理，并由计算机程序模拟常规的或专门的地理分析方法，完成人类难以完成的任务。计算机系统的支持使得地理信息系统具有快速、精确并能综合地对复杂的地理系统进行空间和过程的动态分析。

所以，GIS 的功能绝不仅仅限于对现实世界中地理空间数据的采集、编码、存储、查询和检索，而且是现实世界的一个抽象模型。它比由地图表达的现实世界模型更为丰富和灵活，用户可以按应用的目的，观察提取这个现实世界模型各方面的内容，也可以量测这个模型所表达的地理现象的各种空间尺度指标；更为重要的是可以将自然发生的或者思维规划的动态过程施加到这个模型上，取得对人为和自然过程的分析和预测信息，从而有助于做出正确决策，同时又能有效避免和预防不良后果的发生。因此，也可以说 GIS 是一个地理空间数据试验场，无需方案的实施和结果的发生。

三、GIS 的任务

GIS 的任务主要表现在以下三个方面。

1. 地理空间数据管理

数据管理是 GIS 的初级任务，即以多种方式录入地理数据，以有效的数据组织形式进行数据库管理、更新、维护，进行快速查询检索，以多种方式输出决策所需要的地理空间信息。

2. 空间指标量算

GIS 以定量的数字地图方式存储地理空间信息，便于灵活、快速、动态地对与地表有关的各种空间指标进行精确的量测，是对传统的地图量算方法的质的改进。

3. 综合分析评价与模拟预测

GIS 不仅可以对地理空间数据进行编码、存储和提取，而且还是现实世界的模型，可以将对自然界各个侧面的思维评价结果作用于其上，得到综合分析评价的结果；也可以将自然过程、决策和倾向的发展结果以命令、函数和分析模拟程序的方式作用于这些数据上，模拟这些过程的发生发展，对未来的结果作出定量的和趋势性预测，从而预知自然过程的结果，对比不同决策方案的效果以及特殊倾向可能产生的后果，以便作出最优决策，避免和预防不良后果的发生。

第四节　北斗导航技术简介

中国北斗卫星导航系统（BeiDou Navigation Satellite System，BDS）（简称北斗系统）是我国自行研制的全球卫星定位与通信系统，是继美国全球定位系统（GPS）和俄罗斯全球卫星导航系统（GLONASS）之后第三个成熟的卫星导航系统，可在全球范围内全天候全天时为各类用户提供高精度和高可靠的定位、导航、授时服务。

1983 年，中国航天专家陈芳允提出使用两颗静止轨道卫星实现区域性的导航功能，1989 年，中国使用通信卫星进行试验，验证了其可行性。

1994 年，中国正式开始北斗卫星导航试验系统（北斗一号）的研制，2000 年 10 月 31 日至 2007 年 2 月 3 日先后发射了 4 颗"北斗一号"卫星，这 4 颗"北斗一号"卫星组成了完整的卫星导航定位系统，确保全天候、全天时提供卫星导航服务。

2004 年，中国启动了具有全球导航能力的北斗卫星导航系统的建设（北斗二号）。2007年 4 月 14 日 4 时 11 分，我国在西昌卫星发射中心用"长征三号甲"运载火箭，成功将第一颗北斗导航卫星送入太空；2009 年 4 月 15 日 0 时 16 分，中国成功将第二颗北斗导航卫星送入预定轨道。2010 年 1 月 17 日 0 时 12 分，将第三颗北斗导航卫星送入预定轨道，这标志着北斗卫星导航系统工程建设迈出重要一步，卫星组网正按计划稳步推进。

2009 年起，后续卫星陆续发射。2010 年 4 月 29 日军用标准时间正式启用，并通过北斗导航系统进行发播；2011 年 12 月 28 日起，开始向中国及周边地区提供连续的导航定位服务。

2012 年 10 月 1 日长河二号授时系统开始发播军用标准时间。2012 年 12 月 27 日起，形成区域服务能力，北斗二号正始运行，系统在继续保留北斗卫星导航试验系统有源定位、双向授时和短报文通信服务的基础上，向亚太大部分地区正式提供连续无源定位、导航、授时等服务；民用服务与 GPS 一样免费。

2017 年 11 月 5 日 19 时 45 分，中国在西昌卫星发射中心用"长征三号乙"运载火箭，成功发射两颗北斗三号全球组网卫星。这是北斗三号卫星的首次发射，标志着中国北斗卫星导航系统步入全球组网新时代。2017 年 11 月到 2020 年 6 月，中国成功发射了 30 颗北斗三号组网卫星和两颗北斗二号备份星，创造了世界卫星导航系统组网发射的新纪录。

随着北斗系统建设和服务能力的不断增强，相关产品已广泛应用于交通运输、海洋渔业、水文监测、气象预报、测绘、森林防火、通信、电力调度、救灾减灾、应急搜救等领域，逐步渗透到人类社会生产和人们生活的方方面面，为全球经济和社会发展注入了新的活力。

北斗系统具有如下特点：

（1）北斗系统空间段采用三种轨道卫星组成的混合星座，与其他卫星导航系统相比高轨卫星更多，抗遮挡能力强，尤其是低纬度地区性能特点更为明显。

（2）北斗系统能够通过多频信号组合使用等方式提高服务的准确度。

（3）北斗系统创新融合了导航与通信能力，具有实时导航、快速定位、精确授时、位置报告和短报文通信服务五大功能。

北斗系统定位方式有两种即有源定位和无源定位。有源定位是指用户终端通过导航卫星向地面控制中心发出一个申请定位的信号，之后地面控制中心发出测距信号，根据信号传输的时间得到用户与两颗卫星的距离。无源定位是指用户终端不需要向地面控制中心发出申请，而是接收 4 颗导航卫星发出的信号，可以自行计算其空间位置，即 GPS 所使用的技术。

一、北斗系统的坐标系统及时间系统

（一）北斗系统的坐标系统

北斗系统采用北斗坐标系，坐标系的定义符合国际地球自转服务组织（IERS）规范，采用 2000 中国大地坐标系（China Geodetic Coordinate System 2000，CGCS2000）。

1. CGCS2000 的定义

坐标系的原点位于包括海洋和大气在内的整个地球的质量中心。Z 轴从原点指向 IERS参考极方向，X 轴从原点指向 IERS 参考子午面与赤道的交点，Y 轴与 X 轴及 Z 轴构成右手坐标系，CGCS2000 的原点也用作 CGCS2000 参考椭球的几何中心，其参考历元为 2000.0

（2000 年 1 月 1 日）。示意图如图 16 - 53 所示。

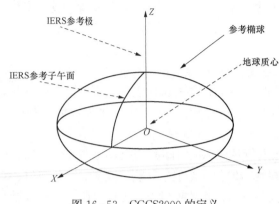

图 16 - 53　CGCS2000 的定义

2. CGCS2000 参考椭球的基本参数

CGCS2000 参考椭球的基本参数为

长半轴：$a=6378137.0\text{m}$；

地心引力常数（包含大气层）：$MG=3.986004418×10^{14}\text{m}^3/\text{s}^2$；

扁率：$f=1/298.257222101$；

地球自转角速度：$\omega = 7.292115 × 10^{-5}\text{ rad/s}$。

（二）北斗系统的时间系统

北斗卫星导航系统的时间基准为北斗时（BDT）。北斗时采用国际单位制（SI）秒为基本单位连续累计，不进行闰秒调整，是一个自由、连续的原子时，采用原子时秒长，以周和周内秒计数。周内秒从 0～604799 为一周期，起始历元为 2006 年 1 月 1 日协调世界时（UTC）00 时 00 分 00 秒，采用周和周内秒计数。北斗时与协调世界时的偏差保持在 100ns 以内，北斗时与协调世界时之间的闰秒信息在导航电文中播报。地面系统各原子钟和星载原子钟与北斗时保持时间同步。

二、北斗二号卫星系统的组成

北斗二号卫星系统由空间段、地面段（主控站、监测站、注入站等）、用户段组成。

（一）空间段

空间段包括 5 颗静止地球同步轨道卫星（GEO）、5 颗倾斜地球同步轨道卫星（IGSO）及 4 颗中园轨道卫星（MEO）。

北斗二号卫星具有如下主要功能：

（1）接收地面运控系统注入的导航电文参数，并储层处理生成导航电文，产生导航信号，向地面运控系统和应用系统发送。

（2）接收地面上行的无线电和激光信号，完成精密时间比对测量，并将测量结果传回地面。

（3）接收、执行地面测控系统和地面运控系统上行的遥控指令，并将卫星状态等遥测参数下传给地面。

静止地球同步轨道卫星具备有源定位、无源定位、短报文通信功能，倾斜地球同步轨道卫星和中园轨道卫星只具有无源定位、导航和授时功能。其中有源定位及短报文通信功能是 GPS 所没有的。

（二）地面段

地面段主要由主控站、监测站、时间同步/注入站组成。其中主控站 1 个，一类监测站 7 个，二类监测站 20 个，时间同步/注入站 2 个。

主控站是系统的运行控制中心。主控站包括测量与通信系统、信息处理系统、管控系统、时间频率系统、遥控遥测系统、数据管理与应用系统、供配电系统等。主控站的主要任务是收集系统导航信号监测、时间同步观测比对等原始数据，进行系统时间同步及卫星钟差预报、卫星精密定轨及广播星历预报、电离层改正、广域差分改正、系统完好性监测等信息的处理，完成任务规划与调度和系统运行管理与控制等。同时，主控站还与所有卫星进行星地时间比对观测，与所有时间同步/注入站进行站间时间比对观测，向卫星注入导航电文参数、广播信息等。

监测站主要配备高性能监测接收机、高精度原子钟、数据处理设备、数据通信终端以及气象仪、电源等附属设备。其任务是利用高性能监测接收机对卫星多频导航信号进行连续监测，为系统精密轨道测定、电离层校正、广域差分改正及完好性确定提供实时观测数据。监测站分为一类监测站和二类监测站。一类监测站主要用于卫星轨道测定及电离层校正，二类监测站主要用于系统广域差分改正及完好性监测。

时间同步/注入站主要包括星地时间同步/上行注入分系统、站间时间同步/数据传输分系统、时间频率分系统、数据处理与监控分系统等。其主要任务是配合主控站完成星地时间比对观测，向卫星上行注入导航电文参数等，并与主控站进行站间时间同步比对观测。

（三）用户段

用户段包括服务于陆、海、空不同用户的各种性能用户机。北斗二号用户机的主要功能是接收北斗卫星发送的导航信号，恢复载波信号频率和卫星钟，解调出卫星星历、卫星钟校正参数等数据；通过测量本地时钟与恢复的卫星钟之间的时延测量接收天线至卫星的距离（伪距）；通过测量恢复的载波频率变化（多普勒频率）来测量伪距变化率；根据获得的这些数据，计算出用户所在的位置、速度、准确的时间等导航信息，并将这些结果显示在屏幕上或通过端口输出。

三、北斗导航的基本原理

从概念上讲，卫星导航的基本观测是距离观测。距离是通过将接收到的信号与接收机自身产生的信号进行比较，得到时间差或相位差，进一步计算得到的。卫星导航系统的信号由载波相位、测距码和导航电文 3 部分组成。

（一）伪距定位的原理

伪距定位的基本原理就是测量卫星发射的测距信号（C/A 码或 P 码）从卫星到达用户接收机天线的传播时间 Δt，则伪距为：

$$\widetilde{\rho} = c\Delta t \qquad\qquad (16 - 15)$$

式中：c 为电磁波在真空中的传播速度。

因此这种方法也称为时间延迟法。

伪距定位关键是如何测得这种时间延迟。如果知道卫星发射测距信号的时刻和接收机接收到测距信号的时刻，这两个时刻的差值就是信号的传播延迟。由于北斗卫星不停地发射信号，因此无法知道相应的卫星发射测距信号的时刻。

如果在接收机和卫星的时间系统同步的前提下，接收机和卫星都产生相同的测距信号，就能解决这一问题。为了测得卫星至用户接收机天线之间的时间延迟，用户接收机在接收卫星信号并提取出有关的测距信号外，还要在接收机内部产生一个参考信号。这两个信号通过接收机的信号延迟器进行相位相移，使接收机的参考信号和接收到的卫星信号达到最大相关，并随着卫星至接收机天线之间的距离变化，保持这种最大相关。达到最大相关时，参考信号必须平移量就是测距信号从卫星传播到接收机天线的时间延迟量。

在 t 时刻，接收机 T_i 接收到卫星 S^j 发来的测距信号，如图 16 - 54（a）所示，而在同一时刻，接收机产生的信号如图 16 - 54（b）所示，通过接收机的时间延迟器对图 16 - 54（b）

中的信号进行移位，使得信号移动后的图 16 - 54（c），即图 16 - 54（a）与图 16 - 54（c）中的信号达到最大相关，即移动后的接收机信号与接收到的卫星信号对齐。因为在 t 时刻接收到的信号就是卫星 S^j 在 $t-\tau$ 时刻发射的信号（τ 为信号的传播时间），所以，在接收机的信号与接收的卫星信号对齐后，时间延迟器的移动量就是时间的延迟量 τ。

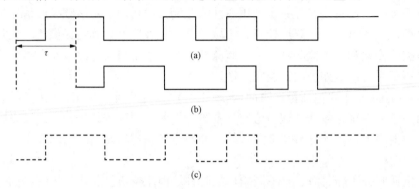

图 16 - 54　伪距定位的原理
(a) 接收机接收到的信号；(b) 接收机产生的信号；(c) 信号移动后的图

如果要准确地测定信号传播的延迟量 τ，那么接收机和卫星的时间系统要严格同步。否则由时间 τ 计算的距离就有误差。由于一般用户接收机在测量时不可能配备高精度的原子钟，而只是一般的石英钟，因此所得到的卫星至接收机天线间的距离不是真实距离。一般称之为"伪距"。

移动后的接收机信号与接收到的卫星信号的对齐精度直接影响时间延迟量 τ 的准确程度。

1. 观测方程

设 t^j 为卫星 S^j 发射测距信号的卫星钟时刻；$t^j(G)$ 为卫星 S^j 发射测距信号的标准时刻；t_i 为接收机 T_i 接收到卫星信号的接收机钟时刻；$t_i(G)$ 为接收机 T_i 接收到卫星信号的标准时刻；Δt^j 为卫星 S^j 的信号传送到接收机 T_i 的传播时间；δt^j 为卫星钟相对于标准时的钟差；δt_i 为接收机钟相对于标准时的钟差，则有

$$t^j = t^j(G) + \delta t^j \tag{16 - 16}$$

$$t_i = t_i(G) + \delta t_i \tag{16 - 17}$$

$$\Delta t^j = t_i - t^j = [t_i(G) - t^j(G)] + \delta t_i - \delta t^j \tag{16 - 18}$$

式（16 - 18）两边乘以 c 得

$$c\Delta t^j = c[t_i(G) - t^j(G)] + c(\delta t_i - \delta t^j) \tag{16 - 19}$$

式（16 - 19）可写成

$$\widetilde{\rho}_i^j(t) = \rho_i^j(t) + c(\delta t_i - \delta t^j) \tag{16 - 20}$$

式中：$\widetilde{\rho}_i^j(t)$ 为 t 时刻卫星 S^j 至接收机 T_i 的测码伪距；$\rho_i^j(t)$ 为 t 时刻卫星 S^j 至接收机 T_i 的几何距离。

由于卫星钟相对于标准时的钟差 δt^j 在导航电文中给出，为已知量，可合并到相关项中，再顾及大气折射的影响，由式（16 - 20）便得到测码伪距的观测方程

$$\widetilde{\rho}_i^j(t) = \rho_i^j(t) + c\delta t_i + \Delta_{i,Ig}^j(t) + \Delta_{i,T}^j(t) \tag{16 - 21}$$

式中：$\Delta_{i,Ig}^{j}(t)$ 为 t 时刻电离层折射对测码伪距的影响；$\Delta_{i,T}^{j}(t)$ 为 t 时刻对流层折射对测码伪距的影响。

2. 观测方程的线性化

设 $\vec{X}^{j}(t) = \begin{bmatrix} X^{j}(t) & Y^{j}(t) & Z^{j}(t) \end{bmatrix}^{\mathrm{T}}$ 为卫星 S^{j} 在 t 时刻的位置向量，$\vec{X}_{i} = \begin{bmatrix} X_{i} & Y_{i} & Z_{i} \end{bmatrix}^{\mathrm{T}}$ 为接收机（准确讲为接收机天线相位中心）T_{i} 在同一坐标系中的位置向量，则接收机 T_{i} 至卫星 S^{j} 在 t 时刻的瞬间距离为

$$\rho_{i}^{j}(t) = |\vec{X}^{j}(t) - \vec{X}_{i}| = \sqrt{[X^{j}(t) - X_{i}]^{2} + [Y^{j}(t) - Y_{i}]^{2} + [Z^{j}(t) - Z_{i}]^{2}}$$

$$(16 - 22)$$

设 $\vec{X}_{0}^{j}(t) = \begin{bmatrix} X_{0}^{j}(t) & Y_{0}^{j}(t) & Z_{0}^{j}(t) \end{bmatrix}^{\mathrm{T}}$ 为卫星 S^{j} 在 t 时刻的坐标近似值，$\vec{X}_{i0} = \begin{bmatrix} X_{i0} & Y_{i0} & Z_{i0} \end{bmatrix}^{\mathrm{T}}$ 为接收机 T_{i} 的坐标近似值，$\delta\vec{X}^{j}(t) = \begin{bmatrix} \delta X^{j}(t) & \delta Y^{j}(t) & \delta Z^{j}(t) \end{bmatrix}^{\mathrm{T}}$ 为卫星 S^{j} 在 t 时刻的坐标改正值，$\delta\vec{X}_{i} = \begin{bmatrix} \delta X_{i} & \delta Y_{i} & \delta Z_{i} \end{bmatrix}^{\mathrm{T}}$ 为接收机 T_{i} 的坐标改正值。

$\rho_{i}^{j}(t)$ 对应的向量对于坐标轴 X、Y、Z 的方向余弦分别为

$$l_{i}^{j}(t) = \frac{\partial\rho_{i}^{j}(t)}{\partial X} = \frac{X_{0}^{j}(t) - X_{i0}}{\rho_{i0}^{j}(t)}[\delta X^{j}(t) - \delta X_{i}] \quad (16 - 23)$$

$$m_{i}^{j}(t) = \frac{\partial\rho_{i}^{j}(t)}{\partial Y} = \frac{Y_{0}^{j}(t) - Y_{i0}}{\rho_{i0}^{j}(t)}[\delta Y^{j}(t) - \delta Y_{i}] \quad (16 - 24)$$

$$n_{i}^{j}(t) = \frac{\partial\rho_{i}^{j}(t)}{\partial Z} = \frac{Z_{0}^{j}(t) - Z_{i0}}{\rho_{i0}^{j}(t)}[\delta Z^{j}(t) - \delta Z_{i}] \quad (16 - 25)$$

其中
$$\rho_{i0}^{j}(t) = |\vec{X}_{0}^{j}(t) - \vec{X}_{i0}| \quad (16 - 26)$$

观测方程（16-21）可线性化为

$$\widetilde{\rho}_{i}^{j}(t) = \rho_{i0}^{j}(t) + \begin{bmatrix} l_{i}^{j}(t) & m_{i}^{j}(t) & n_{i}^{j}(t) \end{bmatrix}[\delta\vec{X}^{j}(t) - \delta\vec{X}_{i}] + c\delta t_{i}(t) + \Delta_{i,Ig}^{j}(t) + \Delta_{i,T}^{j}(t)$$

$$(16 - 27)$$

在实际应用中，卫星的位置由卫星星历给出，是已知量，即 $\delta\vec{X}^{j}(t) = 0$，而 $\Delta_{i,Ig}^{j}(t)$ 及 $\Delta_{i,T}^{j}(t)$ 可由模型求出，可合并到相关项中，则式（16-27）变为

$$\widetilde{\rho}_{i}^{j}(t) = \rho_{i0}^{j}(t) - \begin{bmatrix} l_{i}^{j}(t) & m_{i}^{j}(t) & n_{i}^{j}(t) \end{bmatrix}\delta\vec{X}_{i} + c\delta t_{i}(t) \quad (16 - 28)$$

式（16-28）即为线性化的观测方程。根据线性化的观测方程便可列出误差方程，进而求出接收机 T_{i} 的坐标。

3. 接收机坐标的求解

设在 t 时刻，测站接收机 T_{i} 观测了 n 颗卫星（$n > 3$），相应的伪距观测量分别为 $\widetilde{\rho}_{i}^{1}(t)$，$\widetilde{\rho}_{i}^{2}(t)$，$\widetilde{\rho}_{i}^{3}(t)$，$\cdots$，$\widetilde{\rho}_{i}^{n}(t)$，由式（16-28）即可列出以矩阵表达的误差方程

$$l = AX + V \quad (16 - 29)$$

其中

$$l = \begin{bmatrix} \widetilde{\rho}_{i}^{1} - \rho_{i0}^{1} \\ \widetilde{\rho}_{i}^{2} - \rho_{i0}^{2} \\ \vdots \\ \widetilde{\rho}_{i}^{n} - \rho_{i0}^{n} \end{bmatrix}, A = \begin{bmatrix} -l_{i}^{1} & -m_{i}^{1} & -n_{i}^{1} & c \\ -l_{i}^{2} & -m_{i}^{2} & -n_{i}^{2} & c \\ \vdots & \vdots & \vdots & \vdots \\ -l_{i}^{n} & -m_{i}^{n} & n_{i}^{n} & c \end{bmatrix}, X = \begin{bmatrix} \delta X_{i} \\ \delta Y_{i} \\ \delta Z_{i} \\ \delta t_{i}(t) \end{bmatrix}, V = \begin{bmatrix} v_{1} \\ v_{2} \\ \vdots \\ v_{n} \end{bmatrix}$$

由最小二乘法得 X 的估值

$$\hat{X} = (A^{T}A)^{-1}A^{T}l \qquad (16-30)$$

由于 $\hat{X}$ 的求解涉及接收机的坐标近似值，若接收机的坐标近似值与实际值相差较大，为了获得较高的定位精度往往需要多次迭代，直至 δX_i、δY_i、δZ_i 的值足够小为止。

（二）载波相位定位的原理

利用北斗民码进行定位时，伪距定位的精度约为 100m，100m 的绝对定位精度不能满足工程测量的精度要求，即使采用差分技术，定位精度也只能达到 3～5m。采用载波相位定位技术则可以提高相应的测量精度。载波相位定位的原理见第十六章第一节。

北斗系统用于定位的设备也分为两种，即静态测量设备（基准站型接收机）和动态测量设备（RTK 型接收机），其测量方法与 GPS 基本相同。目前全球用于定位的卫星有 120 多颗（包括 GPS 卫星、北斗卫星、GLONASS 卫星、伽利略卫星），很多接收机能够接收这 4 种卫星信号，从而大大提高了测量的精度和效率。

习 题

16-1　与经典的测量技术相比，GPS 主要有哪些特点？

16-2　GPS 系统包括哪三大部分？

16-3　采用双差法进行载波相位相对定位有哪些优点？

16-4　RTK 测量的基本原理是什么？

16-5　天宝 R8 RTK 测量的主要设备有哪些？

16-6　用天宝 R8 进行 RTK 测量时，测量点的坐标和高程分为哪几个步骤？

16-7　遥感技术系统主要由哪四个部分组成？

16-8　GIS 软件系统一般划分为哪几个子系统？

16-9　GIS 有哪些功能？

16-10　北斗系统具有哪些特点？

16-11　北斗二号卫星具有哪些主要功能？

第十七章　地质勘探工程测量

第一节　概　　述

地质勘探一般包括普查、详查和勘探在内的地质勘探工作。地质勘探工程测量主要为地质勘探工作服务，其主要任务是：

（1）根据地质勘探工作的需要，为地质勘探区提供相关的控制测量资料和地形图资料。

（2）按照地质勘探工程的设计要求，在实地定点、定线，提供相关工程的施工位置和方向，指导地质勘探工程的施工。

（3）及时准确地测量已施工的相关工程的平面坐标和高程，为编写地质报告和计算储量提供必要的测绘资料。

地质勘探工程测量的主要内容包括地质填图测量，勘探线及勘探网的测设，钻孔、探井、探槽等项目的勘探工程测量，地质剖面测量。

进行地质勘探工程测量时，首先在地质勘探区建立测量控制网作为地质勘探工程测量的依据。勘探区的首级平面控制网可以根据勘探区的勘探面积、勘探网的密度和现场地形条件，布设成四等独立控制网、导线网或 GPS 网，以首级平面控制网为基础，可以采用线形锁、交会法及导线法加密平面控制网点。勘探区的首级高程控制网可以采用四等水准测量的方法或者精密三角高程测量的方法实测，加密点的高程可以首级高程控制网为基础，采用一般水准测量或一般三角高程测量的方法实测。如果地质勘探区在进行地形测量时布设有地形测量控制网，且地形测量控制网的精度能够满足地质勘探工程测量的要求时，可以将其作为地质勘探工程测量的控制网，若密度不够时可采用适当的方法进行加密。

第二节　地质剖面测量

地质剖面测量一般按给定的勘探方向进行。通过剖面测量，测定勘探方向上剖面点（包括钻孔、探井等勘探工程点以及地质点、地物点、地形特征点）的点位，并按一定的比例绘制成地质剖面图。

地质剖面测量的目的是了解各个时代的地层层序、地层或岩层的厚度、岩性特征、标志层以及地质构造形态等。对于精度要求不高的地质剖面，可以在现有的地形地质图上进行切绘。如果地形地质图的精度不能满足绘制剖面图的要求，或者在半暴露或全暴露地区，其地质剖面必须在现场实测。

进行地质剖面测量时，首先进行剖面定线，建立剖面线上的起讫点和转点，然后进行剖面测量，最后绘制地质剖面图。

一、剖面定线

剖面定线的目的是在实地确定剖面线的位置和方向。如果剖面线是由地质人员根据设计资料结合现场实际情况选定的，那么剖面线端点的坐标和高程应由测量人员根据附近控制点的坐标和高程采用一定的方法测定。如果剖面线端点的坐标已经设计好，那么测量人员应根据附近控制点的坐标采用一定的方法将剖面线端点的平面位置测设到实地并实测剖面线端点的高程。如果剖面线两个端点之间距离太长或者两个端点之间互不通视，则需要在剖面线上适当的位置增设转点，并用木桩作为标记，转点的布设及实测方法与端点基本相同。剖面测量时，通常要在端点和转点上竖立标杆，供照准和标定方向时使用。

二、剖面测量方法

剖面测量方法以及所使用的仪器，应根据剖面图的比例尺及现场地形条件等方面的因素进行选择。如果剖面图的水平比例尺为 1∶10000 或者大于 1∶10000，则必须使用经纬仪、全站仪或者 GPS 进行测量。如果使用经纬仪或全站仪进行剖面测量，其施测方法如图 17 - 1 所示，将仪器安置在 a 点，照准剖面线上的端点或者转点，标定出视线方向，测量 a 点与剖面点 b、c、d 之间的水平距离及 b、c、d 点的高程。如果视线较长或者通视条件较差，可将仪器从 a 点移至转点 Z，继续往前进行剖面测量，直到剖面线的末端为止。有条件的可以采用动态 GPS 测量的方法进行剖面测量，以便提高剖面测量的效率。

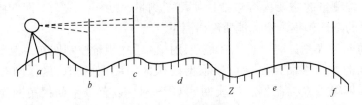

图 17 - 1   剖面测量

剖面点的密度取决于剖面图的比例尺、现场地形条件、勘探工程点及地质点的分布情况，一般在剖面图上每隔 1cm 施测一个剖面点。

三、剖面图的绘制

剖面图一般根据各点的高程及各点之间的水平距离进行绘制。其方法如图 17 - 2 所示，首先在方格纸上画一条水平线，根据各点间的水平距离，按规定的水平比例尺将各点标出，再根据各点的高程，按竖直比例尺（一般与水平比例尺相同）分别在各点的竖直线上定出各剖面点的位置，并将相邻剖面点连成光滑的曲线即为剖面图。对于勘探工程点以及主要地质点应在剖面图上加注编号等注记。剖面图也可以直接用 CAD 绘制。

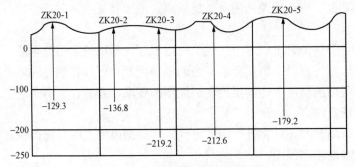

图 17 - 2   某矿区剖面图

第三节　地质填图测量

一、概述

在地质勘探阶段，一般需进行大比例尺地质填图，以便详细地弄清地面的地质情况，为下一步的勘探工作提供依据。地质填图一般以地形图作为底图，将矿体的分布范围及品位变化、围岩的岩性及地层的划分、矿区的地质构造类型及水文地质情况填绘到图上，形成一张地质图。地质图可用作地质综合分析，解释成矿的地质条件和矿床类型，为矿区的勘探工程设计和矿产储量计算提供依据。

如果矿床的生成条件较为简单，产状比较规律、规模较大、品位变化较小，则采用的填图比例尺可以小一些，否则，采用的填图比例尺应大一些。勘探阶段的地质填图比例尺通常为 1：10000、1：5000、1：2000、1：1000。对于煤、铁等沉积矿床，地质填图比例尺一般为 1：10000、1：5000；对于铜、铅、锌等有色金属的内生矿床，地质填图比例尺一般为 1：2000、1：1000；对于某些稀有金属矿床，地质填图比例尺一般为 1：500。

无论何种比例尺的地质填图测量，其基本工作都是从地质点测量开始，然后根据地质点描绘各种岩层和矿体的界线，并用规定的符号填绘到图上，最后生成所需的地质图。因此，地质填图测量包括地质点测量和地质界线测量两个步骤，其中地质点测量是地质填图测量的基本工作。

二、地质点测量

地质点包括露头点、构造点、岩体和矿体的界线点、水文点和重砂点等。地质点一般以控制点为基础，采用极坐标法施测。在测区内应布设有足够的控制点作为测站点。

（1）施测前的准备工作。施测前应准备好作为底图的地形图、地质点分布图及控制点资料，并对控制点进行图上对照检查，拟定好工作实施计划。

（2）测站点的选择。进行地质点测量时，要充分利用测区内已有的控制点，如果控制点较少，可采用适当的方法进行加密。对于 1：10000～1：2000 的地质填图测量，可采用图解交会法进行加密。

如果测区地形地质图的等高距为 0.5m，则测站点的高程采用等外水准测量的方法测定；如果测区地形地质图的等高距为 1m，则测站点的高程可采用一般三角高程测量方法测定。

（3）地质点的测定。地质点的位置一般由地质人员确定，并由测量人员在现场测定。地质点的测定方法与地形测量中碎部测量的方法基本相同。首先在测站点上安置全站仪或者经纬仪，对中、整平后瞄准另一控制点，然后测量测站点与另一控制点及测站点与地质点之间的水平角、测站点到地质点的水平距离、地质点的高程，然后用极坐标法将地质点展绘到图上。有条件时可采用动态 GPS 测量方法直接测定地质点的坐标和高程。

三、地质界线的圈定

在测定地质点的基础上，根据矿体和岩层产状与实际地形的关系，将同类地质界线点连接起来，形成地质界线。地质界线的圈定一般由地质人员在现场进行，也可以由地质人员根据现场记录在室内完成。图 17-3 是以地形图作为底图测绘出的某矿区地质图，图中虚线表示地质界线，其中虚线 1-2 表示侏罗系（J）和三叠系（T）的地层分界线，P 为二叠系、C 为石炭系、D 为泥盆系、S 为志留系。

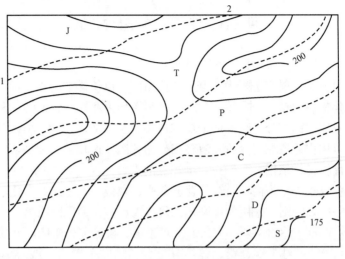

图 17-3 某矿区地质图

第四节 勘 探 网 测 量

地质工程勘探网一般由基线（如图 17-4 中的双线）和与之相垂直的若干条勘探线（如图 17-4 中的单线）组成。基线一般选择在主矿体的中部且通视条件良好的地方。根据地质工程设计要求，需布设一些勘探线，勘探线两端点应设立地面标志并测定其坐标。地质钻孔一般布设在勘探线上，因此需进行勘探线的剖面测量。

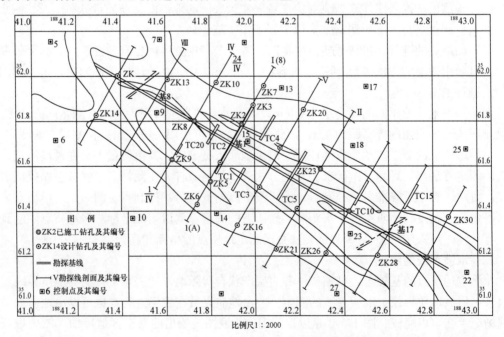

图 17-4 某矿区勘探工程设计平面图

　　勘探网的布设一般由地质人员在勘探网设计图或者地形地质图上进行。如果测区布设有测量控制网，勘探网的起算数据可由地质人员在现场指定某一基点及一方位，再与已知控制点连测确定。

　　勘探网中各交叉点的理论坐标按勘探网的间距根据起算数据进行推算，再按设计数据计算各勘探线端点、勘探线上工程点的理论坐标。若勘探线通过山顶、山脊等点位处，可选作剖面控制点（简称剖控点），对于剖控点，其理论坐标也需要计算出来。勘探线端点、工程点、剖控点的位置可根据其理论坐标由控制点的坐标采用全站仪极坐标法、角度交会法确定。经纬仪视距极坐标法由于精度较低一般用于工程点位的布设。有条件时可采用动态GPS的方法布设勘探线端点、工程点、剖控点的点位。如果勘探网中各交叉点不是工程点，这些交叉点只有理论设计意义，不必布设于实地。

　　如果测区没有布设测量控制网，则需测设勘探基线作为勘探工程测量的基础。测设勘探基线时，一般由地质人员确定某一基点和某一方位后，按设计的勘探剖面线间距，施测基线上各交叉点的位置。

　　勘探基线测设前，应先定线，定线时应尽量选择较远的前方制高点作为定向点，且应采用正倒镜观测。定线过程中同时确定基线与剖面线的交叉点以及基线上的转站点。在转站点上以后视方向继续向前定向时，也应进行正倒镜观测。经定线和量距确定的转站点及交叉点，应用木桩或标石进行标记。勘探基线的距离测量一般采用全站仪往返观测一测回，有条件时可采用GPS进行勘探基线的测量。

习　题

17-1　地质勘探工程测量的主要任务是什么？

17-2　地质勘探工程测量包括哪些内容？

17-3　简述剖面测量的方法。

17-4　地质填图测量包括哪些内容？

17-5　如何测设勘探网点的平面位置？

第十八章　隧　道　工　程　测　量

随着国家现代化建设的不断发展，工程建设中涉及的隧道工程日益增多。隧道工程主要有铁路隧道、公路隧道、引水隧道、城市地铁隧道等隧道工程。隧道按长度分为特长隧道、长隧道、中隧道、短隧道。对于直线型隧道，长度在 3000m 以上的属于特长隧道，长度在 1000～3000m 的属于长隧道，长度在 500～1000m 的属于中隧道，长度在 500m 以下的属于短隧道，同等级的曲线型隧道，其长度界限为直线型隧道的一半。

由于隧道工程的性质及隧道工程所处的地质条件不同，其施工方法也不同，对测量的要求也就不同。总体上讲，隧道工程施工需要进行的测量工作主要包括地面控制测量、地下控制测量、隧道施工测量。

第一节　隧　道　贯　通　误　差

由于地面控制测量、地下控制测量、竖井联系测量等方面误差的影响，使得在对向开挖的隧道工程施工中，在贯通面处对向的两线路中线端点不重合，其相互间的距离称为贯通误差，贯通误差是隧道工程测量中的一个主要技术参数。贯通误差分为横向贯通误差、纵向贯通误差、高程贯通误差 3 个部分。贯通面处两中线端点之间的距离沿垂直于中线方向在水平面上的投影长度称为横向贯通误差；贯通面处两中线端点之间的距离沿平行于中线方向在水平面上的投影长度称为纵向贯通误差；贯通面处两中线端点之间的高差称为高程贯通误差。纵向贯通误差对工程的影响不大，高程贯通误差影响隧道的坡度，采用水准测量的方法很容易控制。上述 3 个部分的贯通误差，横向贯通误差最为重要，横向贯通误差如果超过了一定的范围，将会影响隧道的走向，甚至返工重建。表 18-1 列出了贯通中误差的限制值。

表 18-1　　　　　贯通中误差的限制值

测量部位	双向开挖的隧道长度		高程中误差（mm）
	<3000m	3000～6000m	
	横向中误差（mm）		
洞外	45	55	25
洞内	60	80	25
全部隧道	75	100	35

第二节　地　面　控　制　测　量

地面控制测量包括地面平面控制测量和地面高程控制测量。

一、地面平面控制测量

地面平面控制测量的目的是为隧道工程提供方向控制及施工基准点，地面平面控制网一般由洞口轴线点和两洞口之间的控制网组成。随着全站仪及 GPS 的普遍使用，采用导线测量或者静态 GPS 测量方法布设地面平面控制网较为普遍，相应的测量方法及精度要求根据隧道的长度及用途确定。

二、地面高程控制测量

高程控制测量的目的是按照规定的精度要求，测量两洞口点之间的高差，并建立洞内统一的高程系统，以便保证在贯通面上高程的正确贯通。两洞口要求各设置 2 个以上的水准点，水准点应埋设在土质坚实、稳定及避开施工干扰的地方，地面高程控制测量的技术要求可参考《水准测量规范》的相关规定。

第三节　竖井联系测量

在隧道施工中，通常在隧道两洞口之间沿线的适当位置设置竖井，以便增加掘进的工作面，提高隧道施工的效率，为了保证整个隧道的顺利贯通，就必须通过竖井将地面控制网的坐标、方向及高程传递到地下去，这些工作称为竖井联系测量。其中传递坐标和方向的工作称为竖井定向测量，传递高程的工作称为竖井的高程传递。

一、竖井定向测量

竖井定向测量一般采用投点法和联系三角形法。

（一）投点法定向

如图 18 - 1 所示，首先在地面控制点 A 架设经纬仪，然后在竖井口悬挂两根垂线 O_1、O_2（垂线由钢丝下连接大垂球构成，类似于图 18 - 2 的设置方法）。O_1、O_2 与 A 点应在同一直线上并尽量靠近隧道中线。在竖井下适当位置竖立一根标杆，用三点定线法定出标杆底部 B 点的位置，使 O_1、O_2 与 B 点在同一直线上，然后用钢尺量出 A 点至 O_1 及 O_1 至 B 点的水平距离，用经纬仪测量水平角 φ_1 及 φ_2，采用支导线的计算方法计算 B 点的坐标及 BC 边的坐标方位角。用投点法传递坐标及方向简易方便，但精度不高，一般适用于短隧道的定向测量。

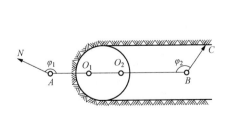

图 18 - 1　投点法定向

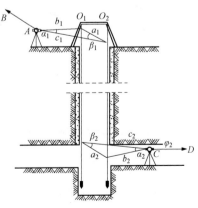

图 18 - 2　联系三角形法定向

（二）联系三角形法定向

联系三角形法定向是一种较为常用的方法。如图 18-2 所示，竖井上测量联系三角形的

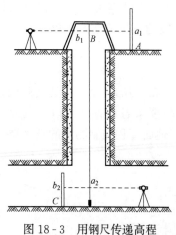

水平距离 a_1、b_1、c_1 及水平角 α_1、β_1，竖井下测量联系三角形的水平距离 a_2、b_2、c_2 及水平角 α_2、β_2、φ_2（CO_1 方向与 CD 方向的水平角），通过已知点的坐标及观测数据即可计算 C 点的坐标及 CD 边的坐标方位角。为了提高坐标及方向的传递精度，β_1、β_2 应小于 $3°$，b_1/a_1 及 b_2/a_2 应尽量接近 1.5，两根垂线 O_1、O_2 之间的距离尽量长一些。

二、竖井的高程传递

如图 18-3 所示，首先将地面水准点的高程引测至竖井口旁的临时水准点 A 上，然后在竖井内垂吊一根足够长且经过检定的钢尺，在地面和竖井下分别架设一台水准仪，同时读数，则竖井下 C 点的高程为

图 18-3　用钢尺传递高程

$$H_C = H_A + a_1 - b_1 + a_2 - b_2 \qquad (18-1)$$

第四节　地下控制测量

地下控制测量包括地下平面控制测量和地下高程控制测量。

一、地下平面控制测量

地下平面控制测量的目的是控制隧道开挖中线的误差，保证平面的横向贯通精度，限制由于中线的不断延长而产生的纵向误差的累积。地下平面控制测量一般采用支导线的测量方法。地下支导线一般是两级导线控制同时进行。布设的原则是：当隧道开拓伸长大于 30m 时，设立一个二级导线点作为指示隧道开挖方向及隧道断面测量的控制点。若二级导线点间距超过 300m 时，应设置一个一级导线点。一级及二级导线点可与隧道中线点共用一个地面标志点，但一级及二级导线观测方法和观测精度不同，且一级导线的精度高于二级导线的精度。为了提高一级导线点的可靠性，还可以采用双导线的布设方式，相邻两双导线间用结点连接。

二、地下高程控制测量

地下高程控制测量的目的是在地下建立与地面上统一的高程基准，并作为隧道施工测量的高程依据，保证高程的贯通精度。地下高程控制测量通常采用水准测量的方法。一般以洞口水准点为基准点，沿水平坑道、竖井或斜井将高程引测到地下，并沿着地下导线的线路完成隧道内各水准点的测量。如果水准点设置在隧道的顶板上，则可以采用倒尺法进行水准测量（如图 18-4 所示）。

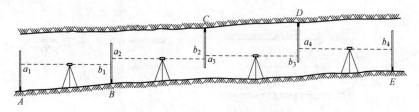

图 18-4　用倒尺法进行水准测量

第五节 隧道施工测量

在隧道掘进的过程中首先要定出隧道掘进的方向，即隧道的中线，然后要定出掘进的坡度即隧道的腰线，这样才能保证隧道按照设计要求向前掘进。

一、隧道进洞口方向的测设

完成了地面控制测量后，即可用测出的进洞控制点进行洞外中线点的测设，并由其指导进洞的方向，同时还可以作为地下导线控制测量的起算点使用。不同进洞的线型对应不同的测设方法。其中直线进洞的测设方法最简单。

如图 18-5 所示，A、B 为进洞控制点，且 A、B 均在同一直线段的中线上，N 为后视点，由 A、B、N 3 点的坐标可以计算 AN 方向的坐标方位角 α_{AN} 及 AB 方向的坐标方位角 α_{AB}，则可计算水平角 β

$$\beta = \alpha_{AB} - \alpha_{AN} \tag{18-2}$$

测设时在 A 点安置经纬仪，瞄准 N 点，将经纬仪的照准部沿顺时针方向转动 β，此时经纬仪的视线方向即为进洞中线方向。

如果是曲线进洞，则首先确定洞外曲线的主点，然后在主点或洞外确定的曲线细部点上设站采用偏角法确定进洞方向。

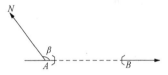

图 18-5 直线隧道进洞口
方向的测设

二、隧道中线的测设

在全断面掘进的隧道中，常用中线确定隧道的掘进方向。对于直线隧道，如图 18-6 所示，Ⅰ、Ⅱ为洞内导线点，A 点为设计的中线点，已知 A 点的设计坐标及中线的坐标方位角，根据Ⅰ、Ⅱ点的坐标，由坐标反算公式即可求出水平角 $\beta_{Ⅱ}$、β_A 及水平距离 D，用极坐标法测设 A 点的平面位置，并在 A 点埋设标志，然后在 A 点安置经纬仪，瞄准Ⅱ点，将经纬仪的照准部沿顺时针方向转动 β_A，此时经纬仪的视线方向即为隧道的中线方向。

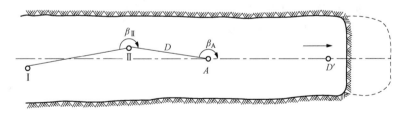

图 18-6 直线隧道中线的测设

随着掘进工作的不断进行，如果 A 点离掘进工作面较远，则需在工作面附近设置新的中线点 D'，且 A 与 D' 之间的距离不应大于 100m。在 D' 点安置经纬仪，瞄准 A 点，用正倒镜分中法在 D' 与工作面之间设置临时中线点 D、E、F 并将这些点投测到顶板上（如图 18-7 所示）。D、E、F 之间的间距不宜小于 5m。在 D、E、F 点分别悬挂垂球线，根据 3 根垂球线，一人在 D 点后面用目视法确定掘进的方向，并将掘进的方向标定在工作面上。

如果测设曲线隧道的中线，首先要在曲线上确定各主点在隧道施工坐标系中的坐标，然后在实地测设这些主点的平面位置，再以这些主点为基础，测设曲线隧道中线细部点。其方法可参考第十章第四节。

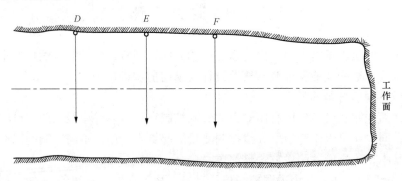

图 18 - 7　顶板上的临时中线点

三、隧道腰线的测设

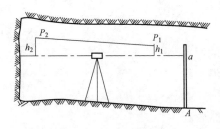

图 18 - 8　隧道腰线的测设

腰线法是隧道开挖过程中控制隧道高程及坡度的重要手段。如图 18 - 8 所示，P_1 及 P_2 为设计腰线上的两点，测设腰线的方法是在适当的位置安置水准仪，瞄准洞内水准点 A 并读取后视读数 a，可计算水准仪视线的高程 $H_i = H_A + a$，再根据腰线上 P_1 及 P_2 点的设计高程求出视线与 P_1 及 P_2 点的高差 h_1、h_2，然后在边墙上定出 P_1 及 P_2 点。

18 - 1　什么是贯通误差？贯通误差是由什么原因引起的？贯通误差分为哪 3 种？

18 - 2　地面平面控制测量和地面高程控制测量的目的是什么？

18 - 3　什么是竖井定向测量？

18 - 4　地下平面控制测量和地下高程控制测量的目的是什么？

18 - 5　隧道施工测量包括哪 3 项内容？

参 考 文 献

[1] 合肥工业大学，等. 测量学 [M]. 4 版. 北京：中国建筑工业出版社，1995.

[2] 张慕良，等. 水利工程测量 [M]. 3 版. 北京：中国水利水电出版社，1994.

[3] 刘普海，等. 水利水电工程测量 [M]. 北京：中国水利水电出版社，2005.

[4] 过静珺. 土木工程测量 [M]. 2 版. 武汉：武汉理工大学出版社，2003.

[5] 李生平. 建筑工程测量 [M]. 武汉：武汉工业大学出版社，1997.

[6] 覃辉，等. 测量学 [M]. 北京：中国建筑工业出版社，2007.

[7] 张正禄，等. 工程测量学 [M]. 武汉：武汉大学出版社，2005.

[8] 徐绍铨，等. GPS 测量原理及应用（修订版）[M]. 武汉：武汉大学出版社，2003.

[9] 彭望琭，等. 遥感概论 [M]. 北京：高等教育出版社，2002.

[10] 刘南，等. Web GIS 原理及其应用 [M]. 北京：科学出版社，2002.

[11] 刘祖文. 3S 原理与应用 [M]. 北京：中国建筑工业出版社，2006.

[12] 邹永廉. 工程测量 [M]. 武汉：武汉大学出版社，2000.

[13] 中华人民共和国国家标准. GB 50026—2007 工程测量规范 [M]. 北京：中国计划出版社，2008.

[14] 山西省地质局测绘队. 地质勘探工程测量 [M]. 北京：测绘出版社，1982.

[15] 程新文，等. 测量学 [M]. 北京：地质出版社，2008.

[16] 覃辉. 土木工程测量 [M]. 重庆：重庆大学出版社，2011.

[17] 田建波，等. 北斗导航定位技术及其应用 [M]. 武汉：中国地质大学版社，2017.

[18] 熊春宝，等. 测量学 [M]. 天津：天津大学版社，2007.

[19] 许娅娅，等. 测量学 [M]. 2 版. 北京：人民交通出版社，2003.